MECHANICAL PROPERTIES
AND PARTICLE CRUSHING MECHANISMS
OF CORAL SAND

珊瑚砂力学特征
及颗粒破碎运动规律研究

姚志华　申春妮　李　婉　方祥位　著

人民交通出版社
北京

内 容 提 要

　　本书依托我国南海岛礁大型工程实践,以珊瑚砂为主要研究对象,通过大量的试验研究、理论分析与数值仿真,着眼于探究珊瑚砂工程建设中的一些难点问题,着力揭示珊瑚砂力学特征及颗粒破碎运动规律。本书详细介绍了珊瑚砂的理化性质、孔隙结构、强度特性、变形特征、破碎规律,采用CT技术实时分析了珊瑚砂的运动规律,通过数值仿真可视化地模拟珊瑚砂抗剪强度机理和颗粒破碎过程。研究成果以期为进一步研究珊瑚砂以及岛礁工程建设提供试验资料和理论分析基础,并为工程参数的选取提供依据。

　　本书可为土建、水利、交通等部门从事科研、设计、施工和勘察等领域工作的人员提供参考,也可作为高等院校岩土工程专业研究生进行特殊土力学方面研究的参考用书。

图书在版编目(CIP)数据

珊瑚砂力学特征及颗粒破碎运动规律研究 / 姚志华

等著 . — 北京 : 人民交通出版社股份有限公司, 2025.

2. — ISBN 978-7-114-19655-3

　　Ⅰ. TU441;TU473. 1

中国国家版本馆 CIP 数据核字第 2024VW3036 号

Shanhusha Lixue Tezheng ji Keli Posui Yundong Guilü Yanjiu

书　　　名:珊瑚砂力学特征及颗粒破碎运动规律研究

著 作 者:姚志华　申春妮　李　婉　方祥位

责任编辑:刘　倩　王景景

责任校对:赵媛媛　刘　璇

责任印制:张　凯

出版发行:人民交通出版社

地　　　址:(100011)北京市朝阳区安定门外外馆斜街3号

网　　　址:http://www.ccpcl.com.cn

销售电话:(010)85285911

总 经 销:人民交通出版社发行部

经　　销:各地新华书店

印　　刷:北京建宏印刷有限公司

开　　本:787×1092　1/16

印　　张:12.75

字　　数:302千

版　　次:2025年2月　第1版

印　　次:2025年2月　第1次印刷

书　　号:ISBN 978-7-114-19655-3

定　　价:68.00元

(有印刷、装订质量问题的图书,由本社负责调换)

前　言

我国海岸线总长3万多km,包括约1.8万km大陆海岸线;约473万km²的海域还分布着7600个岛屿。在我国海洋国土中,南海的面积最大、水最深、自然资源最丰富,不仅是环太平洋海南北部通道上最关键的枢纽,也是我国对外运输的重要通道,其重要战略地位不言而喻。南海诸岛主要由珊瑚岛礁组成,作为南海非常宝贵的陆地资源,这些珊瑚岛礁是保卫南海、开发南海海洋资源的重要立足点。随着我国在南海重大部署实施的逐步深入,修筑大面积的机场和大体量的建筑物的需求更加迫切,但原有岛礁陆地面积较小,无法满足这一需求,因此急需开展大规模的陆域吹填工程。

岛礁陆域吹填总体思路是通过绞吸式挖泥船将浅礁附近海域的砂砾吸上来,持续不断地堆放在浅水礁坪上,使珊瑚岛礁原本狭小的面积不断扩大,形成具有一定规模的陆域。岛礁陆域吹填土主要是珊瑚砂,这是一种具有特殊工程性质的岩土介质,一般由珊瑚、贝类等海洋生物碎屑或骨骼残骸形成,富含碳酸钙等难溶物质。珊瑚砂颗粒极易破碎,其强度受颗粒破碎影响显著,由珊瑚砂组成的吹填地基需进行地基处理才能够满足承载和变形要求。因此,有必要对珊瑚砂的力学特征以及颗粒破碎运动规律展开系统性的研究。

本书以珊瑚砂为主要研究对象,通过一系列的室内外试验和数值仿真计算,对珊瑚砂的力学特征及颗粒破碎运动规律等问题展开研究,从细观上分析珊瑚砂在加载过程中的变形、强度及破碎特征,得到珊瑚砂颗粒在加载过程中的运动和破碎规律,揭示珊瑚砂颗粒破碎形成机制,并对岛礁吹填地基的受力变形过程进行可视化模拟。项目研究可为南海岛礁珊瑚砂吹填地基的工程建设提供有益参考。全书分为9章,各章内容结构如下。

第1章,介绍珊瑚砂研究进展和现状。包含了珊瑚砂的基本性质、破碎机制、结构特征、力学特性等方面,提出全书的研究框架和主要内容。

第2章,测试珊瑚砂的基本理化性质和微细观结构特征。测定珊瑚砂的颗粒级配、颗粒相对密度、最大(小)孔隙比,观测珊瑚砂颗粒微细观结构,检测其内部孔隙和基本矿物组成。通过计算机层析成像(CT)扫描试验,获取珊瑚砂内部结构特征和孔隙特征参数。

第3章,探究珊瑚砂的剪切特性和颗粒破碎规律。取标准砂不同粒组分别与珊瑚砂对应粒组置换,制备混合试样进行直剪试验,并设置不同竖向压力和含水率两个初始条件进行对比分析,观察珊瑚砂在直剪试验中的剪胀特性。控制相对密实度、含水率和围压等多种初始条件,开展三轴固结排水剪切试验,探究掺砂率对混合料力学特性和颗粒破碎规律的影响,并就剪切排水条件引起的差异进行分析。

第4章,揭示珊瑚砂-钢界面的强度机理和破碎特征。对珊瑚砂及其混合料试样进行不同相对密实度和掺砂率以及不同竖向压力、剪切速率条件下的环剪试验。通过控制影响珊瑚砂及标准砂混合料的强度、变形和颗粒破碎的基本因素(竖向压力、相对密实度、剪切速率和掺砂率),揭示这些基本因素对珊瑚砂力学变形特征及颗粒破碎的影响机制。

第5章,认识侧限条件下的珊瑚砂一维压缩特性和破碎规律。围绕掺砂率、相对密实度、颗粒级配等多种因素对珊瑚砂的压缩变形特性和颗粒破碎规律的影响规律进行探究,在不同初始条件下对珊瑚砂及其混合料的压缩变形行为进行详细研究。对珊瑚砂及其混合料压缩前后试样进行颗分试验,探究不同初始物理条件对珊瑚砂及其混合料变形特征及颗粒破碎规律的影响。

第6章,研究珊瑚砂三轴压缩过程中细观结构演化特征。利用CT机配合自行研制的三轴仪(低压和高压),对珊瑚砂-标准砂混合料三轴压缩过程进行细观实时动态,实时获得试样纵断面的CT扫描图像,分析试样在三轴压缩过程中的体积变化以及剪切带的产生与发展过程。并结合CT值的变化与筛分试验,分析珊瑚砂及其混合料的破碎机理,了解珊瑚砂抗剪强度机理机制、剪切带形成规律以及颗粒破碎特征。

第7章,模拟珊瑚砂颗粒三轴压缩中的运动和破碎规律。结合PFC^{3D}软件对珊瑚砂及其混合料的三轴压缩试验进行数值仿真,研究其细观颗粒运动,对宏观力学行为进行解释,揭示了三轴压缩试验中的珊瑚砂力学变形特征以及颗粒破碎规律,可视化地模拟珊瑚砂抗剪强度机理和颗粒破碎过程。

第8章,获取珊瑚砂吹填地基关键力学参数及模拟地基承载和变形特性。通过振动碾压和冲击碾压两种形式的地基处理,通过圆锥动力触探、加州承载比和载荷试验等原位测试手段,初步认识珊瑚砂吹填地基工程力学特性。通过平板载荷模型试验,研究非饱和、饱和以及干燥状态下的珊瑚砂地基的承载及变形等特性。在模型试验基础上建立三维离散元数值模型,分析珊瑚砂颗粒受力后的粒径变化、相对破碎率和内部接触力等微细观特征,解释珊瑚砂颗粒破碎宏观变形和破坏机制。

第9章,总结全书关于珊瑚砂的基本理化性质、微细观结构及其动态演化、力学特征、颗粒破碎、界面强度特征等相关结论,归纳珊瑚砂吹填地基现场监测试验及地基承载力模型试验结果,给出离散元数值仿真计算结果。

本书是作者对近些年珊瑚砂研究工作的一些总结。重点研究珊瑚砂力学特征及颗粒破碎运动规律,获取了诸多有价值的珊瑚砂物理力学参数,可为进一步研究珊瑚砂以及岛礁工程提供试验资料和理论分析基础。限于作者理论水平和实践经验,书中还有诸多问题需要进一步研究和探讨,某些认识和结果难免存在不妥或者不足之处,敬请读者见谅并不吝赐教。

军委科技委基础加强计划技术领域基金(NO. ×××-JCJQ-JJ-082)、国家自然科学基金面上项目(NO. 11972374、NO. 51479208、NO. 51978103)等项目为本书撰写提供了资助。中国人民解放军空军工程大学航空工程学院机场建筑工程教研室为本书的撰写提供了大力支持,作者特在此表示感谢。另外,成书过程中,中国人民解放军空军工程大学教授翁兴中和研究生王伟光、刘杰,中国人民解放军陆军勤务学院研究生李洋洋,重庆大学研究生胡丰慧、章懿涛等也付出了巨大努力,在此向他们表示真诚感谢。

作　　者

2025年2月

目　录

第1章　绪论 ……………………………………………………………1

1.1　珊瑚砂基本性质研究背景 …………………………………………2

1.2　珊瑚砂颗粒破碎机制 ………………………………………………3

1.3　珊瑚砂颗粒结构特征研究 …………………………………………7

1.4　珊瑚砂力学特性研究 ………………………………………………9

1.5　珊瑚砂颗粒运动数值仿真研究 …………………………………10

第2章　珊瑚砂的基本理化性质和微细观结构特征 ……………13

2.1　颗粒分析试验 ……………………………………………………13

2.2　比重试验 …………………………………………………………15

2.3　相对密实度试验 …………………………………………………15

2.4　颗粒表面及内部结构特征 ………………………………………16

2.5　珊瑚砂混合料CT扫描 ……………………………………………27

2.6　矿物组成 …………………………………………………………28

2.7　本章小结 …………………………………………………………30

第3章　珊瑚砂的剪切特性和破碎规律研究 ……………………31

3.1　珊瑚砂的直剪特征 ………………………………………………31

3.2　珊瑚砂混合料的直剪特征 ………………………………………37

3.3　珊瑚砂的三轴压缩特性 …………………………………………44

3.4　珊瑚砂混合料的三轴压缩特性 …………………………………51

3.5　本章小结 …………………………………………………………63

第4章　珊瑚砂-钢界面的强度机理及破碎特征 …………………65

4.1　材料与方法 ………………………………………………………65

4.2　试验结果分析 ……………………………………………………70

4.3　讨论 ………………………………………………………………76

4.4　本章小结 …………………………………………………………82

第5章　珊瑚砂的侧限压缩特性及破碎规律 ……………………83

5.1　方法 ………………………………………………………………83

5.2 压缩变形特性分析 ································· 85

5.3 颗粒破碎规律分析 ································· 90

5.4 本章小结 ··· 93

第6章 CT-三轴压缩中的珊瑚砂细观结构特征 ·········· 94

6.1 配套设备 ··· 94

6.2 方法 ··· 100

6.3 微型CT-三轴压缩试验分析 ························ 102

6.4 高压CT-三轴压缩试验分析 ························ 114

6.5 本章小结 ··· 119

第7章 珊瑚砂颗粒三轴压缩中的运动与破碎模拟 ········ 121

7.1 颗粒流介绍 ······································· 121

7.2 珊瑚砂三轴压缩中的仿真试验 ····················· 124

7.3 珊瑚砂混合料三轴压缩中的仿真试验 ··············· 130

7.4 珊瑚砂混合料CT-三轴压缩中的仿真试验 ··········· 136

7.5 本章小结 ··· 143

第8章 珊瑚砂地基工程力学特性和载荷试验模拟 ········ 145

8.1 珊瑚砂地基工程力学特性原位测试 ················· 145

8.2 非饱和珊瑚砂地基浅层平板载荷试验 ··············· 151

8.3 干燥与饱和状态下珊瑚砂地基平板载荷试验 ········· 163

8.4 珊瑚砂地基载荷试验数值仿真 ····················· 174

8.5 本章小结 ··· 180

第9章 结论与展望 ································· 182

9.1 结论 ··· 182

9.2 展望 ··· 184

参考文献 ··· 185

第1章 绪 论

我国海岸线总长3万多km,海域广阔、岛屿众多,海岸带、岛屿及附近海域有着十分丰富的资源,开发前景广阔。党的十八大、十九大先后提出的"海洋强国战略"和"坚持陆海统筹,加快建设海洋强国"等举措,党的二十大提出的"发展海洋经济,保护海洋生态环境,加快建设海洋强国""维护海洋权益""推进现代边海空防建设"等方针,为我国不断发展海洋经济、开发海洋资源与保护海洋生态环境等提供了重要方向。

我国近海中,南海的自然资源最为丰富,不仅植物资源和渔业资源丰富,能源也极为丰富,石油、天然气储备量都很大,南海底部还蕴藏着丰富的稀有金属矿及大量的"可燃冰",堪称"第二个波斯湾"。在交通运输方面,超过37条世界航线从南海通过,年均通行船只4万多艘。南海不仅是环太平洋海南北部通道上最关键的枢纽,是我国对外运输的重要通道,也是从马六甲海峡出发去往太平洋和印度洋的"中转站",其重要战略地位不言而喻。南海地理位置险要,军事地位突出,且石油、矿产等战略资源丰富,经济利益巨大。而我国南海濒临菲律宾、马来西亚等多个国家,距我国海岸较远,地缘形势对我国领土主权的维护及海洋权益的保护等提出了严峻挑战。我国南海诸岛包括东沙群岛、西沙群岛、中沙群岛和南沙群岛,其中无人居住的岛礁超200个。随着"海上丝绸之路"经济带战略深入推进及南海岛礁吹填工程不断进行,我国海洋权益逐步扩大,相应基础设施建设项目日渐增多。

近年来,我国在南海逐步加大建设力度,大规模开展人工造岛及基础设施建设,并设立行政单位,展开军事部署,这些举措对推进"海上丝绸之路"建设与巩固我国领土主权具有重要经济价值及军事意义。由于远离大陆,南海岛礁建筑材料短缺且运输难度极大。因此在不破坏当地自然环境的条件下,因地制宜地进行岛礁项目建设,就地取材,既能缩短建设周期,又能节约土地资源,对国防和国民建设具有重要的实践意义。珊瑚砂因储量丰富、取材便利、造价低廉、不破坏生态环境等优势成为重要的建筑原料,常用于机场、港口、营房等基础设施项目的建设。珊瑚砂发育于热带海洋环境,主要由海洋生物(造礁珊瑚、藻类、砟礫等)残骸形成[1],主要化学成分为碳酸钙,含量最高可达96%,矿物成分主要为文石、方解石,是一种经复杂物理、化学及生物作用形成的碳酸盐沉积物,与陆相沉积物有很大差异[2]。珊瑚砂沉积通常不经历长距离的搬运,因此仍然较完整地保留了原生生物骨架多孔隙的特征,颗粒内部孔隙发育且外部形状不规则[3]。由于珊瑚砂在附加荷载作用下易发生颗粒破碎,因此颗粒破碎已成为其区别于其他无黏性土颗粒的重要特征[4-7]。因其来源特殊及碳酸盐含量高(最高可达96%),珊瑚砂也被称为钙质砂、钙质珊瑚砂、碳酸盐砂等。

海洋工程中,珊瑚砂常用作筑堤地基或机场跑道回填材料[5]。较传统石英砂,其高压缩、低强度和易破碎等特性更为明显。将珊瑚砂用于岛礁或沿海工程建设,其力学变形特征及施工力学行为势必区别于传统石英砂。因此有必要对其颗粒破碎规律和力学特征进行深入研究。

珊瑚砂具有独特的矿物成分及颗粒破碎特性,因此海洋工程建设中地基处理较为保守,常采用桩基础、筏形基础等形式,工程造价较高,不利于技术的推广使用,且不符合节约资源的原则。随着工程建设的需求变化以及岛礁开发重要性的日益突出,岛礁地基面临的荷载形式更加多样,军事工程、港口建设、机场设施等均对珊瑚砂地基的承载能力及稳定性等提出了更高的要求,因此开展珊瑚砂及其混合料的工程力学特征和颗粒破碎运动规律的研究具有重要意义。

此外,我国岛礁工程建设起步相对较晚,尚未形成成熟的技术,也无可以借鉴的相关经验。由于没有针对珊瑚砂的现行规范和标准,因此适用于陆源砂的规范仍在吹填岛礁地基处理时使用。这会导致过度设计、过度施工,消耗大量的人力、物力。而且由于地域不同,沿海和岛礁山麓受暴雨、海风等自然条件影响,珊瑚砂中会掺杂块石碎化所形成的硅质沉积物,难以预测其工程变形特性。因此研究珊瑚砂混合料的基本物理力学性质,对于进一步了解珊瑚砂的力学特征,指导南海岛礁的规划、设计和建设,以及全面开发利用南海丰富的资源,加快建设海洋强国具有重要的现实意义和理论价值。

1.1　珊瑚砂基本性质研究背景

珊瑚砂是指由珊瑚、贝类等海洋生物碎屑或骨骼残骸形成的富含碳酸钙等难溶物质的特殊砂土,其碳酸钙含量最高可达96%,国内外学者又称之为钙质砂。

珊瑚砂是发育于热带海洋环境的一种比较特殊的砂土,与内陆的硅砂在工程力学特性方面有很大的差异[1-2,5-7]:①珊瑚砂形状不规则,磨圆度较差,多棱角,而硅砂磨圆度较好,表面较光滑;②珊瑚砂主要成分为碳酸钙,而硅砂主要成分为二氧化硅;③珊瑚砂密度较大,一般为 $2.70 \sim 2.85$ g/cm³,而硅砂的密度一般在 2.65 g/cm³ 左右;④珊瑚砂孔隙比较大,一般为 $0.54 \sim 2.97$,而硅砂的孔隙比一般为 $0.4 \sim 0.9$;⑤珊瑚砂颗粒硬度较低,试验表明在 100 kPa 的围压作用下,珊瑚砂颗粒会发生破碎,而硅砂可承受 1 MPa 以上的围压;⑥珊瑚砂颗粒内部存在很多孔隙,约占全部孔隙的 10%,而普通硅砂不存在内部孔隙。

国际上珊瑚岛礁工程最早开始于第二次世界大战时期,当时美军为了建设机场跑道,仅对珊瑚砂进行简单的物理固化,使其满足地基承载的要求。第二次世界大战结束之后,随着世界各国争夺海上油气资源,珊瑚岛礁工程数量渐增。20世纪60年代,珊瑚砂这个概念首次被提出,但人们认为这就是一种普通的砂,与其他陆源砂并无不同。正是对珊瑚砂的认识不够,没有重视其特殊的性质,才导致随后的工程中事故频发,造成了重大的损失。珊瑚砂不同于普通硅砂的工程力学特性这才引起了人们的重视,由此掀起了珊瑚砂研究的热潮。

20世纪60年代,人类首次经历珊瑚砂导致的施工麻烦,在伊朗海洋 Lavan 石油开采平台搭建过程中,桩径 1.0 m 的管桩先是穿过约 8.0 m 工程性质良好的地层,随后在进入的珊瑚砂层中自由下落了约 15 m,好在落在了承载力较高的岩石层上,加之地层胶结程度良好,所提供的侧摩阻力较大,工程才得以有惊无险地进行,最终成功搭建开采平台。但当时,这种性质特殊的岩土介质(珊瑚砂)及其可能造成的工程问题并未引起开采平台建造工程师的注意[8]。70年代,世界石油危机大爆发,诸多国家开始大规模开采海洋石油,搭建了数量庞大的石油钻井平台。其中半数以上的平台位于珊瑚砂海域,在打桩的过程中遇到了多起类似的工程事件,这才使人们注意到了珊瑚砂工程性质有别于陆源砂,岩土工程领域专家、学者才开始了对珊瑚砂物理力学性质及工程特性的研究。国外对珊瑚砂特殊性质的研究相对我国起步更早,也更全面。1988年在澳大利亚举办了首届钙质沉积物工程国际会议,会议上各国学者探讨和总结了钙质沉积物以往的研究成果,包含钙质沉积物的结构及形成原因、钻探取样方法、实验室土工试验、现场的原位试验及石油钻井平台桩基工程等方面,这次会议是珊瑚砂研究的一个重要转折点,拉开了对工程中珊瑚砂的物理力学特性研究的帷幕,掀起了珊瑚砂特性研究的热潮,对后来珊瑚砂工程特性研究的发展起到了极大的推动作用。

由于国防的需要,我国在岛礁建设工程中也遇到了类似的工程问题,并于20世纪70年代开始对珊瑚砂在工程中的物理力学特性展开研究。80年代,中国科学院对南沙群岛及其邻近海域进行综合科学考察。随着南海开发不断深化,南海岛礁科学考察全面开展,我国学者对珊瑚岛礁工程以及珊瑚砂工程特性的研究不断深入且逐渐系统化。在最初的研究中,我国学者的关注点仅在浅基础设计参数及珊瑚礁混凝土特性等工程施工应用的初步探讨上,对于珊瑚砂特殊的物理力学特性及其与石英砂的差异并没有展开深入研究。直到80年代,我国学者对珊瑚砂的研究才开始转向对其物理力学性质的研究。"八五"至"九五"期间,汪稔研究员带领团队,开始针对珊瑚砂的物理力学性质进行大量的试验研究,并取得了一系列的丰硕成果[9-12]。学者经过多年研究,在珊瑚砂的物理力学特性研究方面取得巨大突破。

珊瑚砂工程特性与陆源砂相比具有很大差异,在岛礁吹填地基上进行建(构)筑物的修建会引起地基珊瑚砂颗粒的破碎,导致建筑物发生倾斜甚至倒塌。我国常用的地基处理方法在改善远离内陆的珊瑚岛礁地基时会面临工程材料和施工机械运输困难、适用性偏差、成本过高和对岛礁生态环境造成污染等问题。因此亟待研究适用于岛礁吹填地基处理的新型复合地基技术。

1.2 珊瑚砂颗粒破碎机制

1.2.1 颗粒破碎基本认识

由于认知水平、工程应用范围等具有局限性,在土力学研究初期,通常将土颗粒视为不可压缩和破碎的对象,认为土体宏观上的变形主要与土中气体及水分的排出有关。Terzaghi等[13]也曾提及土微观结构的概念,但由于早期所遇到的土颗粒的化学成分多以二氧化硅为主,颗粒结构较为致密,通常在高达8.5MPa压力下颗粒的破碎仍不明显,因此在很长一段时间里颗粒的破碎并没有引起人们的重视[8]。

随着基础设施建设领域的不断扩展,工程所面临的岩土介质类型更为多样,所处理的应力环境更加复杂,人们逐渐意识到颗粒破碎对岩土宏观力学特性产生的不可忽视的影响,如滑坡滑动带中的颗粒破碎[14]、堆石体中的颗粒破碎[15-16]、桩尖的颗粒破碎[17-18]等。因此颗粒破碎受到工程界及学术界的广泛关注,业界研究人员进行了大量的室内外试验研究。

在理论研究层面,通常认为当土体受到外部荷载作用时,土颗粒之间形成相互作用的应力场。土颗粒受到有效应力的作用后发生变形,沿颗粒薄弱结构面或微裂缝处产生拉应力。随着施加在土颗粒上的荷载的增加,土颗粒中出现微裂缝并逐渐发展,当颗粒中的裂纹扩展到整个颗粒时,即发生颗粒的破碎[19],因此人们也普遍认为在压力作用下的颗粒破碎是拉伸破坏[20]。而颗粒在复杂应力场中亦发生表面的相互研磨等,因此颗粒破碎可定义为在外荷载作用下颗粒结构整体破坏或相互研磨形成粒径相等或不等的更小颗粒的过程。根据破碎的形式,可将颗粒破碎分为破裂、破碎和研磨3种类型,如图1.1所示。

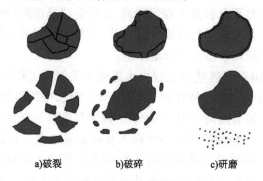

a)破裂　　　　　b)破碎　　　　　c)研磨

图1.1　颗粒破碎的类型

1.2.2　颗粒破碎科学量化

对颗粒破碎程度的合理量化是进行颗粒破碎相关试验及理论研究的前提和基础,学术界从不同角度建立了广泛的计算指标,如单相对破碎率指标、面积破碎率指标,引入分形理论的破碎率指标等。

Lee和Farhoomand[21]提出颗粒破碎指标B_{15},如图1.2所示,其计算公式见式(1.1),该指标的定义主要考虑试验前后小于某粒径值的颗粒质量占总质量的15%时的粒径变化。B_{15}的取值范围为1到正无穷大。

$$B_{15} = d_{15i}/d_{15f} \tag{1.1}$$

式中,d_{15i}和d_{15f}均为颗粒粒径值,mm,颗粒级配曲线中小于该粒径值的颗粒质量占总质量的15%。

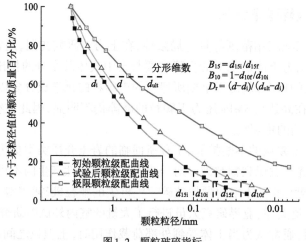

图1.2　颗粒破碎指标

试验过程中颗粒的破碎会对级配产生重要影响,引起土物理力学性质的重要变化,为考虑颗粒破碎对土渗透特性的影响,Lade等[22]将d_{10}引入颗粒破碎的计算中,定义了颗粒破碎指标

B_{10}，如图1.2所示，计算公式见式(1.2)。

$$B_{10} = 1 - d_{10f}/d_{10i} \tag{1.2}$$

式中，d_{10i}和d_{10f}为有效粒径值，mm，颗粒级配曲线中小于该粒径值的颗粒质量占总质量的10%。

Hardin[23]从能量的角度出发，定义了相对破碎率(又称颗粒破碎率)B_r，首先给出了初始破碎势B_p和总破碎势B_t的概念，分别如图1.3a)、b)所示，计算公式分别见式(1.3)、式(1.4)，而后根据B_p和B_t的数值计算相对破碎率B_r，计算公式见式(1.5)。B_r的取值范围为0~1，B_r值越大，表示试样颗粒破碎的程度越高。

$$B_p = \int_0^1 b_p \mathrm{d}f \tag{1.3}$$

$$B_t = \int_0^1 (b_{p0} - b_{pe})\mathrm{d}f \tag{1.4}$$

$$B_r = \frac{B_t}{B_p} \tag{1.5}$$

式中，$b_p = \lg\left(\dfrac{d}{0.074}\right)$；$d$为颗粒直径，mm；$\mathrm{d}f$为微分形式，表示对应粒径条件下颗粒通过百分率；$b_{p0}$为破碎前的$b_p$值；$b_{pe}$为破碎后的$b_p$值。

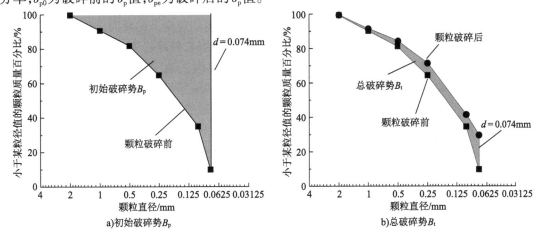

图1.3　相对破碎率B_r

分形理论是现代数学的重要分支学科，可用于描述自然界中非线性、不规则、没有特征尺度的形状或现象，如国家海岸线等，其特征量为分形维数[24]。由于岩土介质的随机性、不规则性、无序性，分形理论为岩土介质微细观层面的研究提供了有力工具。目前分形理论在岩土工程的研究中有较为广泛的应用，如在颗粒形状和颗粒破碎中的成熟应用等[25-26]。

分形理论在颗粒级配中的实质应用见式(1.6)[27]：

$$N(r > R) \propto R^{-d_f} \tag{1.6}$$

式中，$N(r>R)$表示粒径大于给定粒径R的颗粒数目；d_f为分形维数。

由于对大部分岩土介质进行颗粒数目的统计较为困难，故引入粒径大于某一粒径的颗粒质量$M(r>R)$，式(1.6)即转化为式(1.7)[28]：

$$M(r > R) = \rho_p C_m [1 - (R/\lambda_m)^{3 - d_f}] \tag{1.7}$$

式中，C_m 和 λ_m 为与颗粒直径及形状相关的常数；ρ_P 为颗粒密度常数。

Yu[29]依据分形理论，提出用相对分形维数 D_r 量化颗粒破碎，计算公式见式（1.8），其值在 0～1 之间。

$$D_r = (d - d_i)/(d_{ult} - d_i) \tag{1.8}$$

式中，d、d_i、d_{ult} 分别代表目前、初始状态及极限状态条件下颗粒级配曲线的分形维数。

1.2.3 颗粒破碎试验探究

颗粒破碎受多方面因素的影响，与土的应力应变状态、本身的物理力学性质及周围环境都密切相关。Xiao 等[30]在中主应力恒定及平均有效应力恒定的条件下对取自我国西部两河口水电站的堆石料开展了一系列真三轴试验，研究结果表明相对破碎率随围压的增大而增大，随中主应力的增大而降低。McDowell 等[31]对颗粒破碎进行分析，认为相对破碎率随宏观外力的增加而增加，随颗粒粒径的减小及配位数的增加而降低。Yu[32]认为在三轴试验过程中，颗粒破碎受加载进程的影响，且与围压存在一定的关系，在固结的过程中亦存在颗粒的破碎。Donohue 等[33]对道格斯湾（Dogs Bay）的碳酸盐砂进行循环三轴试验，指出颗粒破碎与应力水平、循环应力比、蠕变相关，对体积变形具有重要影响。王刚等[34]对我国南海的珊瑚砂开展三轴循环剪切试验，结果表明颗粒破碎程度与循环振次呈正相关。

试样所处的应力状态同样是影响颗粒破碎的重要因素，高压三轴压缩试验中产生的颗粒破碎较固结过程多[35]。Miao 和 Airey[36]对碳酸盐砂进行大剪切应变下的环剪试验和高压条件下的一维压缩试验，对比分析指出压缩与剪切过程中产生的颗粒破碎趋势一致，但最终的稳态性差异显著。Yu[29]对珊瑚砂进行三轴压缩试验，结果表明单调三轴压缩试验和循环三轴压缩试验引起的颗粒破碎规律及颗粒破碎形成机制大不相同。Wu 等[37]采用自制高压真三轴试验仪对不同应力路径（各向同性压缩、剪切压缩等）下的致密硅砂展开研究，认为颗粒破碎受应力路径的影响较大。

经过大量的试验研究，目前对颗粒破碎影响因素的认识已较为清晰，Liu 和 Zou[38]将影响因素归为内部因素和外部因素两个大方面。Yu[32]将颗粒土的破碎因素进行细化，认为颗粒破碎与颗粒强度、颗粒形状、颗粒密度、颗粒矿物组成、颗粒大小与级配、颗粒土中的水分、颗粒的应力应变状态等有关，且与时间具有一定的关系，颗粒破碎可随时间持续增加，即产生蠕变[39-40]。

1.2.4 颗粒破碎能量分析

对于颗粒破碎，通常从土中能量的输入及消耗角度并引入分形理论进行研究分析[41]。如 Xiao 等[30]对堆石料、Miura 和 O-Hara[42]对风化花岗岩土、Kong 等[43]对碎石料的研究等，为我们深入研究珊瑚砂的颗粒破碎规律提供了有益借鉴。

Liu 等[44]对取自我国南海的两种级配的珊瑚砂进行系列三轴压缩试验及侧限压缩试验，研究颗粒破碎与能量之间的关系，其对三轴压缩试验过程中的单位体积输入功进行定义，见式（1.9）。

$$E = \sum_{\text{SOT}}^{\text{EOT}} [(\sigma_1' - \sigma_3')d\varepsilon_1 + \sigma_3'd\varepsilon_v] \tag{1.9}$$

式中，EOT（end of test）和 SOT（start of test）分别表示试验的开始与结束；σ_1' 和 σ_3' 分别表示

最大和最小有效主应力;$d\varepsilon_1$和$d\varepsilon_v$分别表示轴向应变增量和体积应变增量。

考虑到试样与固结环之间的摩擦,侧限压缩试验中的单位体积输入功定义见式(1.10)、式(1.11)。

$$E = \sum_{SOT}^{EOT} (\sigma'_v - \sigma'_a)d\varepsilon_z \tag{1.10}$$

$$\sigma'_a = \sigma'_v \frac{r}{2K_0\mu} \left(1 - \exp\frac{-2K_0\mu}{\frac{r}{H}} \right) \tag{1.11}$$

式中,σ'_v为施加的有效竖向应力;σ'_a为平均有效应力;$d\varepsilon_z$为竖向应变增量;r和H分别为试样的半径和高度;K_0为静止土压力系数;μ为摩擦系数。

Liu等[44]引入临界单位体积输入功的概念,将颗粒破碎程度与单位体积输入功的关系曲线分为两个阶段。当输入功小于临界能量输入功时,颗粒破碎程度随输入功的增加先增加而后趋于稳定;当输入功越过临界能量输入功后,随着输入功的增加,颗粒破碎程度迅速上升。

一维固结压缩试验是研究岩土体基本力学变形性质的重要试验形式,Xiao等[45]针对珊瑚砂进行系列试验,对体积应变、输入功、相对破碎率之间的关系进行了深入的研究,最终通过推导和试验数据的拟合及验证,分别得出了相对破碎率及输入功与相对密实度和竖向正应力间的相关关系,见式(1.12)、式(1.13)。

$$B_r = \chi_B\{\exp[k_B(0.97 - 0.59D_r)(\sigma_v/P_a)^{0.8}/100] - 1\} \tag{1.12}$$

$$W_{in} = \int \sigma_v d\varepsilon_v = \chi_W B_r/\chi_B = \chi_W\{\exp[k_B(0.97 - 0.59D_r)(\sigma_v/P_a)^{0.8}/100] - 1\} \tag{1.13}$$

式中,k_B、χ_W和χ_B均为材料常数,分别为19.3、0.186和0.008;D_r为相对密实度;σ_v为竖向正应力;P_a为大气压。

然而针对不同的岩土介质,相对破碎率与输入功之间的关系并不统一。Yu[19]和Liu等[44]均认为关系的不统一是因为单位体积输入功是对岩土介质所做的总功,能量不仅用于颗粒破碎,还被岩土体的剪胀、颗粒的重排布等消耗。然而目前仍然无法确定颗粒破碎所消耗的能量,相对破碎率与输入功之间的关系还需深入探究。

综上所述,岩土体颗粒破碎的研究历史已有70年左右,在颗粒破碎的认识方面已经较为深入。然而在实际工程环境中,土颗粒常处于更加复杂的应力状态,加之珊瑚砂中夹杂有硅质杂质等,对颗粒破碎产生不可忽视的影响,目前对这些方面的认识和研究还不充分。

1.3 珊瑚砂颗粒结构特征研究

粒状材料的颗粒形状、内部孔隙等常会引起宏观力学性质的较大差异,如抗剪强度、压缩变形等。表面孔隙及内部孔隙对单颗粒的强度具有重要影响,是土体微细观研究的重要方面。目前针对珊瑚砂表面及内部孔隙的研究技术主要有扫描电子显微镜(Scanning Electron Microscope,SEM)技术、飞秒激光切割技术、压汞法(MIP)、工业CT技术及相应的图像处理技术等[46-51]。

由于风化破碎的珊瑚砂经受搬运较少,颗粒形状与陆源河砂不尽相同,多呈棒状、块状、枝状、蜂窝状等不规则形状,表面孔隙较多。陈海洋等[3]通过观测珊瑚砂颗粒并结合Matlab进行图像处理,对珊瑚砂颗粒形状进行分析,得出珊瑚砂颗粒具有分形特性的有益结论,且认为颗粒形状与分形程度间存在联系。蒋明镜等[52]对不同粒径及粒形的珊瑚砂进行电镜扫描,基于微观图片进行面孔隙度研究,结果表明以粒径1 mm为界限,粒径小于1 mm时,面孔隙度随颗粒直径的增大而增大,不同形状颗粒之间的面孔隙度差异较小,粒径大于1 mm时,面孔隙度随颗粒直径的增大而减小。汪轶群等[53]借助电子显微镜对珊瑚砂颗粒形状进行观测,认为珊瑚砂的颗粒形状与粒径间存在一定关系。

颗粒结构是影响颗粒破碎的重要因素,由于特殊的颗粒来源及发育环境,珊瑚砂保留了原始生物骨架中的孔隙,颗粒结构疏松易碎,常引起珊瑚砂剪胀性及临界状态的改变。朱长歧等[54]对珊瑚砂颗粒进行"冷"切割,再结合图像处理技术,对内孔隙进行分析,指出珊瑚砂颗粒内孔隙的断面孔隙度较小,且不同颗粒之间的差异性较大。在颗粒粒径1mm以上的颗粒孔隙中,内孔隙多以等轴或者不等轴的孔洞形状存在,缝隙状内孔隙较少。曹培和丁志军[55]使用压汞法结合CT扫描技术开展微观试验,指出珊瑚砂内孔隙主要以连通孔隙形式存在,而封闭的内孔隙较少,认为孔隙率与粒径存在正相关的关系。周博等[56]借助μCT扫描技术开展研究,通过分析认为珊瑚砂的分形维数与孔隙率存在正相关的关系。

颗粒强度直接关系到土颗粒在应力场中是否破碎及破碎的程度,是引起珊瑚砂与硅质砂破碎性质差异的直接原因。蒋明镜等[57]采用自制加载仪针对不同粒径及粒形的珊瑚砂进行试验,结果表明颗粒强度服从Weibull分布,认为颗粒强度与颗粒形状存在联系,并最终将单颗粒的力-位移曲线分为硬化型、类软化型和平坦型。Ma等[58]针对不同粒径的珊瑚砂颗粒进行系列破碎试验,认为破碎强度频率分布符合Weibull分布,颗粒的破碎形式与晶粒尺寸有关。

吕海波和汪稔[59]对珊瑚枝和礁灰岩碎渣进行压汞试验,初步研究了二者孔隙大小的分布规律,发现珊瑚枝孔隙大部分为中小孔隙,大孔隙非常少,而礁灰岩与之相反,其孔隙大部分为大中孔隙。朱国平等[60]运用CT扫描技术,研究了浅层红黏土在湿干循环过程中细观结构的演化规律。李海洋[61]利用SEM、EDS(能谱分析)和X射线衍射技术(X-Ray Diffract ometer,XRD)对珊瑚砂颗粒的形貌、物相和结构进行表征分析,发现珊瑚砂颗粒以椭球状为主,且珊瑚砂颗粒的强度变化主要是由孔隙结构的复杂性导致的。Kong和Fonseca[62]对珊瑚砂颗粒在断层扫描的基础上进行三维表征,量化了珊瑚砂颗粒的一些相关参数(形状、尺寸、孔隙率),并且提出了一项新的技术用于分割图像-分水岭分割领域。Fonseca等[63]对珊瑚砂颗粒进行CT扫描,研究其微观结构,经研究证实珊瑚砂中有生物骨架的存在,并提出了一种方法对珊瑚砂颗粒的大小和形状进行精确量化。

现有的SEM、CT等手段揭示了珊瑚砂细观孔隙性状,量化了珊瑚砂颗粒的相关参数,使人们加深了对珊瑚砂材料力学性能的理解等,但目前尚未对珊瑚砂加载过程进行深入研究。前人的研究成果表明珊瑚砂颗粒形状具有分形特性,颗粒形状、内部孔隙率及面孔隙度均与颗粒粒径有关。珊瑚砂颗粒结构疏松,表面孔隙及内部孔隙组合共同影响颗粒强度及其在应力作用下的颗粒破碎。

目前针对纯珊瑚砂的力学行为及颗粒破碎等方面的研究已经有了一定的成果,但在实际工程中因自然环境(如海风、暴雨等)的影响,岛礁山麓块石碎化形成的陆相硅质沉积物常掺入珊瑚砂中形成混合料,其工程力学性质难以预测。硅质沉积物颗粒结构致密,其掺入对珊瑚砂颗粒破碎的影响也未知[64-66]。已有研究结果表明,珊瑚砂中桩基承载力与颗粒破碎密切相关。

随着现代化工程数量的增加以及规模的不断扩大,开展不同初始条件下掺入硅质砂对珊瑚砂强度、变形及颗粒破碎影响的研究具有重要意义。

1.4　珊瑚砂力学特性研究

珊瑚砂的抗剪强度及受力变形行为等直接关系到地基的承载能力和沉降变形等关键工程特性,对基础设施的正常与安全使用具有重要影响。到目前为止,人们针对珊瑚砂开展了大量的试验,对珊瑚砂的宏观力学变形行为进行了深入的研究。实践证明颗粒破碎对颗粒材料整体的力学变形特性影响较大,开展珊瑚砂及其混合料颗粒破碎特性的研究势在必行。这对于发展和完善珊瑚砂力学变形性质和颗粒破碎研究,进而有效指导工程建设具有重要的意义。

Wei等[67]通过在不同加载应力水平下对取自我国南海的珊瑚砂进行环剪试验,指出颗粒破碎对珊瑚砂的应力-应变关系、体积变形和最终级配具有重要影响。Lyu等[68]借助霍普金森压杆(SHPB)对高应变率条件下珊瑚砂及硅质砂的力学行为进行对照分析,结果指出,珊瑚砂在相同相对密实度及应变速率条件下表现出明显小于硅质砂的表观模量,珊瑚砂的压缩指数大于硅质砂,引起珊瑚砂颗粒大量破碎的应力点约为硅质砂的一半。Javdanian和Jafarian[69]对取自霍尔木兹岛(Hormuz Island)的海相珊瑚砂与里海南部海岸巴博尔萨(Babolsar)的石英砂进行共振柱和循环三轴试验,研究其剪切刚度和阻尼比,结果表明相较于石英砂,珊瑚砂具有较高的剪切刚度和较低的阻尼比。黄宏翔等[70]针对珊瑚砂进行环剪试验并通过单次往返形式对其力学特性进行分析,结果表明,珊瑚砂具有明显的残余强度特性且残余强度大于石英砂,在正向剪切过程中珊瑚砂应力应变特性表现为软化,而在反向剪切中表现为硬化。陈火东等[71]针对单粒组珊瑚砂进行三轴压缩试验,结果表明珊瑚砂的应力应变特性与颗粒剪切过程中的运动形式和颗粒破碎有关,在围压较低时应力-应变曲线主要表现为软化型,在高围压条件下表现为硬化型。柴维等[72]针对珊瑚砂的剪切速率敏感性进行直剪试验研究,结果显示,随着剪切速率的增大,珊瑚砂抗剪强度先减小后增大,他们认为加载速率效应与应力水平相关。Lade等[73]进行的三轴压缩试验研究也表明了珊瑚砂具有较强的剪切速率相关性。

刘崇权和汪稔[10]对珊瑚砂进行单轴与三轴压缩试验,结果表明珊瑚砂的压缩曲线与黏土极为相似,且主要发生塑性变形。张家铭等[2]对珊瑚砂进行了循环加载的压缩试验,其结论与刘崇权和汪稔得到的一致,即珊瑚砂压缩特性与黏土相似,但与黏土不同之处在于珊瑚砂在卸载再加载时回弹模量很小,他们认为这是由珊瑚砂颗粒破碎造成的。Dehnavi等[74]表明当围压增大时,初始密度越大的试样体积变化越小。张弼文[75]认为,随着压力的升高,珊瑚砂压缩的主导因素由孔隙比转变为颗粒破碎。卸载时,回弹模量非常小,这证明珊瑚砂的压缩是不可逆的。廖先航[76]认为,在同等条件下天然级配的珊瑚砂变形较小,且粒径会对压缩变形产生影响。马启锋等[77]认为珊瑚砂在高应力条件下的压缩变形量要大于石英砂,且比石英砂先破碎,其破碎程度先随应力的增加而增加,而后趋于稳定。乐天呈等[78]研究发现,颗粒的形态和级配在一定程度上会影响砂土的压缩特性。

Coop[79]认为珊瑚砂的排水剪切试验与黏土相似,趋向于一个定差应力、定体积的方向。Al-Douri和Poulos[80]研究发现,同石英砂相比,珊瑚砂的剪应力需要更大的剪切位移,且当上覆应力和孔隙率一定时,颗粒级配的变化对剪应力的影响不大。当上覆应力和密实度相同时,珊瑚砂的剪应力比石英砂大。Fahey[81]的研究表明,在不同围压条件下,珊瑚砂强度特征在排水剪切过程中出现明显的差异;在低围压条件下,珊瑚砂的抗剪强度出现明显的屈服;而随着围压的升高,珊瑚砂的屈服程度逐渐变小,不出现屈服点。

剪胀性(颗粒材料在荷载作用下的体积变形)是岩土材料的一种普遍性质,是研究碎石、砂土等颗粒材料受力变形的关键因素。在剪切变形的过程中,珊瑚砂颗粒受力破碎对颗粒级配和颗粒形状产生重要影响,使颗粒级配分布变宽,颗粒的棱角性降低,引起砂土剪胀性的差异,导致临界应力比和临界状态摩擦角同时发生相应的变化。Zhang和Luo[82]对珊瑚砂进行各向同性固结压缩试验及三轴固结排水剪切试验,讨论了颗粒破碎对临界状态的影响。试验结果表明,体积变形与颗粒破碎均对珊瑚砂力学行为产生重要影响,珊瑚砂的临界状态摩擦角小于动摩擦角;珊瑚砂在受力过程中的颗粒破碎引起了临界孔隙率的变化,使得临界状态线在 p'-q 平面中向下移动。Yu[83]通过三轴压缩试验对珊瑚砂的力学特性进行研究,结果表明,在排水试验中颗粒破碎降低了孔隙率及平均有效应力,使得珊瑚砂在 e-$\lg p'$ 中的相变及峰值状态向左下移动,并导致临界状态线向下平移和逆时针旋转,而在 p'-q 平面中,珊瑚砂的颗粒破碎导致临界状态线顺时针旋转并有向左下移动的趋势。Wang等[84]开展三轴固结排水剪切试验,结果显示,珊瑚砂的剪胀性随压实度的提高而提高,随有效围压的上升而降低。对于相同物理状态下的试样,珊瑚砂的剪胀变形起始点较石英砂靠后,与剪胀前较大的体积压缩有关。

翁贻令[85]发现应力路径不同时珊瑚砂抗剪强度指标有很大的不同,在固结排水试验中,由于剪胀,外力对珊瑚砂的内摩擦角影响非常大。同时他还分析了表观黏聚力对强度的影响,认为在固结排水试验中,珊瑚砂的表观黏聚力是存在的,并且通过剪胀作用成为强度的组成部分。佘殷鹏等[86]利用扫描电镜对珊瑚砂直剪后的破碎情况进行分析,认为珊瑚砂的结构较石英砂更为疏松多孔,并且不随粒径的减小而发生变化,这决定了珊瑚砂的力学特性。李捷等[87]在研究中探析了含水率对珊瑚砂微生物固化体力学特性的影响;此外,珊瑚砂所受的应力水平、颗粒的破碎及相对密度都会在很大程度上影响其抗剪强度,珊瑚砂的摩尔包络线呈非线性,且内摩擦角要比石英砂大。

崔永圣[88]根据物质组成、形成环境以及岩土力学性质,将珊瑚砂分为海洋类、濒海类,研究结果表明这两类珊瑚砂的岩土力学性质存在较为明显的差异。不同地域珊瑚砂的关键力学参数以及施工力学行为尚不清晰,需进一步研究。工程中十分重视珊瑚砂的力学性质,但其强度和破碎也有很强的关联性,因此这一方面也需深入研究,以为深入研究珊瑚砂颗粒破碎的理论提供借鉴。

1.5 珊瑚砂颗粒运动数值仿真研究

数值仿真是随着计算机技术的逐步成熟和计算力学的不断推广发展而来的重要科研手段,是对生活中现场原位试验及室内模型试验的有力补充,其可以摆脱现实干扰因素的影响,将模型理想化,便于添加及控制边界条件。由于其具有操作简便、成本较低、便于进行微细观角度可视化分析等优势,数值仿真广受研究者的欢迎。

研究初期,数值仿真以将材料按照连续介质处理为主,较为成熟的软件有 Ansys、Abaqus、Midas GTS、Flac 等。然而在岩土介质中,材料并不总是连续介质,如砂土等散粒材料是由颗粒组成的骨架单元,表现出极强的不均匀性、不连续性。土体的强度、体积变形等宏观力学特性均是受力过程中颗粒翻滚、错动、破碎等多种微细观运动引起的。因此基于连续介质的数值仿真方法并不能从微细观角度很好地模拟与解释宏观的力学行为。离散单元法(Discrete Element Method,DEM)的提出对无黏性散粒介质的研究具有重要作用[89]。与传统方法不同,DEM 侧重于每个颗粒单元实体,其定义的颗粒不仅是空间上的一个点,更是占有一定空间的实体。该方法为我们从微细观角度研究岩土介质中颗粒之间的相互作用和运动行为提供了强有力的工具支持,对模拟散粒材料宏观力学行为,重新认识与解决岩土工程中的问题具有重要作用。

目前,基于 DEM 开发的软件较多,有基于块体的离散单元法软件[如通用离散单元法程序(UDEC)、三维离散单元法程序(3DEC)]和基于颗粒流的离散单元法软件。其中颗粒流软件 PFC^{2D}、PFC^{3D}(Particle Flow Code,颗粒流程序)是功能强大、应用广泛的离散元仿真软件,能反映颗粒间的相互作用和运动状态。在 PFC^{2D} 中颗粒是不变形的圆面,在 PFC^{3D} 中颗粒是刚性的球体,颗粒间的相互作用以点接触的形式存在。由于软件优异的性能和设计思路,PFC 广泛应用于无黏性散粒介质等的室内试验研究和实际工程问题中。Cheng 等[90]结合 PFC^{3D} 在不同应力路径条件下对可破碎团聚体进行三轴模拟,并对不同状态(屈服、临界状态等)下的可破碎土样进行讨论。考虑到在循环荷载作用下道砟的变形对铁道维护造成的重要影响,Lobo-Guerrero 和 Vallejo[91]以 PFC^{2D} 为工具,分别在可压碎与不可压碎条件下对两种相同材料进行对比研究,认识到颗粒破碎对永久变形的重要影响。Wang 和 Gutierrez[92]以 PFC^{2D} 为工具生成刚性圆形颗粒进行直剪试验仿真,研究直剪盒长度、宽度和级配分布等对颗粒材料力学特性的影响。Bolton 等[93]利用 PFC^{3D} 进行单个可破碎颗粒的压缩试验仿真和可破碎与不可破碎颗粒组合下的三轴压缩试验仿真,从单位体积的内能、平均配位数、滑动接触比等微细观角度对宏观力学行为进行分析。Harireche 和 McDowell[94]在常规三轴压缩试验中进行循环加载研究颗粒的力学响应,针对颗粒破碎对体积应变的影响进行分析。相较于其他使用黏聚体作为颗粒破碎方式的离散元数值仿真,McDowell 和 De Bono[95]在 PFC^{3D} 中以颗粒内部的八面体剪应力作为颗粒破碎的判断依据,对一维压缩条件下颗粒材料的变形行为进行分析,研究颗粒破碎及颗粒分形分布等对压缩特性的影响。

基于 DEM 的数值模拟已经广泛应用于颗粒破碎的机制研究中,但是大多数的模拟是基于二维颗粒流。Thornton 等[96]第一次用1000个基本圆盘组成单个黏聚体,模拟分析颗粒的破碎,探究了加载速度对颗粒破碎的影响。Robertson[97]运用 PFC^{3D} 六方密堆积阵型模拟土颗粒的破碎,研究发现,随机运动中的基本球体颗粒断裂强度符合 Weibull 分布。Cheng 等[90,98]采用 Robertson 的模型对可破碎颗粒的三轴与一维压缩试验进行了模拟。

国内对于离散元的研究起步较晚,20世纪90年代,东北大学王泳嘉教授在与邢纪波合作的著作中对该方法进行了系统介绍[99],随后离散元的思想开始扩展,分析方法开始逐步应用于边坡治理、地基加固、矿山开挖等各个领域。王泳嘉和邢纪波[100]介绍了离散单元法理论,我国的研究人员开始将此理论运用于实际工程(采矿工程、岩土工程、水电工程)中,该理论得到了广泛发展。刘君等[101]对在一定围压下的堆石料颗粒破碎进行二维颗粒流仿真,发现颗粒流数值模拟能够再现颗粒破碎特性。何咏睿[102]发现 PFC^{2D} 数值模拟能很好地体现古水筑坝料颗粒的破碎特性。蒋明镜等[103]通过对 PFC^{2D} 的二次开发,深入研究了受力颗粒的运动。张科芬等[104]

对三种颗粒破碎难易程度不同的材料(萨克拉门托河砂、珊瑚砂以及石英砂)进行室内试验与PFC数值仿真的对比。张家铭等[105]在PFC^{2D}中对沉桩过程中的颗粒破碎进行仿真研究,并就桩型、桩周土层等多种条件与不可破碎颗粒单元进行对照分析,得出了较为有益的结论。李灿等[106]使用PFC^{3D}对三轴压缩试验过程中影响粗颗粒土细观参数的因素进行敏感性分析,并从宏观角度如应力-应变关系、抗剪强度等和微细观角度如颗粒的位移场、速度场等分别排序。杨升和李晓庆[107]在不同初始条件下利用数值仿真软件PFC^{3D}进行直剪试验仿真,将颗粒受力剪切过程中的剪切带形成过程及速度场、力链网络的变化过程可视化并进行分析。李爽等[108]在PFC^{2D}中生成砂土颗粒并进行直剪试验仿真,对剪切过程中砂土的应力应变特性、剪胀特性等宏观力学特性和颗粒接触状态、运动状态、分布状态等微细观特性进行研究。

　　前人关于颗粒材料的研究思路及分析手段对进一步分析珊瑚砂的运动特征有一定启发,为深入研究珊瑚砂在复杂应力条件下的特性提供了思路,使得从微细观角度进行宏观力学行为的解释成为可能。

第2章 珊瑚砂的基本理化性质和微细观结构特征

岛礁陆域吹填土主要为珊瑚砂。珊瑚砂特殊的物质组成、结构和发育环境导致其具有多孔隙(含有内部孔隙)、形状不规则、易破碎、易胶结等特征,其工程力学性质与一般陆相、海相沉积物相比有明显的差异。

岩土散粒介质中微观颗粒的基本物理属性与运动特点对宏观力学行为及变形特性等具有重要影响,其颗粒结构、颗粒形状、内部孔隙等微观颗粒特性与颗粒的发育环境、矿物组成、搬运条件等形成历史密切相关。为充分认识珊瑚砂的基本物理指标和颗粒特征,本章首先进行颗粒分析试验、比重试验和相对密实度试验,而后结合SEM、高分辨率工业CT等手段对试验用砂的颗粒表面特征、内部孔隙和矿物组成等进行分析,并取成型珊瑚砂试样进行CT扫描检测,为珊瑚砂力学特性研究提供基础材料。

2.1 颗粒分析试验

试验用珊瑚砂取自我国南海岛礁,自然风干后的珊瑚砂颗粒如图2.1a)所示,由该图可知,珊瑚砂呈松散未胶结状,整体呈浅灰色,其中夹杂有贝壳、砗磲、珊瑚残枝等。珊瑚砂混合料以福建厦门标准砂(ISO)充当硅质杂质,标准砂颗粒如图2.1b)所示,整体呈浅褐色,颗粒形状较为规则,其成分主要是SiO_2,亦可称为石英砂。

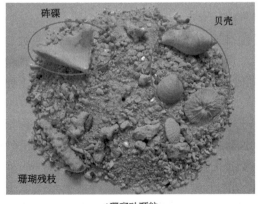
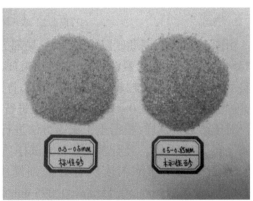

a)珊瑚砂颗粒　　　　　　　　　　　　　　b)标准砂颗粒

图2.1　试验用砂实物照片

自然界中岩土介质通常是多个粒组的复杂混合,颗粒粒径的大小与不同粒组所占质量百分比均对土的力学变形特性产生重要影响。引入颗粒级配概念有助于表征土的这种复杂混合的特性,可同时对颗粒粒径和不同粒组的质量占比进行评价。颗粒粒径的变化会使珊瑚砂的性质产生相应差异。通过颗粒分析试验可以了解试样中各粒组质量占总质量的百分比,即样本中各粒组的相对含量。根据试样的基本条件选择筛析法进行颗粒分析。本节主要介绍通过筛析法得到颗粒级配的方法步骤,后文动力试验中珊瑚砂试样的颗粒级配根据需要确定。

测定土颗粒级配选择的具体方法与所需测定的土颗粒粒径有关,本节结合珊瑚砂和标准砂粒径情况选择筛析法,该方法是使用一套孔径不等的筛子在摇筛机上对土进行筛分,筛分结束后可根据各层筛上残留的颗粒质量得出各粒组质量,据此可绘制颗粒级配曲线。

为充分研究试验用砂(第一批试样)的颗粒组成以及试验前后的颗粒破碎状态,在规范[109]要求的基础上将筛孔直径进行细分,各层筛的孔径分别为 2 mm、1.43 mm、1.0 mm、0.85 mm、0.5 mm、0.3 mm、0.2 mm、0.1 mm。查阅文献可知,筛分过程中将振动摇筛时间设为 15 min 较为合适。通过对珊瑚砂和标准砂进行筛分,得到颗粒级配曲线,如图 2.2 所示。图中 d 代表颗粒粒径,单指颗粒直径,d_{60} 代表样品的累计粒度分布百分数达到 60% 时所对应的粒径,其物理意义是粒径大于该粒径值的颗粒占 60%;d_{10} 和 d_{30} 等参数的定义与物理意义与 d_{60} 相似。

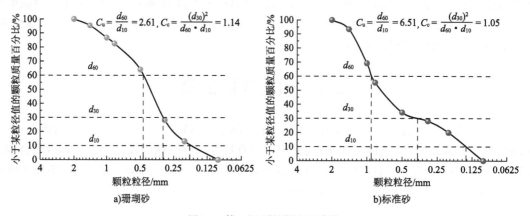

图 2.2　第一批试样颗粒级配曲线

由图 2.2 可知,珊瑚砂以中粒为主,局部为粗粒,其不均匀系数 C_u 为 2.61<5,曲率系数 C_c 为 1.14>1,为级配不良的颗粒材料(测试结果如表 2.1 所示),而颗粒级配参数表明标准砂颗粒级配良好。标准砂中颗粒粒径均小于 2mm,且珊瑚砂中粒径在 2mm 以下的颗粒同样占主要部分,因此主要取粒径在 0~2 mm 部分颗粒进行后续试验。

对于第二批试样,根据土工试验方法进行取样,精确到 0.1 g,先将试样过 2 mm 筛,称筛上和筛下的试样质量。经计算,筛上的试样质量小于试样总质量的 10%,因此可不做粗砂分析。将筛下的试样倒入依次叠好的细筛中(选用孔径为 1.43 mm、1.0 mm、0.8 mm、0.6 mm、0.5 mm、0.25 mm、0.15 mm、0.075 mm 的筛),置于振筛机上振筛。再由上至下取下各筛,称出并记录各级筛上及底盘试样的质量。用 Excel 进行处理,得到级配曲线。试验从同一地点(永暑礁)取了两批试样,其中第二批采用两种试样,分别记为试样Ⅰ、试样Ⅱ,级配曲线分别记为Ⅰ和Ⅱ。

试样Ⅰ、试样Ⅱ级配曲线相差不大但是略有不同,具体颗粒级配指标如表 2.1 所示。由表 2.1 可知试样Ⅰ、试样Ⅱ的曲率系数 C_c 均处于 1~2 之间,累积曲线的弯曲程度还是合适的,但是二者的不均匀系数 C_u<5,因此第二批试样Ⅰ、试样Ⅱ均为级配不良的土。

珊瑚砂颗粒级配指标　　　　　　　　　　表 2.1

批次	试样	d_{10}/mm	d_{30}/mm	d_{60}/mm	C_c	C_u
第一批	—	0.18	0.31	0.48	1.14	2.61
第二批	I	0.19	0.31	0.47	1.08	2.47
	II	0.21	0.33	0.51	1.02	2.42

2.2　比重试验

颗粒相对密度 G_s 即颗粒比重,反映的是单位体积土颗粒相对于单位体积水(4 ℃)的质量比值,数值上为土颗粒的密度。该值与组成该颗粒的矿物成分密切相关,同一区域土颗粒的相对密度变异性较小。

颗粒相对密度的测试方法通常有比重瓶法、浮称法和虹吸筒法,试验方法的选择同样与土的颗粒粒径有关。考虑到本次试验所用珊瑚砂和标准砂颗粒粒径均在 2 mm 以下,依据规范[109]使用比重瓶法进行试验测定,测定介质为蒸馏水。本文测得珊瑚砂的颗粒相对密度为 2.739,标准砂颗粒相对密度为 2.658。

2.3　相对密实度试验

孔隙比 e 和孔隙率 n 均可在一定程度上反映土的密实程度。通常孔隙比或孔隙率值越大,表示试样越疏松。考虑到试样的密室程度与土的粒径、颗粒级配、颗粒形状等有关,在孔隙比指标的基础上,提出相对密实度 D_r,可以更加合理地对土的密实程度进行评价,计算公式见式(2.1)。

$$D_r = \frac{e_{\max} - e}{e_{\max} - e_{\min}} = \frac{(\rho_d - \rho_{d\min})\rho_{d\max}}{(\rho_{d\max} - \rho_{d\min})\rho_d} \tag{2.1}$$

式中,$e_{\max}$ 和 $e_{\min}$ 分别为最大孔隙比和最小孔隙比;e 为天然孔隙比;$\rho_{d\max}$ 和 $\rho_{d\min}$ 为试样的最大干密度和最小干密度;ρ_d 为试样的干密度。

对于最大孔隙比的测定,本书参考《土工试验方法标准》(GB/T 50123—2019)[109]关于最小干密度的测定方法,即漏斗法和量筒法,最小孔隙比的测定借鉴胡波[110]的方法,即压重振动法,具体试验步骤如下。

(1)测最大孔隙比。

测定最大孔隙比的主要试验器材有量筒(1000 mL)、锥形塞、长颈漏斗、电子天平(分度值1 g)等。测定时首先将锥形塞从长颈漏斗底部穿过并封住漏斗口,一并放入量筒底部,称取风干珊瑚砂或标准砂 650 g(m_d),缓慢从漏斗顶部倒入,配合使用锥形塞和长颈漏斗,使试样落入量筒中,直至全部倒入,将砂面抚平,读取体积 V_1(估读至 5 mL)。而后用纸板遮盖量筒口,将量筒反转数次而后正放,抚平砂面,读取体积 V_2。重复上述步骤数次并记录读数,其中最大体积值即为最疏松状态下的体积 $V_{\max}$。最小干密度 $\rho_{d\min}$(精确至 0.01 g/cm³)及最大孔隙比 $e_{\max}$ 的计算公式分别见式(2.2)和式(2.3)。本书最终测定的珊瑚砂和标准砂的最大孔隙比 $e_{\max}$ 分别为 1.41 和 0.73。

$$\rho_{d\min} = \frac{m_d}{V_{\max}} \tag{2.2}$$

式中,m_d 为试样干土质量。

$$e_{\max} = \frac{\rho_w G_s}{\rho_{d\min}} - 1 \tag{2.3}$$

式中,ρ_w 为水密度。

(2)测最小孔隙比。

规范[109]中对于最小孔隙比的测定采用振动锤击法,但考虑到珊瑚砂受力易碎,而压实过程中颗粒破碎不可避免,这将对孔隙比的测定产生重要影响,故本书采用压重振动法进行测定,可减少颗粒破碎,从而降低其影响。所配套的试验器材有圆柱形金属容器(1000 mL)、配重(3 kg)、振动叉等。测定时取代表性珊瑚砂或标准砂3000 g(m_d)分4次倒入圆柱形金属容器中压实,每次将试样倒入金属容器中后将配重压至试样表面,使用振动叉敲击金属容器侧壁,敲击速度控制在150~200次/min,直至试样体积不变,而后进行下一次的装样与压实,操作与前述步骤相同,直至体积不变,测量砂的体积 V 并记录,重复上述步骤数次并确定砂的最小体积即为 $V_{\min}$。最大干密度 $\rho_{d\max}$ 与最小孔隙比 $e_{\min}$ 的计算公式分别见式(2.4)和式(2.5)。本文最终测定的珊瑚砂和标准砂的最小孔隙比 $e_{\min}$ 分别为0.77和0.46。

$$\rho_{d\max} = \frac{m_d}{V_{\min}} \tag{2.4}$$

$$e_{\min} = \frac{\rho_w G_s}{\rho_{d\max}} - 1 \tag{2.5}$$

经过系列试验,最终确定珊瑚砂和标准砂的基本物理参数,试验结果如表2.2所示。

试验用砂基本物理参数　　　　　　　　　　　　　　　　　　　　表2.2

类型	d_{10}/mm	d_{30}/mm	d_{60}/mm	G_s	$e_{\max}$	$e_{\min}$
珊瑚砂	0.180	0.311	0.470	2.739	1.41	0.77
标准砂	0.141	0.368	0.918	2.658	0.73	0.46

2.4　颗粒表面及内部结构特征

2.4.1　颗粒表面结构特征

珊瑚砂颗粒形状不规则,可直观观察到有块状、棒状、枝状等多种颗粒形态,如图2.3所示。颗粒的不规则是引起试样疏松、孔隙比较大、剪切过程中受力易碎的重要原因。

扫描电子显微镜(SEM)基于电子束与试样表面的相互作用进行工作,具有放大倍数大、环境适应能力强、样品制备简单、分辨率高、三维立体效果好等优点,对从微细观角度解释宏观力学行为具有重要作用,广泛应用于生物、医药、化工、刑侦、机械等多种领域中。为观察珊瑚砂颗粒的微观结构,选取其中较为典型的颗粒,借助捷克TESCAN公司的VEGA Ⅱ XMU型扫描电子显微镜(图2.4)进行观测,并与标准砂颗粒微观结构进行对比。最终珊瑚砂与标准砂的成像结果分别如图2.5和图2.6所示。对珊瑚砂与标准砂进行不同倍数的电镜放大,可观测到珊瑚砂颗粒形状多不规则,表面粗糙,内部孔隙发育,结构较为疏松,而标准砂颗粒形状浑圆,表面光滑,结构致密,两者形成鲜明对比。

a)块状

b)枝状

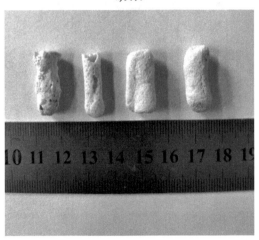
c)棒状

d)不规则状

图2.3 不同形状的珊瑚砂颗粒

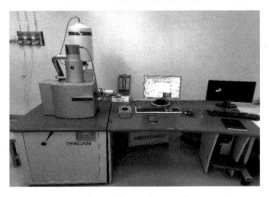

图2.4 扫描电子显微镜

a)55倍放大图像

b)100倍放大图像①

c)100倍放大图像②

d)100倍放大图像③

e)200倍放大图像①

f)200 倍放大图像②

图 2.5

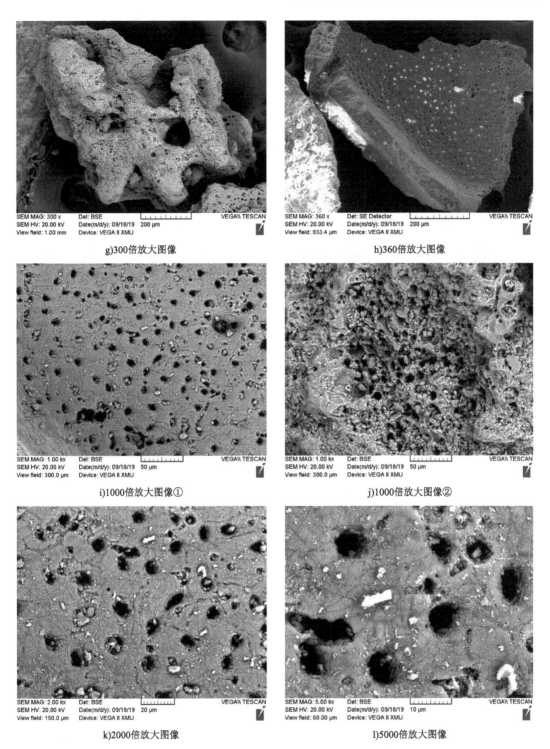

g)300倍放大图像

h)360倍放大图像

i)1000倍放大图像①

j)1000倍放大图像②

k)2000倍放大图像

l)5000倍放大图像

图2.5 珊瑚砂微观结构特征

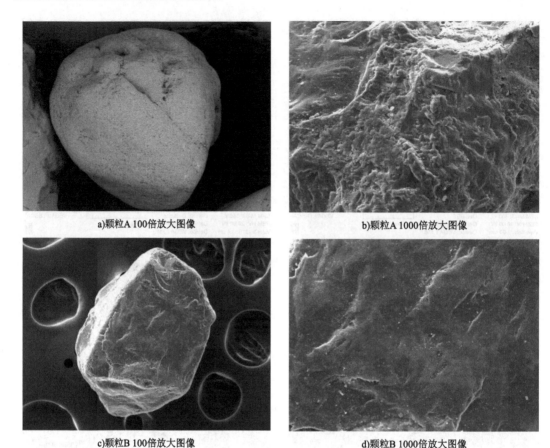

a)颗粒A 100倍放大图像	b)颗粒A 1000倍放大图像
c)颗粒B 100倍放大图像	d)颗粒B 1000倍放大图像

图2.6　标准砂微观结构特征

2.4.2　颗粒内部结构特征

颗粒的内部孔隙对颗粒强度具有重要影响,是微观因素中影响宏观力学特性的重要方面。选取珊瑚砂中具有代表性的颗粒(直径约1.7 mm,高度约2.4 mm)样品进行高分辨率工业CT检测,分析其内部孔隙的分布和形态,如图2.7所示。

高分辨率工业CT利用X射线穿透样品并在此过程中进行信息检测,在检测过程中样品

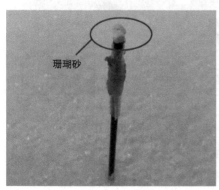

图2.7　珊瑚砂待检测颗粒

相对射线源和探测器进行360°旋转,仪器采集上千帧X射线衰减的图像,利用计算机层析扫描成像方法进行3D重构,从而获得样品三维整体的结构信息。高分辨率工业CT具有透视、三维成像的特点,可以在无损条件下通过大量的图像数据对很小的颗粒特征进行展示及分析。

本次样品测试所用高分辨率工业CT系统如图2.8所示,该仪器具备二级光学放大的技术特色,最高分辨率为0.5 μm,可进行高质量成像,获得样品内部真实三维结构,为高分辨率三维无损检测提供了全新的解决方案。

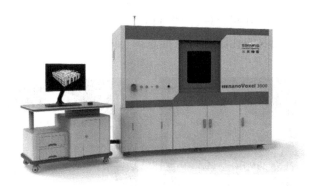

图2.8 高分辨率工业CT系统

使用nanoVoxel 3000系列高分辨率工业CT系统对样品进行高分率扫描成像,每0.25°采集一帧图像,图像尺寸为1920×1536,共采集5760帧图像。其他实验参数详见表2.3。

样品扫描参数　　　　　　　　　　　　　　　　　　　　　　表2.3

参数	分辨率/μm	电压/kV	电流/μA	曝光时间/s	扫描时间/min
数值	7.97	80	60	0.45	100

仪器中扫描得到的珊瑚砂颗粒三维形态如图2.9所示,颗粒沿 XY、YZ、XZ 方向的剖面图如图2.10所示。受样品内部相对密度的影响,X射线在穿透物体的过程中损失的能量不同,在宏观研究尺度上表现为图像上颜色深浅的变化,在剖面图中黑色部分代表孔隙,灰色部分为颗粒基体。

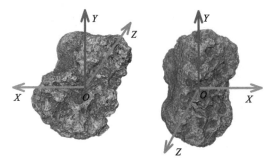

图2.9 珊瑚砂颗粒三维渲染图

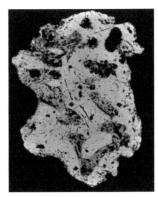
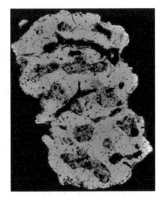
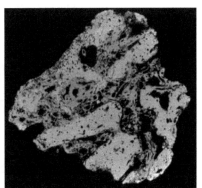

a)XY方向剖面图　　　　　　　　b)YZ方向剖面图　　　　　　　c)XZ方向剖面图

图2.10 珊瑚砂颗粒沿不同方向的剖面图

通过对剖面图进行阈值分割处理(图2.11),计算孔隙率,其中图2.11b)中深色部分为提取的孔隙。对阈值分割提取的孔隙进行三维重构,如图2.12所示,计算得孔隙体积占颗粒总体积的比例为16.55%。

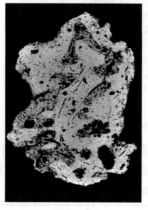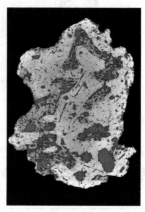

a)原始二维图   b)阈值分割图

图2.11　剖面图阈值分割处理

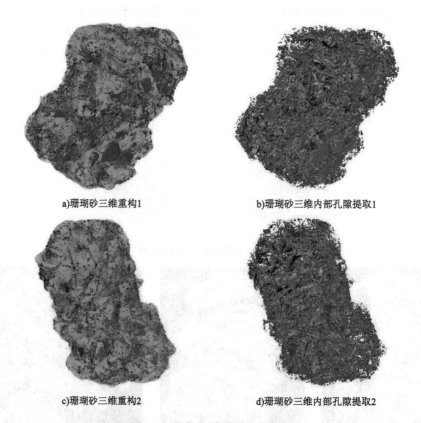

a)珊瑚砂三维重构1   b)珊瑚砂三维内部孔隙提取1

c)珊瑚砂三维重构2   d)珊瑚砂三维内部孔隙提取2

图2.12　珊瑚砂内部孔隙三维重构

扫描过程中分别在 X 轴、Y 轴、Z 轴方向上对颗粒各切片1000层,从CT扫描数据中截取 400(层)×400(层)×400(层) 尺寸大小的数据,沿 Z 轴进行逐层面孔隙率的定量分析,如图2.13和图2.14所示,孔隙率计算公式见式(2.6)。由沿Z轴方向逐层面孔隙率分析可知,面孔隙率整体波动较大,其值在10%~27%之间浮动,平均面孔隙率为18.73%,计算结果见表2.4。

$$Z轴方向逐层面孔隙率 = \frac{Z轴方向逐层孔隙面积}{逐层面面积} \times 100\% \qquad (2.6)$$

a)截取部分示意图   b)孔隙三维分布展示

图2.13 400(层)×400(层)×400(层)范围颗粒样点

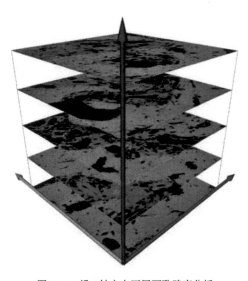

图2.14 沿Z轴方向逐层面孔隙率分析

沿Z轴方向逐层面孔隙率计算结果   表2.4

面孔隙率	最大面孔隙率	最小面孔隙率	平均面孔隙率
计算结果	26.66%	10.92%	18.73%

对所提取的孔隙进行连通性判断,发现存在连通孔隙。连通孔隙三维展示如图2.15所示。沿Z轴方向逐层连通孔孔隙率如图2.16所示,沿Z轴方向逐层连通孔孔隙率分析结果见表2.5。

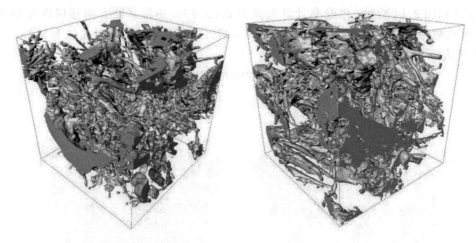

图2.15　连通孔隙三维展示

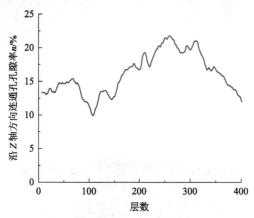

图2.16　沿 Z 轴方向逐层连通孔孔隙率

沿 Z 轴方向逐层连通孔孔隙率分析结果　　　　　　　　　　　　　　　　表2.5

连通孔孔隙率	最大连通孔孔隙率	最小连通孔孔隙率	平均连通孔孔隙率
计算结果	21.92%	10.02%	16.21%

由沿 Z 轴方向逐层连通孔孔隙率分析可知,连通孔孔隙率整体波动较大,其值在10% ~ 22%之间,局部区域孔隙率较低或较高,平均连通孔孔隙率为16.21%。

利用最大球算法,可以判断数字岩心三维图像中的孔隙、喉道所占空间大小及是否具有连通性,可提取相应的孔隙、喉道结构网络模型,同时运用数理统计方法实现对孔喉半径、孔喉体积、孔喉比、配位数、形状因子等孔隙结构的定量提取,取得地层岩石孔喉表征的参数。

从图2.17中可见孔隙、喉道为偏态分布,大孔隙和大喉道相对较少,孔隙半径主要分布于 7 ~ 28 μm,喉道半径主要分布于 5 ~ 20 μm。孔隙、喉道形状因子分布为正态分布,主要分布值分别为 0.018 ~ 0.04 和 0.02 ~ 0.04,形状因子的值越大,代表其形状越规则(圆的形状因子为 $\pi r^2/4\pi^2 r^2 = 0.0796$,正方形的形状因子为 0.0625,三角形的形状因子为 0 ~ 0.0481),研究区大部分孔喉的形状偏三角形状,较不规则。喉道长度越小,代表流体通过性越高,研究区喉道长度主要分布于 10 ~ 40 μm,其中一部分喉道具有较高的通过性。配位数是一个孔隙所连接的喉道数,配位数越大,连接喉道数越多,连通性越好。如表2.6所示,本实验研究区的最大配位数为73,平均配位数为3,喉道和孔隙配位情况较好。

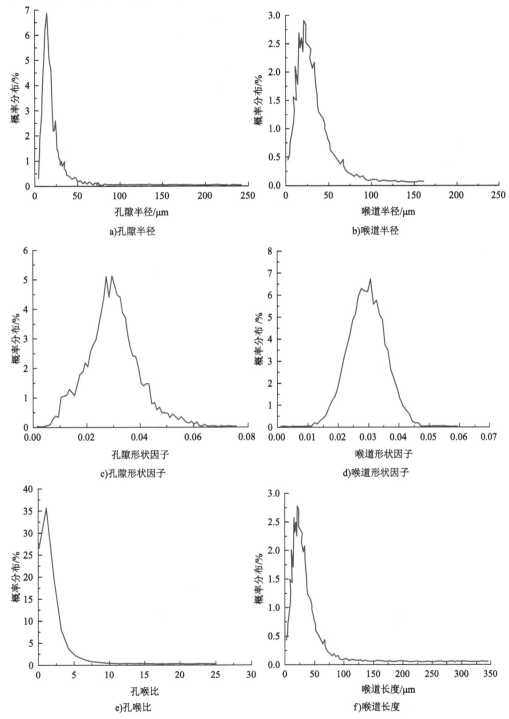

图2.17　珊瑚砂颗粒孔隙结构的定量提取

孔隙结构定量评价表　　　　　　　　　　　表2.6

类别	数值	类别	数值
最大孔隙半径/μm	236.24	平均孔喉比	2.45
平均孔隙半径/μm	17.59	最大孔隙体积/μm³	6.44×108
最大喉道半径/μm	160.81	平均孔隙体积/μm³	7.84×105
平均喉道半径/μm	8.54	最大喉道体积/μm³	2.01×107
最大喉道长度/μm	354.87	平均喉道体积/μm³	4.66×104
平均喉道长度/μm	31.02	最大配位数	73
最大孔喉比	26.19	平均配位数	3

在上述400(层)×400(层)×400(层)的数据内部再次截取一个50(层)×50(层)×50(层)大小的数据,建立孔喉网络模型,基于最大球算法进行数字岩心分析。最大球算法主要对颗粒内部孔隙进行分析,可提取表征珊瑚砂颗粒孔隙的参数。对提取部分的每个孔隙分别标记、染色,图2.18展示了该区域各孔隙的三维形态,该数据区域各不同形状的内部孔隙共计16个。运用数理统计方法进行分析,16个孔隙的当量直径数值在12.46～59.60μm,详细数据见表2.7。

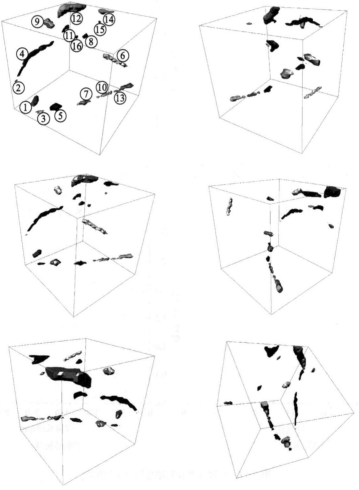

图2.18　珊瑚砂颗粒内部孔隙三维形态展示

珊瑚砂颗粒孔隙内部截取尺寸为 **50(层)×50(层)×50(层)** 的尺寸特征　　　表2.7

序号	当量直径/μm	长度/μm	宽度/μm	面积/μm²	体积/μm³
①	32.95	64.74	31.16	3727.99	18731.70
②	12.46	16.66	12.32	358.47	1012.52
③	19.78	51.60	14.72	1284.17	4050.09
④	39.96	208.90	37.85	8378.91	33413.20
⑤	34.64	57.85	38.66	3994.29	21769.20
⑥	30.38	109.01	27.43	3971.00	14681.60
⑦	26.84	68.74	27.50	2574.43	10125.20
⑧	21.30	41.24	21.44	1438.95	5062.61
⑨	33.82	61.16	29.03	3837.70	20250.50
⑩	26.39	87.21	23.79	2785.79	9618.97
⑪	23.83	60.94	20.22	2129.99	7087.66
⑫	59.60	144.91	53.21	14236.00	110871.00
⑬	33.24	115.69	29.52	4655.65	19237.90
⑭	37.14	79.01	29.54	5847.33	26831.90
⑮	15.70	29.44	12.40	667.04	2025.05
⑯	17.97	39.44	16.76	975.65	3037.57

2.5　珊瑚砂混合料CT扫描

在进行强度与变形试验时,均制备了珊瑚砂混合料成型试样,并对其力学变形特性进行研究,试样制备方式见第3章。为检验试样制备的合理性,随机选取一份珊瑚砂混合料环刀试样进行高分辨率工业CT扫描,对其内部标准砂颗粒分布的均匀性及试样整体的密实性进行检测,如图2.19a)、b)所示。图2.19c)~f)为混合料环刀试样沿不同方向的切片,其中浅灰色颗粒为标准砂,深色颗粒为珊瑚砂,通过不断切片扫描获取数据,而后进行三维重构,可获取试样整体的颗粒分布状态,通过数据处理可提取试样的内部孔隙,结果如图2.20、图2.21所示。

a)待检测试样

b)三维成像图

图　2.19

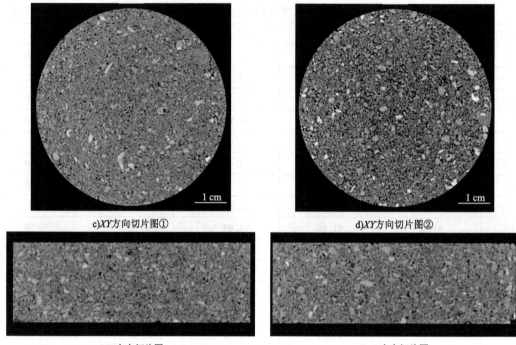

c)XY方向切片图①　　　　　　　　　　　　　　d)XY方向切片图②

e)YZ方向切片图　　　　　　　　　　　　　　　f)XZ方向切片图

图2.19　混合料环刀试样及沿不同方向的切片

图2.20　环刀试样三维重构　　　　　　　图2.21　环刀试样三维内部孔隙提取

　　检测结果表明,成型试样中颗粒分布的均匀性及沿各方向的密实性均较好,试样制备对试验结果的影响较小。但试样中标准砂颗粒与珊瑚砂颗粒混合后,通过CT扫描,也很难将两者进行很好的区分。

2.6　矿　物　组　成

　　造岩矿物是构成岩土颗粒的基本单元,与原始母岩的成分及风化过程中的具体作用密切相关。矿物成分是影响颗粒强度的重要因素,其对物理力学性质的影响不可忽视。本节采用X射线衍射仪(图2.22)对珊瑚砂的矿物组成进行分析,并取标准砂颗粒进行对比。该分析设备主要借助衍射原理对物质内部晶体结构等进行确定。具体过程为通过轰击金属靶产生特征X射线,射线经过物体时与原子散射产生的散射波相互干扰形成衍射,最终以衍射结果(衍射线的强度与分布规律)反映颗粒内部的晶体结构。

a)试验设备

b)内部构造

图2.22　X射线衍射仪

　　珊瑚砂与标准砂的X射线衍射试验结果分别如图2.23a)、b)所示,观察珊瑚砂与标准砂的X射线衍射试验结果,可发现珊瑚砂成分以碳酸盐为主,标准砂的主要成分为二氧化硅。珊瑚砂与标准砂是由完全不同的矿物组成的,珊瑚砂的矿物成分以高镁方解石及文石为主,莫氏硬度较低,大约为3.5,而标准砂的矿物成分以石英为主,莫氏硬度较高,大约为7.5。

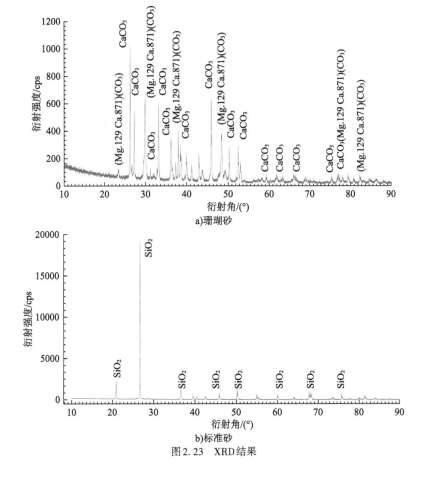

图2.23　XRD结果

2.7 本 章 小 结

本章针对珊瑚砂和标准砂的基本理化性质进行试验测定与检测,主要围绕所取珊瑚砂和标准砂的颗粒级配、颗粒相对密度、最大(小)孔隙比进行测定,并观测颗粒微细观结构,检测内部孔隙和基本矿物组成,得到了南海吹填珊瑚砂的颗粒级配、最大干密度、最小干密度、颗粒相对密度、最大孔隙比、最小孔隙比等物理特性指标;研究了珊瑚砂的宏观孔隙形态,对试验珊瑚砂颗粒样品的宏观孔隙进行了孔隙形状分类和定量分析,并通过CT扫描试验获取了断面灰度图像,定量研究了孔隙特征参数。主要结论如下:

(1)试验所取珊瑚砂颗粒级配不良,标准砂级配良好,以蒸馏水为介质通过比重瓶法所测珊瑚砂与标准砂的颗粒相对密度(G_s)分别为2.739和2.658,漏斗法和量筒法所测珊瑚砂与标准砂最大孔隙比分别为1.41和0.73,压重振动法所测珊瑚砂与标准砂最小孔隙比分别为0.77和0.46。

(2)珊瑚砂颗粒形状多不规则,通过扫描电子显微镜观测颗粒的微观结构,并与标准砂颗粒进行对比,结果表明珊瑚砂的颗粒表面粗糙,结构较为疏松,与标准砂颗粒的差异较大。X射线衍射结果分析表明,珊瑚砂的矿物成分多为文石和高镁方解石,与标准砂以石英为主的矿物成分形成对比。

(3)高分辨率工业CT检测通过沿不同方向对珊瑚砂进行无损切片并三维重构,提取颗粒内部的孔隙,检测结果指出,孔隙体积占颗粒总体积的16.55%,选取珊瑚砂成像结果,对面孔隙率进行分析,结果表明珊瑚砂的平均面孔隙率为18.73%。珊瑚砂内部发育的孔隙是造成颗粒强度较低、受力易碎的又一重要原因。

(4)高分辨率工业CT检测显示珊瑚砂混合料成型试样的颗粒混合较为均匀,试样沿各方向的孔隙分布差异较小,密实度较好,表明样品制备方式较为合理。

第3章 珊瑚砂的剪切特性和破碎规律研究

抗剪强度可理解为外部荷载作用下土抵抗变形与破坏的能力,是岩土介质最重要的力学特征之一。强度直接关系到地基的承载、边坡的稳定等,对强度的研究一直是土力学发展过程中的重要课题。由于土是复杂的多相组成,受应力历史、应力组合等的重要影响,强度的确定较为复杂,需要引起研究人员的重视。

当土的应力状态达到极限剪切破坏状态时,即认为达到破坏点,该状态下的剪应力即为抗剪强度。针对该状态的判定有不同的破坏准则,其中应用较为广泛的强度理论有莫尔-库仑(Mohr-Coulomb)强度理论。针对土的抗剪强度特性,研究人员开展了形式多种的抗剪强度试验。本章以直剪试验和三轴压缩试验[固结排水剪(CD)和固结不排水剪(CU)]等形式研究珊瑚砂及其混合料的剪切特性,并就不同条件下的颗粒破碎规律进行分析,获取不同试验条件下的珊瑚砂剪切特性以及颗粒破碎规律,为研究珊瑚砂的基本力学特征提供重要试验基础[111-112]。

3.1 珊瑚砂的直剪特征

直剪试验原理简单且易于操作,能快速测定土体的基本力学特性,被广泛应用于工程实践中。以往的直剪试验[72]中很少对珊瑚砂的剪胀现象进行研究,本节对含水率为20%,相对密实度为0.5、0.7、0.9的珊瑚砂分别开展不同竖向压力(50 kPa、100 kPa、200 kPa、400 kPa)的直剪试验,研究剪切过程中珊瑚砂的抗剪强度及竖向变形呈现的剪缩-剪胀现象。

3.1.1 材料与方法

3.1.1.1 试验材料

试验用珊瑚砂取自南海某岛礁第一批试样(图3.1),珊瑚砂颗粒颜色为米白色,含珊瑚、砗磲、贝壳及礁岩等杂质,稍有海腥味。材料水洗、烘干后备用。

图3.1 试验用珊瑚砂

试样中偶尔会有明显异常的大块珊瑚,为避免其对试验结果的干扰,对粒径大于 2 mm 的颗粒进行剔除处理。试验用珊瑚砂最大孔隙比为 1.41、最小孔隙比为 0.77,颗粒相对密度为

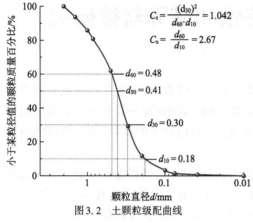

$$C_c = \frac{(d_{30})^2}{d_{60} \cdot d_{10}} = 1.042$$

$$C_u = \frac{d_{60}}{d_{10}} = 2.67$$

$d_{60} = 0.48$

$d_{50} = 0.41$

$d_{30} = 0.30$

$d_{10} = 0.18$

图 3.2 土颗粒级配曲线

2.739。为便于控制试验条件并进行结果分析,使用特制筛进行筛分,筛孔直径分别为 2 mm、1.43 mm、1.0 mm、0.85 mm、0.5 mm、0.3 mm、0.2 mm、0.1 mm、0.075 mm、0.0385 mm 和 0.01 mm。图 3.2 为土颗粒级配曲线,其中给出了不均匀系数和曲率系数等关键信息,将筛分后的土样按照筛孔大小进行区分并隔离保存。

根据每个区间颗粒分布所占总质量的百分比以及设定相对密实度进行试样制备,模拟了珊瑚砂实际工程环境。试验珊瑚砂的相对密实度依据式(2.1)计算。

3.1.1.2 试样制备

本试验采用自制压样机(图 3.3)进行试样制备,设备最大可施加的竖向荷载为 50 kN。制样时将松散土样放入成样装具中,利用千斤顶的升力配合上部反压装置,将土样压制成型。本节初步对成型试样进行筛分,分析成型前后试样颗粒级配变化,认为制样过程对颗粒破碎的影响较小,且考虑到振动摇筛对颗粒的破碎亦产生干扰,因此该制样方式进一步减小了对颗粒破碎的影响,本节不再考虑制样方式对颗粒破碎试验结果的影响。

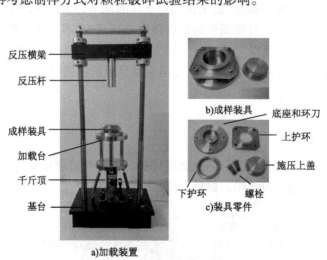

图 3.3 环刀试样制备装置

3.1.1.3 试验方案

本节通过直剪试验,对不同相对密实度的珊瑚砂的抗剪特征进行研究。试样控制相对密实度 D_r 为 0.5、0.7、0.9;含水率为 20%,竖向压力 σ 分别取 50 kPa、100 kPa、200 kPa、400 kPa。具体试验方案和编号见表 3.1,共计 12 个试验。

试验方案及编号　　　　　　　　　　　　　表 3.1

试样名称	相对密实度	竖向压力 σ/kPa	试验编号
珊瑚砂	D_r=0.5	50、100、200、400	$1^\#$ ~ $4^\#$
	D_r=0.7		$5^\#$ ~ $8^\#$
	D_r=0.9		$9^\#$ ~ $12^\#$

按照规范[109]要求,对压制成型的试样进行组装。装样前,对剪切盒进行擦拭,保持剪切盒清洁,而后将凡士林均匀地涂抹于上、下剪切盒之间,减小剪切盒之间的摩擦对试验结果的影响。将上、下剪切盒用固定销固定,放置在剪切台上。完成装样后,根据试验方案添加砝码,并将杠杆调至水平,确保砝码与竖向应力之间杠杆比固定。最后拔去固定销,打开开关和数据采集系统,进行剪切,每 0.1 s 记数一次。设定剪切位移至 6 mm 时结束加载,基本试验参数见表 3.2。

基本试验参数　　　　　　　　　　　　　表 3.2

参数	试样直径/mm	试样高度/mm	试样面积/cm²	试样体积/cm³	加载速率/(r/min)	极限剪切位移/mm	剪切速率/(mm/min)
数值	61.8	20	30	60	12	6	2.4

3.1.1.4　试验仪器

本次试验的直剪仪器为南京土壤仪器厂有限公司生产的应变控制式直剪仪,主体部分包括剪切盒、测力环、垂直加压框架、剪切动力源及应变控制式发动机,可自动进行剪切。仪器配合电子千分表及自动采集系统,精度可达到 0.001 mm(图 3.4)。

图 3.4　直剪试验设备

3.1.2　试验结果分析

3.1.2.1　抗剪强度指标

试样的剪应力计算公式如下:

$$\tau = \frac{CR}{A_0} \times 10 \qquad (3.1)$$

式中，τ 为剪应力，kPa；C 为测力计率定系数，N/0.01 mm；R 为测力计读数，为 0.01 mm；A_0 为试样的初始面积，为 100 mm²。

规定应力-应变关系曲线一直呈上升的趋势直至破坏称为硬化破坏，取剪切位移为 4 mm 对应的剪应力为破坏应力；曲线的前半部分逐渐升高，达到峰值后逐渐降低直至破坏称为软化破坏，取峰值点对应的剪应力为破坏应力。根据硬化程度，硬化型曲线可分为强硬化和弱硬化，软化型曲线可分为强软化和弱软化，具体划分参见相关文献[113]。

图 3.5 是珊瑚砂直剪下的剪应力-剪切位移曲线。由图可知，在竖向应力较小时，珊瑚砂试样的强度曲线易呈现出软化特征，随着竖向应力的增大，软化现象逐渐减弱甚至变为硬化。对比分析图 3.5a）~ c）可知，相对密实度在一定程度上会影响试样的强度曲线。当相对密实度较小（$D_r = 0.5$）时，所有曲线一直呈上升趋势，基本没有峰值点，呈应变硬化型曲线，此时，取剪切位移 4 mm 处对应的剪应力为破坏应力，又称最大剪应力。随着相对密实度的增加，曲线出现了峰值点，从硬化型曲线逐渐转化成软化型曲线，且峰值点对应的应变也逐渐减小，峰后颗粒的应力值受相对密实度的影响更大，呈负相关。分析认为，相对密实度越大，在剪切过程中颗粒破碎越显著，大的颗粒破碎成小颗粒填充在孔隙中，使孔隙率降低，从而使颗粒之间的滑动摩擦力增大，颗粒重排受到更大的阻力，所以强度值也会发生变化。

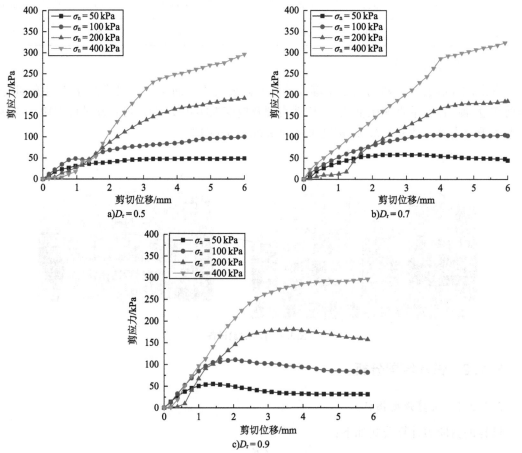

图 3.5　不同相对密实度条件下的剪应力-剪切位移曲线

依据剪应力-剪切位移曲线,采用Mohr-Coulomb强度理论[式(3.2)],可确定试样的抗剪强度,图3.6为珊瑚砂试样在不同相对密实度下的抗剪强度拟合结果,从中可直观地观察不同相对密实度试样的剪切特性。拟合方程见表3.3。

$$\tau = \sigma \tan \varphi + c \tag{3.2}$$

式中,σ为剪切面上的法向应力,kPa;φ为土的内摩擦角,($°$);c为土的黏聚力,kPa。

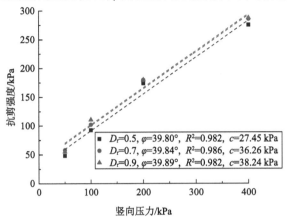

图中图例:
$D_r=0.5$, $\varphi=39.80°$, $R^2=0.982$, $c=27.45$ kPa
$D_r=0.7$, $\varphi=39.84°$, $R^2=0.986$, $c=36.26$ kPa
$D_r=0.9$, $\varphi=39.89°$, $R^2=0.982$, $c=38.24$ kPa

图3.6 抗剪强度拟合曲线

抗剪强度拟合方程　　　　　　　　　　　　　　　　　　　表3.3

相对密实度	抗剪强度拟合方程
$D_r=0.5$	$y=0.6401x+27.45$
$D_r=0.7$	$y=0.6407x+36.26$
$D_r=0.9$	$y=0.6413x+38.24$

由图3.6可知,剪应力与竖向压力符合Mohr-Couland强度理论,二者呈现线性变化趋势。内摩擦角φ随D_r指标增大而产生的变化较小,无明显上升趋势。通常认为砂土的黏聚力为0,即拟合曲线过原点,截距为0,但实际的试验结果与之不相符。试验结果的强度包线都与纵轴存在交点,这种现象的出现与颗粒间的咬合有关[114-115],且这种咬合作用不同于黏土中的黏聚力[116]。当试样含水时可表现出弱胶结性,珊瑚砂特殊颗粒形状也对胶结产生影响。

图3.7为珊瑚砂试样在不同竖向压力和相对密实度作用下的竖向位移-剪切位移关系图,图中竖向位移为正值时代表剪缩,为负值则表示试样处在剪胀状态。由图可知,在剪切过程中珊瑚砂的竖向变形呈现剪缩-剪胀的现象,且相对密实度越大和竖向压力越小的试样剪胀越显著。这是由于珊瑚砂颗粒形状不规则,表面的棱角较多,粗颗粒需要通过调整位置来实现定向排列,此过程会产生相对位移,导致剪胀现象。相对密实度越大的试样孔隙越少,颗粒接触越紧密,故而剪切过程中剪胀越明显。竖向压力较小时,珊瑚砂的颗粒破碎也少,随着竖向压力的增加,珊瑚砂颗粒发生大量的破碎,颗粒的棱角也逐渐变得光滑,细小颗粒填塞进大孔隙中,减少了发生剪胀的可能性。

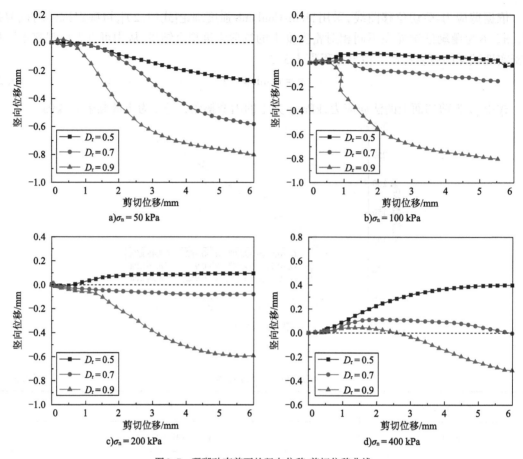

图3.7 珊瑚砂直剪下的竖向位移-剪切位移曲线

3.1.2.2 颗粒破碎规律分析

珊瑚砂的颗粒破碎以及应力水平等因素共同作用,决定了其特殊的剪切特性。为了进一步研究相对密实度对珊瑚砂影响的细观机制,建立相对密实度与颗粒破碎之间的关系,对剪切后的试样进行筛分试验。

为定量描述颗粒在试验过程中的破碎程度,采用Hardin[23]提出的相对破碎率B_r,目的是增强颗粒破碎指标的全面性,根据式(3.3)计算:

$$B_r = \frac{B_t}{B_p} \tag{3.3}$$

式中,B_t表示总破碎势,为破碎前后试样粒径分布曲线和粒径为0.01 mm垂直线所围成的区域面积;B_p表示初始破碎势,为初始粒径分布曲线和粒径0.01 mm垂直线所围成的区域面积。其计算原理如图3.8所示。

通过计算不同相对密实度在不同的竖向压力下剪切的相对破碎率,得到图3.9所示的结果,从图中可以看出相对破碎率B_r与竖向压力和相对密实度呈正相关。颗粒破碎量随竖向压力和相对密实度的增大而增大。这是因为试样的相对密实度越大,孔隙越小,在剪切时珊瑚砂颗粒滑动的难度越大,颗粒就更容易破碎。

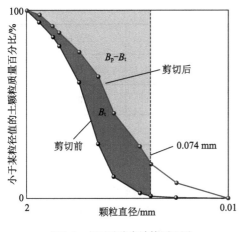

图3.8 相对破碎率计算原理图

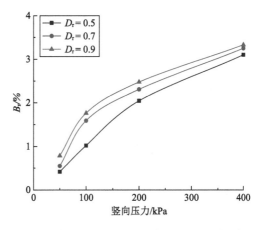

图3.9 直剪后试样相对破碎率与竖向压力关系曲线

3.2 珊瑚砂混合料的直剪特征

3.2.1 方法

3.2.1.1 试验方案

考虑到岛礁基础设施建设中硅质杂质对珊瑚砂基本力学特性的影响,本节以标准砂充当硅质杂质,使用筛分法按粒径将标准砂划分为不同粒组,通过常规直剪试验探究不同粒组对珊瑚砂剪切特性的影响。本节制备相对密实度 D_r 为0.7的试样开展试验,取竖向压力分别为100 kPa、200 kPa和400 kPa,混合料的含水率分别为10%、25%和40%,试验时取标准砂的粒径0.3～0.5 mm和粒径0.5～0.85 mm两个粒组分别与珊瑚砂对应粒组进行等质量置换,以探究珊瑚砂混合料的力学性能及颗粒破碎状况,具体试验方案及编号见表3.4。为便于描述分析,珊瑚砂编号用CS表示,置换粒组粒径为0.3～0.5 mm的混合料编号用BS0.3表示,置换粒组粒径为0.5～0.85 mm的混合料编号用BS0.5表示。

试验方案及编号　　　　　　　　　　　　　　　　表3.4

试样	竖向压力/kPa	含水率/%	试验编号
珊瑚砂	100、200、400	10	CS-(1～3)
		25	CS-(4～6)
		40	CS-(7～9)
置换粒组粒径为0.3～0.5 mm的混合料	100、200、400	10	BS0.3-(1～3)
		25	BS0.3-(4～6)
		40	BS0.3-(7～9)

试样	竖向压力/kPa	含水率/%	试验编号
置换粒组粒径为 0.5~0.85 mm 的混合料	100、200、400	10	BS0.5-(1~3)
		25	BS0.5-(4~6)
		40	BS0.5-(7~9)

3.2.1.2 试样制备

为避免海盐等杂质对试验的干扰,制样前应首先对试样进行水洗并烘干,而后分别对珊瑚砂和标准砂进行筛分得各粒组砂粒。根据设定的相对密实度及粒组置换方式计算各粒组的质量,使用电子天平(精度 0.01 g)分别称重,将各粒组砂粒充分拌和,而后按照目标含水率计算并添加水分,放入保湿器中保湿 24 h,复核含水率,满足规范[109]要求后,倒入成样装具中静力压实,制样设备见图 3.3。

3.2.1.3 试验步骤

本方案采用直剪仪进行强度试验,仪器如图 3.4 所示。剪切试验基本参数设置与前文表 3.2 相同。

3.2.2 试验结果分析

3.2.2.1 剪应力-剪切位移曲线

绘制剪应力-剪切位移曲线(应力-应变曲线)是研究土受力变形特性的重要手段,通常将曲线中出现过峰值点后剪应力随剪切位移逐渐降低的现象称为土的应变软化,与密砂或超固结土的应力应变特性类似;随着剪应变增加,剪应力随剪切位移逐渐增大而未出现峰值,这一现象被称为应变硬化,类似于松砂或正常固结土的应力应变特性。典型应力-应变曲线如图 3.10 所示。

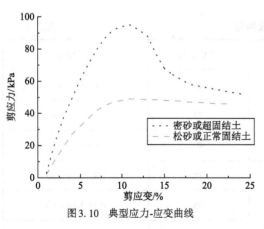

图 3.10 典型应力-应变曲线

图 3.11 是珊瑚砂及其混合料的剪应力-剪切位移曲线,由图可知,荷载对曲线的走势影响较大,当竖向压力为 100 kPa、200 kPa 时,试样 CS、BS0.3、BS0.5 均呈现应变软化特性。当竖向荷载为 400 kPa 时,剪切过程中并未出现应力的峰值,试样表现出塑性变化特性,剪切后期曲线走势一致。经置换后试样的力学性能差异较大,其中 CS 试样抗剪强度较高,而 BS0.3 试样、BS0.5 试样的抗剪强度较 CS 试样均有不同程度的降低。此过程中颗粒破碎逐渐稳定,颗粒定向排列趋于完成,并保持较高的残余强度。

较高的残余强度与颗粒的细观作用机理密切相关,受颗粒滑移与颗粒破碎的共同影响。珊瑚砂颗粒结构疏松,且粒径较大时,其内部孔隙较发育,颗粒接触点较少,在较大压力作用下,破碎后形成的细小颗粒填充在颗粒之间,试样密实性增加,大小颗粒之间的嵌固、支撑及咬合作用更强,因此剪切破坏后保持较高的残余强度。

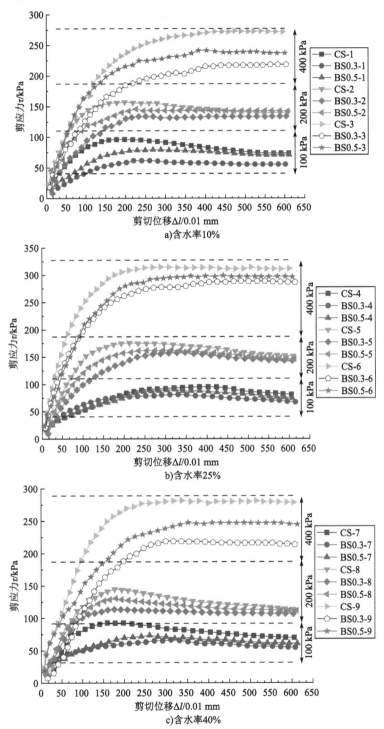

图3.11　珊瑚砂及其混合料的剪应力-剪切位移曲线

对比分析图3.11a)~c)可知,含水率在一定程度上会影响试样的剪应力-剪切位移曲线,但对曲线的整体走势影响较小。相较于含水率为10%时的试样,含水率为25%时试样的抗剪强度有所提升,但随着含水率的继续增大,试样的抗剪强度反而下降。试验结果表明标准砂的掺入对珊瑚砂抗剪强度和残余强度的影响较大,对比BS0.3试样和BS0.5试样的试验结果可知,粒径0.3~0.5 mm粒组的标准砂置换对珊瑚砂抗剪强度的影响更为明显,差异的出现是粒径效应的重要体现。分析认为,在剪切过程中,由于粒径0.3~0.5 mm粒组的颗粒粒径较小,易于填充在大颗粒之间,在剪切过程中发挥润滑作用,其颗粒形状对剪切过程的影响较大,而粒径0.5~0.85 mm粒组在受力过程中主要起骨架作用,标准砂颗粒亦可承担,其作用受颗粒形状影响较小,因此经置换后其对强度的影响小于粒径0.3~0.5 mm粒组置换的影响。

3.2.2.2　抗剪强度指标

抗剪强度依据剪应力-剪切位移曲线确定,当剪应力-剪切位移曲线出现峰值点后逐渐下降,即表示试样发生剪切破坏,取峰值点处剪应力为抗剪强度;若剪应力-剪切位移曲线呈现应变硬化特性,取剪切位移为4 mm时对应的剪应力为抗剪强度。试验结果采用Mohr-Coulomb强度理论处理,其公式见式(3.2)。图3.12为试样在不同含水率条件下的抗剪强度拟合结果,可直观地观察三种试样的剪切特性,拟合方程见表3.5。

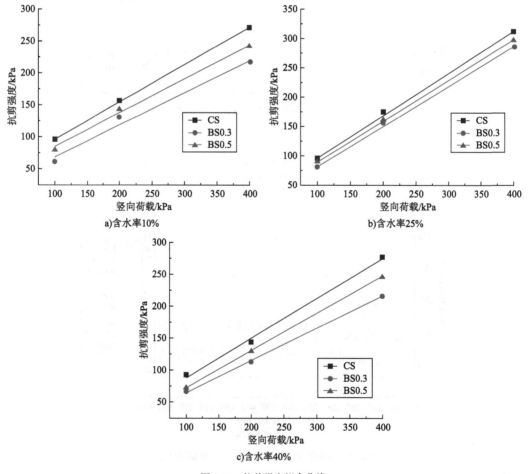

a)含水率10%

b)含水率25%

c)含水率40%

图3.12　抗剪强度拟合曲线

抗剪强度拟合方程 表3.5

试样编号	含水率		
	10%	25%	40%
CS	$y=0.58x+39.219$	$y=0.72x+26.602$	$y=0.62x+29.376$
BS0.3	$y=0.50x+20.755$	$y=0.69x+13.517$	$y=0.51x+11.973$
BS0.5	$y=0.53x+32.410$	$y=0.69x+22.638$	$y=0.58x+16.326$

图3.13和图3.14为强度指标随含水率的变化情况,可初步分析含水率对试样强度特性的影响。如图3.13所示,随着含水率的增加,试样的黏聚力存在不同程度的降低,与剪切面上的作用机制密切相关。经标准砂置换后,试样的黏聚力低于纯珊瑚砂试样,且粒径0.3～0.5 mm粒组置换后的降低尤为显著。

如图3.14所示,随着含水率的增加,内摩擦角呈先增大后减小的趋势,在含水率为25%时达到最高。在含水率相同的条件下,CS试样的内摩擦角要大于BS0.3、BS0.5试样的内摩擦角,粒径0.3～0.5 mm粒组的置换更易引起试样内摩擦角的减小。例如,在含水率为10%条件下,CS试样内摩擦角为30.11°,BS0.3试样和BS0.5试样的内摩擦角分别为26.47°和27.92°。试验结果对比分析表明,在珊瑚砂中粒径0.3～0.5 mm粒组对内摩擦角的贡献率更大。

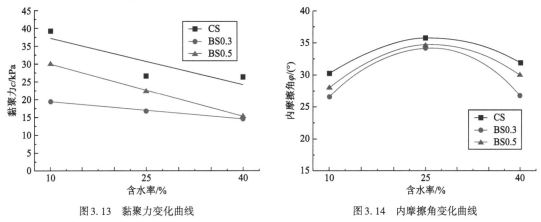

图3.13　黏聚力变化曲线　　　　　图3.14　内摩擦角变化曲线

3.2.2.3　颗粒破碎规律分析

颗粒破碎是指在外荷载作用下颗粒结构整体破坏或相互研磨形成粒径相等或不等的更小颗粒的过程,通常有破裂、破碎、研磨等不同的破碎形式[17]。由于珊瑚砂形成环境特殊,内部孔隙发育,颗粒结构疏松易碎,颗粒的破碎对其力学变形特性产生重要影响,因此研究试验前后的级配变化具有重要的意义。

图3.15为含水率10%时不同置换方式的珊瑚砂混合料在各级荷载下剪切破坏后颗粒级配的变化情况。珊瑚砂及其混合料经剪切破坏后,颗粒级配曲线变化明显。CS试样在100 kPa、200 kPa和400 kPa压力作用下的不均匀系数分别为2.82、2.89、2.99,BS0.3试样的不均匀系数分别为2.81、2.84、2.87,BS0.5试样的不均匀系数分别为2.82、2.86、2.92,均呈增加趋势,表明颗粒粒径分布宽度增大,颗粒级配均趋于良好。

本节对颗粒破碎的定量分析采用Hardin[23]的计算方法,统计了不同初始条件下试样的相对破碎率（表3.6）。由表可知，竖向荷载是造成颗粒破碎的重要原因。在含水率10%的条件下，相较于竖向压力为100 kPa时，CS试样在400 kPa作用下的相对破碎率B_r增加1.76个百分点，BS0.3试样的B_r增量为1.42个百分点，BS0.5试样的B_r增量为0.82个百分点，相对破碎率均有一定的上升。同一竖向荷载作用下，含水率相同时，经标准砂置换的试样相对破碎率存在不同程度的降低。如竖向荷载为100 kPa，含水率为10%时，相较于CS试样，BS0.3试样的B_r为1.52%，降低0.3个百分点，BS0.5试样的B_r为1.78个百分点，降低0.04个百分点。对比相同初始条件下的BS0.3试样和BS0.5试样，不同置换方式造成的颗粒破碎并未表现出明显的差异性规律。

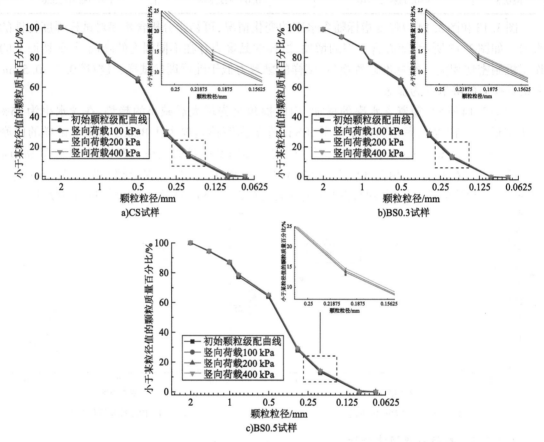

图3.15　不同试样的级配曲线

不同初始条件下的相对破碎率B_r　　　　表3.6

竖向压力/kPa	试样分类（按编号和含水率分类）								
	CS			BS0.3			BS0.5		
	10%	25%	40%	10%	25%	40%	10%	25%	40%
100	1.82%	1.74%	1.63%	1.52%	1.44%	1.35%	1.78%	1.69%	1.58%
200	2.56%	2.45%	2.36%	2.41%	2.32%	2.22%	2.20%	2.12%	2.02%
400	3.58%	3.43%	3.33%	2.94%	2.83%	2.74%	2.60%	2.51%	2.43%

　　对比分析同一荷载作用下不同含水率的试样，即可知含水率对颗粒破碎的重要影响。含水率较低时相对破碎率较高，含水率的升高可在一定程度上减少颗粒破碎的发生。如压力为

100 kPa时,在含水率10%、25%和40%条件下CS试样B_r分别为1.82%、1.74%、1.63%,该现象是颗粒与水分子之间相互作用的结果。随着含水率的上升,在剪切过程中水分子可在接触面处起到一定的润滑作用,减小接触面上的摩擦,减少剪切面附近由摩擦而引起的颗粒破碎,且水分子包裹在颗粒周围,可降低珊瑚砂颗粒棱角部位的应力集中。当含水率处于较高状态,试样受到竖向荷载作用时,存在一定的孔隙水压力,可减小颗粒接触点处的部分接触应力,减少颗粒破碎的发生。

颗粒破碎指标及颗粒级配曲线主要反映试样整体的破碎情况,为分析各粒组表现出的颗粒破碎差异,对不同粒组的颗粒质量损失与增长情况进行统计。以试验前各粒组的颗粒质量为基数,定义各粒组的颗粒质量变化量与基数的比值为各粒组的质量增长率。图3.16即为含水率为10%时试样各粒组在不同初始条件下的颗粒破碎情况。各中间粒组在剪切过程中均存在上级粒组颗粒破碎导致的质量增加及本级粒组颗粒破碎造成的质量损失。若质量增长率为负值,表示该粒组在剪切过程中质量损失大于质量增加,若质量增长率为正值,表示上级粒组内颗粒破碎导致的本级粒组的质量增加要大于本级粒组自身颗粒破碎导致的质量损失。

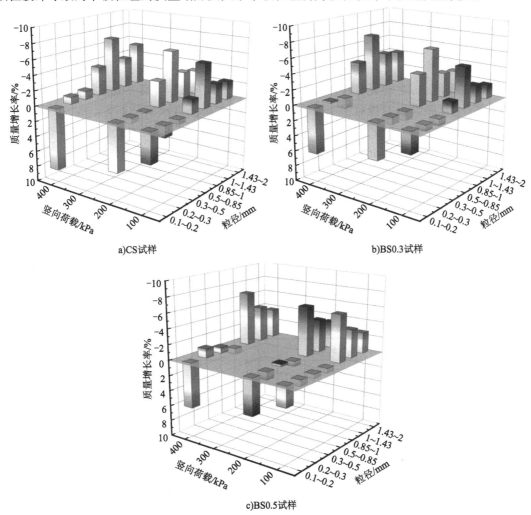

图3.16　含水率为10%时各粒组的颗粒破碎情况

从图3.16中可明显观察到在剪切过程中颗粒粒径的迁移过程,以零平面为界,颗粒的增长与损失形成明显的对应关系。试样各粒组整体上表现出大颗粒的破碎与小颗粒的增加,但颗粒破碎并不是随粒径的增大而增大,而是存在一个典型的颗粒损失区间(粒径0.85~2.0 mm)与增长区间(粒径0.2 mm以下),颗粒损失与增长在粒径0.2~0.85 mm范围内表现出一定的不规律性。不同粒组的颗粒破碎情况受内孔隙率、颗粒形状及碳酸钙含量等综合因素的影响,呈现出一定的差异。且各粒组颗粒的增长与损失受竖向荷载的影响较大,各粒组的破碎量与增长量均随荷载的增大而增加。相较于较低荷载,竖向荷载为400 kPa时,0.1~0.2 mm粒组颗粒增加明显。BS0.3试样与BS0.5试样分别在粒径0.3~0.5 mm和粒径0.5~0.85 mm两个粒组内出现了颗粒破碎的增加,这与标准砂的置换密切相关。在剪切过程中,标准砂颗粒破碎较少,因此经置换后粒组表现出颗粒质量的增加。

3.3 珊瑚砂的三轴压缩特性

3.3.1 设备与方法

3.3.1.1 试验方案

为了研究围压、相对密实度和含水率三个因素对珊瑚砂试样(第一批试样)强度特性及颗粒破碎的影响,试验设置的相对密实度为0.6、0.5、0.4、0.3,含水率分别为10%、20%和40%,围压分别为100 kPa、200 kPa、400 kPa,为探索颗粒破碎状况及规律,本次试验在每组结束后,对各试样进行了筛分,共计36次。试验前依颗粒级配及详细要求进行试样制备,了解颗粒级配曲线;接下来对试样进行三轴固结排水剪切试验;剪切完毕后对试样进行筛分,获得剪切后的颗粒级配曲线。试验方案如表3.7所示。

三轴压缩试验(固结排水)方案　　　　　　　　　　　　　表3.7

试验编号	相对密实度	含水率/%	围压/kPa
1#~4#	0.3、0.4、0.5、0.6	10	100
5#~8#	0.3、0.4、0.5、0.6	10	200
9#~12#	0.3、0.4、0.5、0.6	10	400
13#~16#	0.3、0.4、0.5、0.6	20	100
17#~20#	0.3、0.4、0.5、0.6	20	200
21#~24#	0.3、0.4、0.5、0.6	20	400
25#~28#	0.3、0.4、0.5、0.6	40	100
29#~32#	0.3、0.4、0.5、0.6	40	200
33#~36#	0.3、0.4、0.5、0.6	40	400

3.3.1.2 试验步骤

试验根据设计样本的相对密实度,得出某含水率土样所需土料,将其平均分为5份。将土料分五层通过静载制样设备压实,每层试样的高度由高为1.6 cm的钢环控制。制成的标准试样直径为3.91 cm,高为8 cm。本节中共计制作36份试样。制样设备见图3.17。

b)制样模具

a)压样设备　　　　c)成型试样

图3.17　三轴制样设备

压制试样时发现,相对密实度和含水率较低的试样在脱模时,珊瑚砂颗粒易脱落且试样易碎。因此,对该类已压制好的试样,将模具放入冷冻室中进行降温处理(冰冻2h),以利于试样从模具中脱出。试样经脱模并装样后,待自然溶解8 h,再进行三轴压缩试验操作。

本次试验用珊瑚砂土料运输到实验室时,含水率较低,为达到试验目标含水率,可采用喷雾法调整含水率。将珊瑚砂颗粒平铺在搪瓷盘中,根据计算得到所需水量,通过喷雾瓶将水均匀喷洒于样品表面。待样品表面均匀湿化后,拌和珊瑚砂。随后将珊瑚砂平整,再均匀喷洒。如此反复直至所需水量均喷洒于样品中。将获得的珊瑚砂土料密封静置72 h以上,随后利用烘干法确定最终含水率。

3.3.1.3　试验仪器

本试验所用三轴仪如图3.18所示,为TSZ-6A型全自动应变控制式三轴仪,仪器基于伺服步进电机,可精密地控制仪器的位移及试样的剪切,操作便捷,可全自动采集数据。仪器可控制的剪切速率为0.001~5 mm/min(无级调速),反压与围压的量程均为1.6 MPa,可测得最大的体积变形为50 mL,力传感器采用多量程传感器,最大量程为30 kN。待试样安装完毕后,根据试验方案设置的参数在仪器软件的控制界面输入围压及剪切速率,点击开始,仪器便开始采集试样的主应力差、轴向应变、体积变形等基本数据,并以图像的形式呈现。经过反复试验,最终确定剪切速率为0.1 mm/min。

图3.18　全自动应变控制式三轴仪

3.3.2 试验结果分析

3.3.2.1 不同初始条件下的珊瑚砂强度特征

图3.19是不同相对密实度D_r(0.6、0.5、0.4、0.3)试样在对应围压σ_3(100 kPa、200 kPa、400 kPa)条件下的应力-应变曲线,从图中可以看出,偏应力$\sigma_1-\sigma_3$随着轴向应变的逐渐增加而从剧增转向平缓。在围压为100 kPa的条件下,在低相对密实度($D_r=0.3$)时,应力-应变曲线一直呈上升的趋势,且没有出现明显的峰值,呈应变硬化型。随着相对密实度的增加,曲线从硬化型逐渐转化成软化型,峰值应力点逐渐升高,且峰值点对应的应变逐渐减小,峰后颗粒的应力值受相对密实度的影响更大,呈负相关。当围压逐渐增大时,应力-应变曲线趋硬化。其中围压为100 kPa、相对密实度为0.6时的曲线为弱软化型,其他曲线多为强硬化型和弱硬化型。

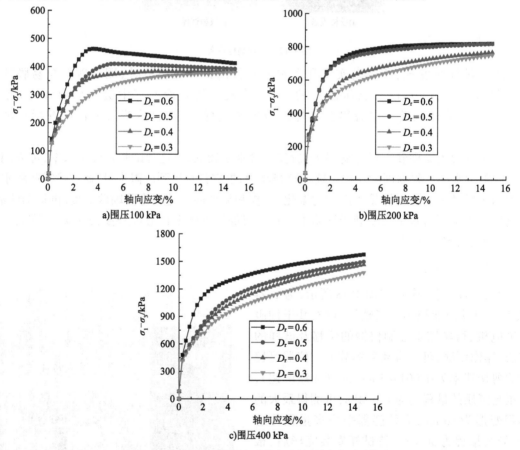

图3.19　三轴固结排水剪切试验中珊瑚砂的应力-应变曲线

珊瑚砂为摩擦性材料,因此应力-应变曲线由软化型转向硬化型,应力-应变变化趋势取决于颗粒间摩擦的变化。颗粒破碎曲线峰值由破碎和滑动摩擦共同决定。滑动摩擦使应力-应变曲线达到峰值,即使应力达到极限状态,致使曲线趋软化。而颗粒破碎使应力-应变曲线达不到极限峰值状态,使曲线趋硬化。

珊瑚砂为单颗粒结构,以点接触为主,在剪切过程中,颗粒间无法达到平面接触的状态,因此其交错排列会使剪切面上的颗粒错动、转动,被提升、拔出,从而导致试样体积的变化。剪胀是指剪切时产生的试样体积的增加,剪缩是指剪切时产生的试样体积的减小。如图3.20所示,在剪切过程中珊瑚砂的体应变呈现剪缩-剪胀现象,且相对密实度越大和围压越小的试样剪胀现象越显著,这与前文直剪试验研究结果相同。随着围压的增加(400 kPa),体应变前期剪缩的过程变长,虽然后期存在一定的剪胀,但试样整体基本呈剪缩状态。

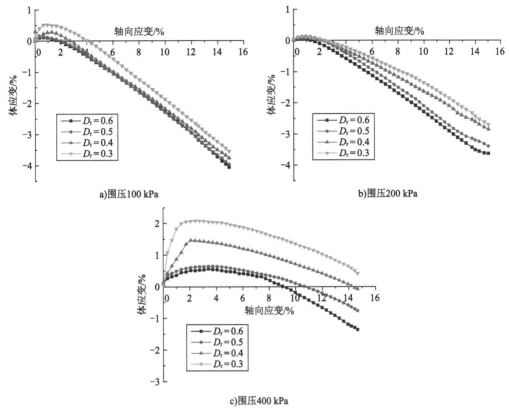

图3.20　三轴固结排水剪切试验中的体应变-轴向应变曲线

土是由岩石风化形成的,它们之间的相互联系相对较弱。土的强度不由颗粒本身强度决定,而是由颗粒之间相互作用力决定。土的抗剪强度特性主要通过黏聚力和颗粒间的摩擦力体现[117]。

珊瑚砂的摩擦特性通过内摩擦角φ体现。一般认为有两种摩擦:一种是粗糙的颗粒表面为了阻止颗粒间的相互滑动而产生的滑动摩擦;另一种是咬合摩擦,是由嵌锁颗粒之间的运动和脱离咬合状态而引起的。根据试验结果,绘出不同条件下的抗剪强度包络线,得到内摩擦角值。试验通过控制变量法将结果统计绘图,分析单个变量对φ的影响。

图3.21为不同相对密实度(0.6、0.5、0.4、0.3)试样在不同含水率下的相对密实度与内摩擦角的关系曲线。如图所示,颗粒的内摩擦角φ在D_r指标逐渐增大的情况下呈上升趋势。相对密实度越大,内摩擦角φ上升趋势越明显[118],但含水率对内摩擦角的影响并不是十分明显。

图3.22为不同含水率(10%、20%、40%)试样在相对密实度为0.3条件下含水率与内摩擦角的关系曲线。根据图中曲线所示,当含水率从10%上升到20%时,内摩擦角呈增大趋势,由37.98°增加到41.12°;当含水率从20%上升到40%时,内摩擦角呈减小趋势,由41.12°减小到

39.28°。其主要原因是珊瑚砂颗粒在一定含水率下表现出黏结性。为了使颗粒之间达到相互滑动状态,需要同时克服颗粒之间的相互摩擦力和黏聚力;但是当含水率超过临界点时,整个颗粒被液体水包围,形成水膜,水膜对颗粒有润滑作用,从而使颗粒之间的摩擦力减小,因此内摩擦角呈减小趋势。

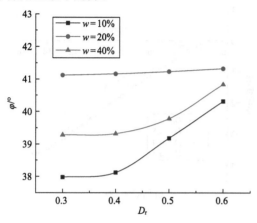

图 3.21　三轴固结排水剪切试验中珊瑚砂的 φ-D_r 曲线

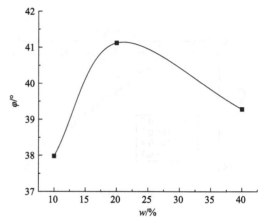

图 3.22　三轴固结排水剪切试验中珊瑚砂的 φ-w 曲线

3.3.2.2　不同初始条件下珊瑚砂的颗粒破碎规律

不同相对密实度(0.6、0.5、0.4、0.3)试样在对应围压(100 kPa、200 kPa、400 kPa)条件下的颗粒级配曲线如图3.23所示,可发现在不同的相对密实度条件下,珊瑚砂级配曲线会随着围压的增加逐渐向左上方移动,说明试验后珊瑚砂试样中的小颗粒数量和颗粒破碎不断增加。相同围压条件下,粒径变化最小的是相对密实度为0.3的试样,变化最大的是相对密实度为0.6的试样。由此得出结论:珊瑚砂的颗粒破碎随着相对密实度增大而增大。为了更好地反映破碎前后关系,将各粒组在100 kPa围压下的含量变化列于表3.8,从中可知,在100 kPa围压的条件下,粒径在1.43~2 mm区间的粒组含量在各相对密实度下和原级配相比均出现一定程度的降低,表明该区间内的颗粒发生了破碎。试验后粒径在0.01~0.3 mm区间的粒组含量呈增加趋势,此结果说明粒径在0.3~2 mm区间的颗粒破碎成粒径小于0.3 mm的颗粒。

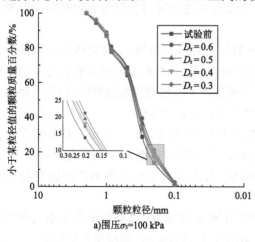

a)围压σ_3=100 kPa

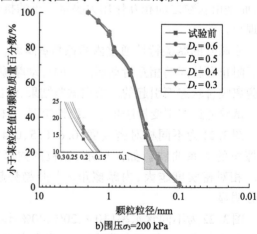

b)围压σ_3=200 kPa

图　3.23

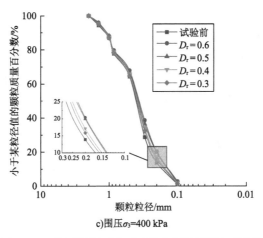

c)围压σ₃=400 kPa

图3.23 三轴固结排水剪切试验前后试样的颗粒级配曲线

三轴固结排水剪切试验前后试样各粒组含量变化(σ₃=100kPa)(单位:%)   表3.8

级配区间/ mm	1.43 ~ 2	1 ~ 1.43	0.85 ~ 1	0.5 ~ 0.85	0.3 ~ 0.5	0.2 ~ 0.3	0.1 ~ 0.2	0.075 ~ 0.1	0.0385 ~ 0.075	0.01 ~ 0.0385
原始级配	6.31	7.84	4.98	18.93	32.71	17.46	8.49	1.81	0.74	0.00
D_r=0.3	5.11	8.64	4.08	18.73	29.01	18.46	12.69	2.01	0.93	0.47
D_r=0.4	4.71	8.04	5.08	18.13	28.51	18.76	13.49	2.04	0.95	0.49
D_r=0.5	5.31	9.14	4.28	18.43	28.41	18.16	12.99	2.05	0.99	0.51
D_r=0.6	4.61	7.34	3.98	17.23	26.31	20.46	16.79	2.06	0.99	0.59

珊瑚砂试样的含水率为10%,相对密实度分别为0.6、0.5、0.4和0.3,在100 kPa、200 kPa、400 kPa围压下,采用三轴固结排水剪切试验后,相对破碎率B_r与围压关系曲线如图3.24所示,从中可得出结论:相对破碎率B_r与围压呈正相关。颗粒破碎量随围压的增大而增大。图中曲线斜率不断变小,表明围压对颗粒破碎的影响增大到一定程度时,作用效果会明显减弱乃至失效。应力引起的剪切变形过程中,颗粒会随着围压的增大而发生滑移和滚动,不断发生破碎,颗粒之间原有的承载结构将被破坏,颗粒运动变得相对容易,相对破碎率将显著提高[119]。

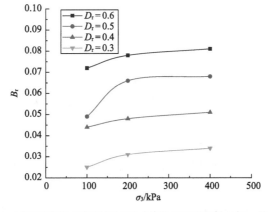

图3.24 三轴固结排水剪切试验后含水率为10%的试样B_r与σ₃关系曲线

图 3.25 显示了在三轴固结排水剪切试验中,控制相对密实度为 0.6 时,在不同围压条件下,含水率为 10%、20%、40% 试样与相对破碎率 B_r 的关系曲线。在不同围压条件下,当含水率区间为 10% ~ 20% 时,随含水率上升,曲线呈上升趋势,表明试样颗粒破碎程度增加;含水率超过 20% 时,曲线呈下降趋势,说明相对破碎率在含水率超过一定范围时呈下降趋势。

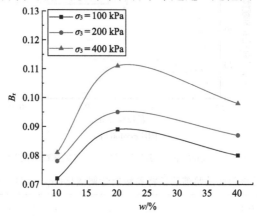

图 3.25　三轴固结排水剪切试验后 B_r 与 w 关系曲线

以往大量研究都很关注珊瑚砂的力学特性,但强度与破碎是密切相关的,对这方面的研究还不够深入。从以上分析可知,不同的初始条件对珊瑚砂强度及颗粒破碎规律都产生很大的影响。在一定围压的条件下,本研究的试样珊瑚砂颗粒破碎程度受相对密实度的影响极大,相对密实度越大,珊瑚砂破碎越严重,抗剪强度越高。这是因为试样的相对密实度越大,孔隙越小,在剪切时珊瑚砂颗粒滑动的难度越大,颗粒就更可能破碎。而大颗粒破碎形成小颗粒嵌固在孔隙中,大小颗粒之间的相互作用更强,级配更为良好,使得剪切面上的内摩擦角变大。反之,相对密实度越小的试样,在压缩过程中,颗粒的滑动就越容易,破碎量就越小,抗剪强度越低。在珊瑚砂三轴固结排水剪切试验中,在相对密实度确定的情况下,颗粒破碎程度受围压的影响很大,围压越大,颗粒破碎越严重。然而,颗粒破碎并不会无限增加,而是在某一点趋于停止。这是由于在高围压下剪切时粒径大的颗粒单位面积的接触点较少,接触点的应力更加集中,故较容易出现颗粒局部棱角断裂且剪切破坏。

当含水条件不同时,珊瑚砂的破碎机理也不同,在一定范围内,含水率越高,珊瑚砂的破碎程度越大。但是超过这个范围后,随着含水率的增加,珊瑚砂的破碎程度呈下降趋势。当试样在低含水率状态下,颗粒在压力下更容易破碎。而当含水率较高时,珊瑚砂颗粒表面被水膜包裹,减少了颗粒重排过程中由摩擦造成的颗粒破碎。

围压对珊瑚砂结构的影响较大,颗粒在围压较低时易发生翻滚,试样会发生剪胀现象,其强度主要由剪胀和咬合组成,珊瑚砂颗粒因围压的增大而产生破碎,其应变在一定范围内呈现为剪胀状态,超过该范围后呈现剪缩状态。且剪缩与颗粒的破碎程度成正比,珊瑚砂颗粒之间的咬合度逐渐降低,峰值内摩擦角也随之减小,试样的抗剪强度减弱。当含水率较低时,随着相对密实度的增大,试样的抗剪强度呈明显上升趋势。当含水率趋近饱和状态时,随相对密实度的增大,试样的抗剪强度变化不明显,无明显上升趋势。

随着含水率的变化,珊瑚砂的内摩擦角先增大后减小。已有研究结果表明当含水率低于 15% 时[120],砂颗粒中含有毛细水。颗粒间毛细水的表面张力合力方向指向接触面,从而使珊瑚砂具有一定的黏结性。颗粒的相对滑动需要克服颗粒之间的摩擦力及黏聚力,故内摩擦角随含水率的增加而增大。当含水率高于15%时,水吸附在颗粒表面以隔离接触面并起到润滑作用,故含水率的增加使珊瑚砂的内摩擦角减小。由图3.22可知,本节珊瑚砂的含水率影响阈值应在20%左右。

3.4 珊瑚砂混合料的三轴压缩特性

3.4.1 方法

3.4.1.1 试验方案

直剪试验原理简单、操作简便,是快速测定土基本力学特性的重要方法,但由于其剪切面强行指定,并非最薄弱结构面,试样的受力状态与实际应力环境差距较大,且剪切面各点应力应变分布不均,剪切过程中的排水条件不易控制,对砂土的力学特性反应较差。因此本节在混合料直剪试验的基础上开展三轴压缩试验[固结不排水剪切(CU)和固结排水剪切(CD)试验],探究标准砂掺砂率及排水条件对混合料宏观力学特性的影响,试验方案如表3.9所示。

三轴压缩试验方案(CD和CU) 表3.9

试验方案	掺砂率/%	相对密实度	有效围压/kPa	剪切类型
一	0、30、50、80、100	0.7	300、500、800、1000	CD
二	0			CU

3.4.1.2 试样制备

(1)掺砂率计算。

依据试验方案的要求进行试样制备,其中开展不同掺砂率条件下的试验时,选取的标准砂原料与直剪试验时相同,但掺加形式选择为标准砂的整体掺加,即通过公式计算出珊瑚砂与标准砂各自质量后,依据颗粒级配进行各粒组质量的称取以及最后的混合,掺加过程中应保证相对密实度不变,各粒组的质量具体计算过程如下:

①根据设定的相对密实度,通过式(2.1)计算出珊瑚砂与标准砂各自的孔隙比e。

②依据孔隙比可得珊瑚砂与标准砂在该相对密实度条件下的干密度ρ_d,见式(3.4)。

$$\rho_d = \frac{G_s \rho_w}{1 + e}$$
(3.4)

式中,G_s为颗粒相对密度;ρ_w为水的密度。

③计算过程中应保证珊瑚砂体积V_c与标准砂体积V_q之和为三轴试样(直径39.1mm,高度80 mm)的体积,且不变,见式(3.5)。

$$V_q + V_c = 90$$
(3.5)

④掺砂率R_s定义为标准砂的质量m_q与珊瑚砂质量m_c及标准砂质量m_q之和的比值,计算公式见式(3.6):

$$R_s = \frac{m_q}{m_c + m_q} \tag{3.6}$$

式中，R_s为掺砂率，%；m_q为干燥状态下标准砂的质量，g；m_c为干燥状态下珊瑚砂的质量，g。当掺砂率为0时，为纯珊瑚砂试样；当掺砂率为100%时，为纯标准砂试样。

⑤根据计算出的珊瑚砂及标准砂的质量m_c和m_q，依据颗粒级配称取各自粒组质量后混合制样。

（2）试样成型。

三轴压缩试验试样制备时，所用的加载装置与直剪试验试样制备时所用的加载装置相同，但成样装置不同，如图3.17b)所示。依据试验的初始条件称取珊瑚砂与标准砂各粒组砂粒后充分混合，考虑到试样中细颗粒的存在，为避免扬尘等对试样产生影响，混合前使用喷雾器向试样喷洒蒸馏水。在试样压制过程中，分5层捣实。具体操作为首先称量湿润后的混合料总质量，而后平均分为5份，压样前将其中1份试样倒入承压筒中使用加压杆压样，结束后将试样顶面用螺丝刀进行划痕处理，而后倒入下一层试样，加一层垫圈并压样，直至完成5层试样的压制，其中垫圈的高度为试样总高的1/5，即16 mm，制备完成的试样如图3.17c)所示。

（3）试样饱和。

考虑到珊瑚砂颗粒形状多不规则且剪切过程中施加的围压较大，为防止试验过程中砂粒将乳胶膜穿透，试验中使用厚度为1 mm的乳胶膜。在三轴压缩过程中，针对饱和状态下的试样进行试验。由于珊瑚砂结构疏松、内部孔隙发育，使用传统方法进行试样制备所需时间较长，试样达到饱和状态较为困难。本节结合实验室实际条件，借鉴胡波[110]、蒋礼[121]的方法，综合二氧化碳置换、水头饱和和反压饱和三种手段对试样进行饱和处理，最终使珊瑚砂孔压系数$B>0.95$（饱和度$S_r>98\%$），完成了试样的饱和过程，具体操作步骤如下。

图3.26　完成装样的试样

①首先对成型试样进行装样，如图3.26所示。为防止乳胶膜漏水引起有效围压降低或失效，装样时在乳胶膜上下两侧均使用密封橡胶圈双层嵌套，分两道固定乳胶膜与底座连接处和乳胶膜与上部出水孔连接处，使试样处于密闭状态。装样完毕后使用游标卡尺对试样进行尺寸检查，满足要求后加装压力室并固定，向压力室中注水至顶部大气连通孔有自由水冒出，手动控制操作系统施加围压15 kPa。

②考虑到二氧化碳较空气更易溶于水，使用二氧化碳与试样内部的空气进行置换，置换过程为二氧化碳从试样底座进气孔通入，从试样顶部溢出，该过程通常需要持续约30 min。置换过程中应注意将气压控制在5 kPa左右，避免对试样产生扰动。置换完毕后关闭进气阀，采用水头饱和手段对试样进行处理，该过程通常持续50～60 min。

③在第三阶段借助反压饱和对试样进行处理，分级施加反压，每级设定压力为50 kPa，反压的施加应保证缓慢，不引起试样较大的扰动，如体积变形等。每级荷载施加完毕后对试

样的 B 值进行检验,待数值大于 0.95 即认为试样达到饱和状态,若仍不满足,待本级荷载施加稳定后进行下级反压的施加,通常施加反压三到四级即可满足要求,反压的逐级施加过程以手动操作形式进行控制。

3.4.1.3 试验步骤

本试验所用三轴仪如图 3.27 所示,该仪器基于伺服步进电机精密控制仪器的位移和试样的剪切进行工作,便于操作,可全自动采集数据。该仪器由围压反压控制器、加载台及仪器控制器三大部分组成,包括轴向剪切与测量系统、孔隙压力测量系统、体积变形监测系统等。仪器的围压量程及反压量程均为 2 MPa,可测得的体积变形最大为 50 mL,力传感器的量程为 0~30 kN,可控制仪器剪切速率为 0.0024~2.4 mm/min。待试样安装并进行饱和处理后,调整加载台底座使压力室上侧与力传感器微接触,根据试验方案参数在仪器控制界面输入围压,而后点击开始,仪器开始对试样的轴向应变、主应力差、体积变形及孔隙水压力等基本数据进行采集,并以图形界面的形式呈现。固结排水剪切过程中,剪切速率不宜过快,经反复试验,最终确定剪切速率为 0.08 mm/min,试验过程中设定最大轴向应变为 20%。待试验结束后,仪器自动将围压卸去,并将加载台降至最低处,而后手动操作将压力室中的水排出,拆下压力室,即可将试验后的试样取出。

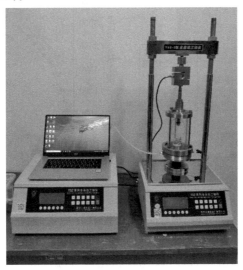

图 3.27 应变控制式三轴仪

3.4.2 试验结果分析

3.4.2.1 应力-应变曲线分析

(1)不同掺砂率条件下的应力-应变曲线。

由于复杂的历史成因、应力环境、三相组成等,不同类型土在外部荷载作用下呈现出各异的强度特性及破坏特点,采集不同初始条件下试样的应力、应变等参数具有重要意义,且在三轴压缩试验中应力-应变曲线是建立本构模型的基础,因此应对应力应变特性进行深入研究。图 3.28 为不同围压条件下珊瑚砂、混合料及标准砂的应力-应变曲线,从中可知不同初始条件下的曲线走势一致;低围压下应力应变特性表现为应变软化,随着围压的升高,应力应变特性逐渐表现为应变硬化,与直剪试验中所得出的剪应力-剪切位移曲线变化趋势一致。

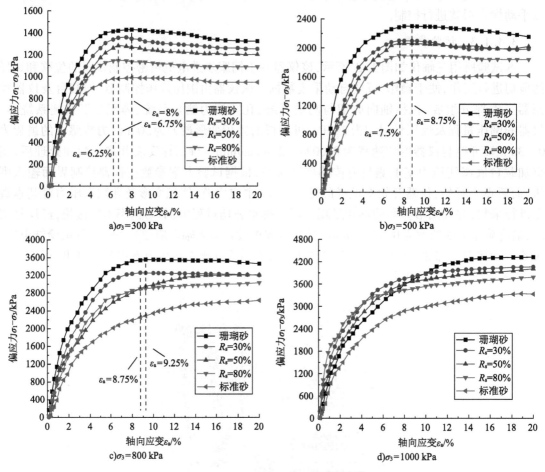

图 3.28　珊瑚砂、混合料及标准砂的应力-应变曲线

砂土材料作为一种摩擦型材料,滑动摩擦是控制其剪切过程中力学变形特性的主要因素。但考虑到珊瑚砂颗粒受力易碎的特点,在全应力变形阶段,颗粒滑移与颗粒破碎相互耦合,共同影响珊瑚砂混合料的应力应变特性(硬化或软化)。根据 Mohr-Coulomb 强度理论,当试样所受剪应力与内部阻力相等时即认为达到极限状态。在达到滑动摩擦强度极限之前若发生颗粒的破碎,形成的小颗粒将使内部孔隙得以填充,试样更加密实,颗粒内部接触作用增强,试样强度持续强化,整体呈现应变硬化趋势;若仍未发生颗粒的破碎,颗粒滑移,试样强度下降,标志着试样的破坏,整体呈应变软化特性。围压不断升高引起的颗粒破碎成为影响试样应力应变特性转变的重要因素。

由图 3.28 可知,在轴向应变 20% 的范围内,随着掺砂率 R_s 的增加,偏应力峰值所对应的轴向应变呈降低趋势,剪切模量增大,该现象与标准砂、珊瑚砂的颗粒特性不同有关。相同初始条件下,珊瑚砂表现出更为疏松的整体结构,易于压缩,标准砂的掺入提高了试样整体的刚度,如 $\sigma_3 = 300$ kPa 时,珊瑚砂、$R_s = 50\%$ 混合料、标准砂曲线峰值所对应的轴向应变 ε_a 分别为 8%、6.75%、6.25%,逐渐降低。随着围压的增加,偏应力峰值逐渐增大,所对应的轴向应变呈上升趋势。如珊瑚砂在σ_3=300 kPa、500 kPa、800 kPa时所对应的轴向应变ε_a分别为8%、8.75%、9.25%。围压的增大使得试样整体趋于更大的压缩,这与高围压下颗粒破碎的增加有关,颗粒破碎使得试样强度的发挥需要经历较长的剪切位移,逐渐呈现塑性破坏状态。

应力-应变曲线是对土受力变形特征的重要反映,有必要对其进行合理分类及定量评价。其中吴旭阳等[113]依托E-B模型进行推导,结合公式对土的应力应变关系进行了定量分析,见式(3.7)、式(3.8)。他们依据不同应变硬化型曲线在转折处的斜率ρ'进行分类,最终将曲线分为弱硬化(ρ'>0.4)、一般硬化(0.1<ρ'≤0.4)和强硬化(ρ'≤0.1)三类。针对应变软化特性,他们使用峰值应力归一化后曲线线性拟合的斜率绝对值进行评价,并最终将应变软化型曲线分为弱软化($|k|$≤0.1)、一般软化(0.1<$|k|$≤1.0)和强软化($|k|$>1.0)三种类型,如图3.29所示。

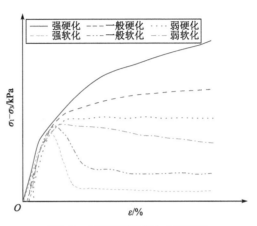

图3.29　不同类型的应力-应变曲线

$$\sigma_1 - \sigma_3 = \frac{\varepsilon}{a + b\varepsilon} \tag{3.7}$$

$$\rho' = \frac{2a_0 b_0}{\frac{3}{2}\left(a_0^2 + 1\right)} \tag{3.8}$$

式中,σ_1和σ_3分别为第一主应力和第三主应力;a,b为与土体本身相关的参数;a_0、b_0为将应力-应变曲线归一化后的a,b参数值。

闫超萍等[122]、王伟等[123]引入相对软化系数β对土的应力-应变曲线进行定量表征与分析,计算公式见式(3.9)。以0为界限,该值为正,表示土呈应变软化特性,数值越大,表示软化特性越明显,该值为负,表示珊瑚砂开始表现出应变硬化趋势。相对软化系数的概念与Bishop[124]定义的脆性指标I_B相似。

$$\beta = \frac{q_p - q_r}{q_p} \tag{3.9}$$

式中,q_p为应力-应变曲线的峰值点,kPa,对于应变硬化型曲线,取轴向应变为15%处的剪应力值;q_r为残余强度,kPa,若未观察到明显的应变软化现象则取轴向应变为20%处的剪应力值。

图3.30和图3.31分别为不同围压及掺砂率条件下相对软化系数的变化趋势,随着围压的增大,珊瑚砂混合料相对软化系数降低,对应力应变特性的表征与前述分析结论一致。随着标准砂的不断引入,混合料整体表现出应变软化特性的降低。由此可见,相对软化系数受围压及掺砂率的双重影响。如图3.30所示,β-σ_3关系曲线与β=0水平线的交点可理解为应变软化向应变硬化过渡的临界围压σ_{cr},临界围压随着混合料掺砂率的增加呈降低趋势,如R_s=0、R_s=50%、R_s=100%时σ_{cr}分别为953.49 kPa、777.63 kPa、468.60 kPa。分析认为,应力应变特性受掺砂率的影响与颗粒形状有关,当掺砂率较低时剪切带附近不规则颗粒较多,嵌固咬合更为紧密,结构性较强,在剪切过程中,随着轴向应变的增大,混合料结构性破坏后剪应力降低显著,因此表现出较强的应变软化特性,应变软化亦可理解为试样剪切过程中结构破坏后强度逐渐降低的过程。

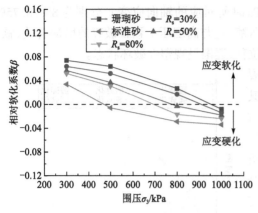

图 3.30　相对软化系数与围压关系曲线

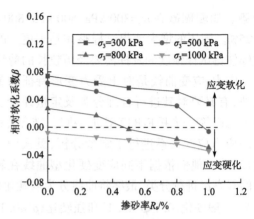

图 3.31　相对软化系数与掺砂率关系曲线

（2）不同排水条件下的应力-应变曲线。

珊瑚砂通常呈无胶结散粒状，在受力变形过程中排水通道畅通，孔隙水压力消散较快，但在实际工程中常受到冲击荷载的作用，如地震、撞击、爆炸冲击等，孔隙水压力上升较快，消散不及时。这对强度特性的影响不可忽视，因此有必要针对固结不排水条件下珊瑚砂的力学特性进行试验研究。图 3.32 为不同围压下珊瑚砂有效应力比 σ'_1/σ'_3 与轴向应变 ε_a 关系曲线，不同围压下珊瑚砂曲线走势一致，有效应力比峰值均出现较早，而围压的增加亦对试样的应力应变特性产生重要影响，曲线上表现为有效应力比峰值的逐渐降低，而不同围压下峰值所对应的轴向应变差异较小，峰值过后，曲线仍保持较高的有效应力比。图 3.33 为不同围压下珊瑚砂孔隙水压力 u 与轴向应变 ε_a 关系曲线，不同围压下曲线走势基本一致，在较小的轴向应变下孔隙水压力立即增加至峰值，而随着加载进程的深入，孔隙水压力缓慢消散，其中在低围压条件下随着剪切的进行，空隙水压力逐渐趋于负值，呈负孔隙水压力状态，曲线后期的走势是剪切过程中砂土体积剪胀的重要体现。

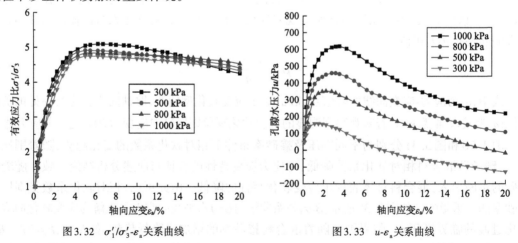

图 3.32　σ'_1/σ'_3-ε_a 关系曲线　　　　　图 3.33　u-ε_a 关系曲线

3.4.2.2　体积变形特征分析

珊瑚砂及其混合料为单颗粒结构，以点接触为主，在受力变形的过程中密实排列的颗粒相互咬合，随着加载的进行，剪切带附近颗粒翻滚、错动、爬升抬起、破碎等，进行位置的调整,引起体积的变化。体积减小即为剪缩,体应变数值为正,体积增大即为剪胀,体应变数值为负。

图3.34为不同掺砂率条件下试样在固结排水剪切过程中的体应变ε_v与轴向应变ε_a关系曲线。珊瑚砂在低围压条件下存在一定的剪胀趋势,但整体呈剪缩状态,围压增至1000 kPa后,珊瑚砂剪胀趋势消失,随着轴向应变的增加,试样体积持续减小。而随着掺砂率的增加,体积变形特征有所变化,σ_3=300 kPa时,R_s=80%的混合料及纯标准砂均表现为初期的剪缩及后期的剪胀,颗粒运动经历了颗粒滑动、孔隙相互填充至颗粒翻滚抬升形成剪胀的过程,围压增大时,全应力加载过程中均表现为体积的压缩,但σ_3=500 kPa和800 kPa时在剪切后期仍表现出较为明显的剪胀趋势,直至σ_3=1000 kPa时,剪胀趋势消失。相较于标准砂及高掺砂率条件下混合料的体积变形特征,珊瑚砂及掺砂率较低的混合料呈现出更为明显的剪缩特性。

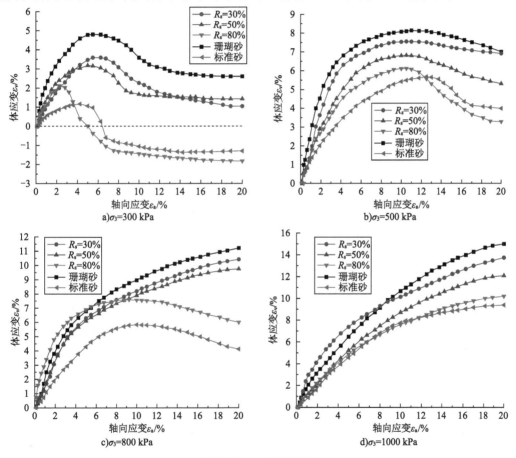

图3.34　ε_v-ε_a关系曲线

试样的极限体应变受围压的影响,与围压呈正相关,如R_s=0时,各级围压下的极限体应变分别为4.80%、8.14%、11.22%、14.99%,这种变化趋势与高围压下的颗粒破碎有关。而随着掺砂率的增加,极限体应变逐渐降低,如σ_3=1000 kPa时,R_s=0、30%、50%、80%、100%时的极限体应变分别为14.99%、13.73%、12.08%、10.20%、9.37%。数据表明,标准砂的引入对体积变形的发展过程及极限体应变具有重要影响。

为对数据进行有效分析,定量评价试样的体积变形特征,引入剪胀系数ξ的概念,计算公式见式（3.10）。闫超萍等[122]将体应变曲线分为A、B、C、D四种形态，并针对每种形态的取值进行说明，如图3.35所示。

$$\xi = \frac{\varepsilon_{v\text{-}c} - \varepsilon_{v\text{-}p}}{\varepsilon_{q\text{-}c} - \varepsilon_{q\text{-}p}} \tag{3.10}$$

式中，$\varepsilon_{v\text{-}c}$对应于体应变曲线中最大剪缩体应变；$\varepsilon_{q\text{-}c}$为最大剪缩值处所对应的轴向应变；$\varepsilon_{v\text{-}p}$为峰值强度处的体应变；$\varepsilon_{q\text{-}p}$为峰值强度处的轴向应变。针对完全剪胀型曲线D，取$\varepsilon_{v\text{-}c}=0$，$\varepsilon_{q\text{-}c}=0$。

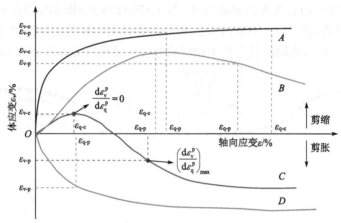

图3.35　不同形态的体应变曲线

剪胀系数ξ是对试样剪胀及剪缩趋势的评价，与具体是否发生剪胀或剪缩无关。该系数大于0，表示试样呈剪缩趋势，小于0则代表试样呈剪胀趋势，ξ越小表示剪胀趋势越明显。如珊瑚砂在围压300 kPa条件下的极限体应变$\varepsilon_v = 2.6\% > 0$，为剪缩状态，但剪胀系数$\xi=-0.24<0$，呈剪胀的趋势。

不同掺砂率条件下试样的剪胀系数与围压相对关系如图3.36所示。由图可知，随着围压的增大，珊瑚砂体积变形特征逐渐由剪胀趋势转变为剪缩趋势，不同掺砂率条件下混合料的体

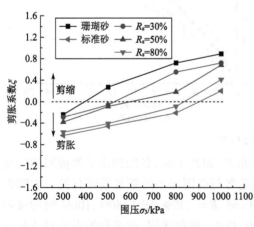

图3.36　剪胀系数与围压相对关系

积变形特征发展趋势相似。对比同一围压下试样的体积变形特征可知，剪胀系数与掺砂率存在一定的关系，标准砂所占质量较多时混合料整体的剪胀趋势大于掺砂率较小时，呈现这一现象的重要原因是标准砂颗粒的强度大于珊瑚砂颗粒，在剪切过程中所发生的颗粒破碎较少。$\xi\text{-}\sigma_3$关系曲线和$\xi=0$水平线的交点横坐标可理解为体积变形的临界围压σ_{cr}'，随着掺砂率的增加，临界围压逐渐增大，如珊瑚砂体积变形临界围压仅为391.62 kPa，而标准砂的$\sigma_{cr}'=907.11$ kPa。剪胀系数与不同初始条件间的相对关系在一定程度上印证了颗粒破碎在体积变形过程中的重要作用。

分析认为掺砂率主要通过颗粒破碎及颗粒形状两个因素影响试样的体积变形过程。已知

无黏性土的剪切过程是颗粒翻滚、错动等进行位置调整的过程，而颗粒形状成为影响该过程的重要因素。由于标准砂颗粒形状更为规则，颗粒间的咬合程度较珊瑚砂低，因此剪切过程更易引起颗粒位置的调整及剪胀的形成。颗粒受力变形过程中的破碎减小了颗粒粒径，可对颗粒间的孔隙进行填充，削弱剪胀效应。标准砂较高的颗粒强度及规则的颗粒形状是高掺砂率条件下易于剪胀及极限体应变较小的重要原因。

3.4.2.3　抗剪强度指标分析

在三轴压缩试验过程中，试样各点受到不同方向上应力的组合作用，每一点均对应一个客观存在的应力状态，通常以 $\sigma\text{-}\tau$ 坐标系下莫尔圆的形式表示。在剪切过程中，当该点某一面或某一方向上的剪应力分量和正应力分量满足 Mohr-Coulomb 强度理论公式时，即认为试样达到极限应力状态，发生破坏。如图 3.37 所示，在剪切初始，试样各方向上的应力分量均较小，为试样的初始状态，莫尔圆在强度包线的下方，随着第一主应力的增大，应力莫尔圆半径增大直至与强度包线 τ_f 线相切时试样发生破坏。对于剪切过程中某点的应力状态(图 3.37 中的初始状态)的变化，也可以在 $p\text{-}q$ 二维平面内表示[$p=(\sigma_1+\sigma_3)/2$, $q=(\sigma_1-\sigma_3)/2$]，则该点的应力路径以莫尔圆顶点的轨迹表示，即为破坏主应力线(K_f线)，两条破坏包线相互联系。在图中，K_f 线中的截距 $a = c\cos\varphi$，内摩擦角为 $\alpha = \arctan(\sin\varphi)$，因此莫尔-库仑强度理论也可用式(3.11)表示[125]。

$$\frac{\sigma_1 - \sigma_3}{2} = c\cos\varphi + \frac{\sigma_1 + \sigma_3}{2}\sin\varphi \tag{3.11}$$

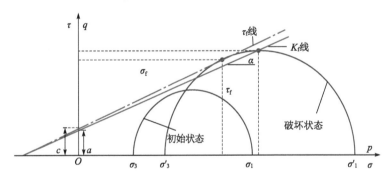

图 3.37　应力状态与强度包线

破坏点的合理确定对强度指标的计算至关重要，该过程主要依据三轴压缩试验时所获取的应力-应变曲线进行。对于该点的确定，通常有以下标准，即最大偏应力标准 $(\sigma_1 - \sigma_3)_{max}$、最大有效主应力比标准 $(\sigma_1'/\sigma_3')_{max}$、孔隙水压力峰值标准 u_{max}。

三轴压缩试验中偏应力与有效主应力比之间的关系见式(3.12)，在 CD 试验中，由于孔隙水压力 u 为 0，因此偏应力等于有效偏应力，以最大偏应力准则确定破坏状态即可，而进行 CU 试验时，孔隙水压力始终存在，不同破坏状态取值标准间存在较大差异。

$$\sigma_1 - \sigma_3 = (\sigma_3 - u)\left(\frac{\sigma_1'}{\sigma_3'} - 1\right) \tag{3.12}$$

CU 试验中以不同破坏强度指标所确定的内摩擦角的变化情况如表 3.10 所示，结合峰值强度所对应的轴向应变，张家铭[9]和胡波[110]一致认为，以 u_{max} 为指标取值过于安全，以 $(\sigma_1 - \sigma_3)_{max}$ 取值过于危险，因此在 CU 试验中试样的破坏以 $(\sigma_1'/\sigma_3')_{max}$ 为基准。

<table>
<tr><td rowspan="2">取值标准</td><td colspan="3">张家铭[9](0~2 mm)</td><td colspan="3">胡波[110](0~5 mm)</td></tr>
<tr><td>最大值</td><td>最小值</td><td>差值</td><td>最大值</td><td>最小值</td><td>差值</td></tr>
<tr><td>$(\sigma_1 - \sigma_3)_{max}$</td><td>42.7°</td><td>38.2°</td><td>4.5°</td><td>45.8°</td><td>37.0°</td><td>8.8°</td></tr>
<tr><td>$(\sigma_1'/\sigma_3')_{max}$</td><td>44.7°</td><td>40°</td><td>4.7°</td><td>46.4°</td><td>38.8°</td><td>7.6°</td></tr>
<tr><td>u_{max}</td><td>40.0°</td><td>35.8°</td><td>4.2°</td><td>44.4°</td><td>30.9°</td><td>13.5°</td></tr>
</table>

CU试验中不同取值标准下内摩擦角变化情况　　　　表3.10

图3.38为CD试验中依据Mohr-Coulomb强度理论及破坏点取值标准绘制的强度包线。由于不同掺砂率条件下的强度包线较为相似,仅将珊瑚砂、标准砂及掺砂率80%的情况进行展示。

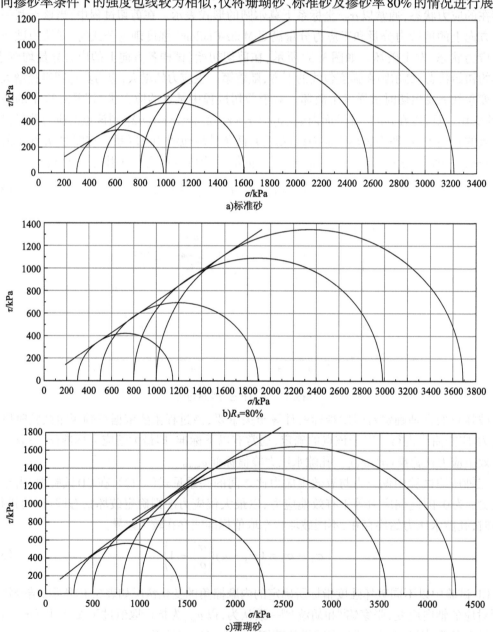

图3.38　强度包线与极限平衡状态莫尔圆

对比不同掺砂率下的莫尔圆及强度包线,可观察到随着掺砂率的降低,强度包线逐渐由直线状态转变为折线状态,呈下降趋势,呈现出非线性特征,表示内摩擦角减小,该现象与高围压下珊瑚砂颗粒的破碎有关。

根据 Mohr-Coulomb 强度理论,无黏性土的抗剪强度主要与颗粒间的摩擦有关,学者对其强度理论已经有较为深入的研究[126]。Rowe 等[127]认为无黏性土的抗剪强度由三部分组成,即土颗粒之间的滑动摩擦强度、土体体积变化消耗能量所提供的强度以及颗粒定向及重排布等消耗能量提供的强度,并提出了剪胀方程。Lee 和 Farhoomand[21]认为颗粒破碎与剪切过程中的定向和重排布类似,他们在 Rowe 等理论的基础上提出了高压颗粒破碎下的强度理论,其中剪胀、颗粒定向及重排布均可理解为颗粒克服相对位移中约束作用的过程,因此也可理解为咬合摩擦。根据前人的分析及总结,无黏性土的内摩擦角 φ 可用式(3.13)[128]表达。

$$\varphi = \varphi_u + \varphi_d + \varphi_b \tag{3.13}$$

式中,φ 为总内摩擦角;φ_u 为滑动摩擦角;φ_d 为剪胀引起的摩擦角;φ_b 为颗粒定向和重排布引起的摩擦角。

砂土的滑动摩擦角受矿物成分的影响,如标准砂的基本滑动摩擦角 φ_u=22°~24.5°,但剪切过程中滑动摩擦并不是一成不变的,而是受颗粒级配、相对密实度等的影响。颗粒破碎、剪胀、颗粒定向及重排布等均为影响应力-应变关系、抗剪强度的重要因素,该现象可从能量角度进行很好的说明。当体积膨胀时,颗粒向四周运动,克服围压的作用,以做负功为主,使得抗剪强度提高,而在剪缩过程中,颗粒运动方向与围压方向一致,颗粒做正功,对抗剪强度起削弱作用。颗粒破碎在宏观上可视为颗粒棱角折断或破裂形成更小颗粒的过程,是产生不可恢复塑性变形的过程,但从能量角度分析可视为能量消耗的过程,使得珊瑚砂的强度得以提高。

图 3.39 为剪切过程中强度指标与掺砂率间的相对关系曲线,随着标准砂掺加质量的增加,黏聚力及内摩擦角均呈降低趋势,都具有较强的线性相关性。分析认为标准砂的引入对黏聚力的影响大于对内摩擦角的影响。如珊瑚砂 c=39.714 kPa,φ=38.47°,而 R_s=100% 时 c=2.588 kPa,φ=31.66°,黏聚力降低93.5%,内摩擦角仅降低17.7%。

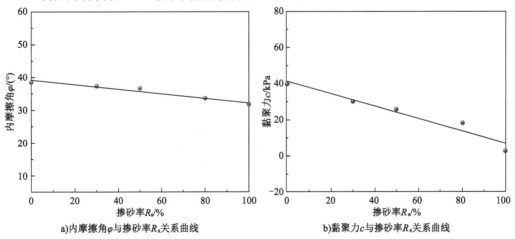

a)内摩擦角 φ 与掺砂率 R_s 关系曲线　　　　b)黏聚力 c 与掺砂率 R_s 关系曲线

图3.39　强度指标与掺砂率 R_s 相对关系

相较于标准砂,珊瑚砂的颗粒表面粗糙且表现出更为明显的棱角性,研究表明珊瑚砂的基本滑动摩擦角为 31°~34°,大于标准砂的基本滑动摩擦角。在加载过程中,珊瑚砂的颗粒破碎消耗能量,对提高抗剪强度有一定作用,而在颗粒破碎的同时形成的细颗粒填充在大颗粒周围,使得整体体积减小,呈剪缩趋势。由于珊瑚砂加载过程中的剪胀以及颗粒破碎此消彼长的相互作用,珊瑚砂的强度指标并不是一个常量,而是与应力状态相关的状态变量,整体呈现较大的内摩擦角。随着掺砂率的增加,剪切面附近标准砂颗粒逐渐增多,使得整体的基本滑动摩擦角减小,且标准砂的引入对减少颗粒破碎具有一定作用,使加载过程所做的负功减少,因此整体呈现内摩擦角随掺砂率增大而减小的趋势,至纯标准砂时降至最低。

作用于细颗粒间的作用力如库仑力、范德华力等相较于粗颗粒的重力可以忽略不计,因此通常认为砂土的黏聚力为0,即拟合直线的截距为0,但这与实际试验结果不相符。试验结果显示不同掺砂率条件下珊瑚砂混合料的强度包线均与纵轴存在交点,分析认为其主要来源于颗粒间的咬合作用[114-115]。研究分析认为砂土中的咬合作用与黏土中的黏聚力不同[116,129],并非真正意义上的黏聚力,可理解为假黏聚力。这种假黏聚力在制样时亦有体现,添加一定水分后,珊瑚砂试样表现出一定的弱胶结性,分析认为该假黏聚力受毛细压力及颗粒形状的共同作用。非饱和条件下毛细压力的存在为颗粒间的弱胶结提供了可能,而珊瑚砂特殊的颗粒形状亦对胶结产生影响,使得整体表现出一定的胶结能力,而随着掺砂率的增加,剪切带附近的颗粒形状趋于规则,因此黏聚力降低得更为明显。

CU试验时所测珊瑚砂内摩擦角为34.97°,小于CD试验时的内摩擦角(38.47°),内摩擦角的差异受孔隙水压力的影响。在CU剪切过程中,不存在珊瑚砂的体积变形,强度指标不受剪胀的影响,且加载过程中有孔隙水,可减小颗粒间的接触力,降低有效应力。相较于CD剪切过程,CU试验时颗粒破碎较少,所消耗的能量较少,且剪切过程中始终存在的水可在颗粒周围形成滑动水膜,使颗粒的定向及重排布更为容易,在剪切过程中所做负功较少。因此CU试验时所测的内摩擦角小于CD试验时所测的内摩擦角。

3.4.2.4 颗粒破碎规律分析

三轴固结排水及不排水剪切过程中,试样的受力状态可分为固结过程和剪切过程,两个过程中均存在颗粒的破碎,本次所测颗粒破碎为两个过程所引起的颗粒破碎的总和。如图3.40

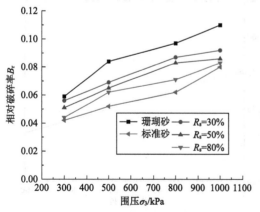

图3.40 不同围压下珊瑚砂混合料的相对破碎率

所示,随着围压的增加,不同掺砂率条件下试样的相对破碎率呈上升趋势,与常规认识相同。围压较高时剪切过程中颗粒间的接触力高于低围压时,更易引起颗粒的破碎。随着掺砂率的增加,试样整体的相对破碎率呈下降趋势,发生该现象的原因是标准砂颗粒强度较高,引入质量较大时可降低破碎颗粒基数,另外,在剪切过程中较为规则的标准砂在颗粒间起到一定的润滑作用,可对降低珊瑚砂的相对破碎率起到一定作用。

表3.11统计了不同排水条件下所引起的相对破碎率B_r,在各级围压下,不排水剪切所引起的相对破碎率均小于排水剪切时的相对破碎率,颗粒破碎情况的差异与排水条件所引起的有效应力不同有关。在固结排水条件下孔隙水压力始终为0,有效围压始终等于初始围压,而不排水剪切过程中,一部分剪切荷载由孔隙水承担,其对颗粒具有缓冲作用,可降低颗粒间的接触力。

不同排水条件下的相对破碎率 B_r 表3.11

试验类型	围压 /kPa			
	300	500	800	1000
CD	5.9%	8.4%	9.7%	11.0%
CU	5.7%	7.8%	8.9%	9.4%

通过以上总结可知,运用直接剪切试验和三轴压缩试验对珊瑚砂的剪切特性及颗粒破碎情况展开研究,大体上呈现出相同的规律。但是由于仪器与试验方法的不同,两者的结果存在些许差异。

直剪试验计算剪应力时,其剪切面固定不变且不一定是最薄弱面,然而在实际剪切过程中,剪切面的面积会不断减小,且竖向压力可能发生偏转。三轴压缩试验应力状态为轴对称,不是最真实的三轴应力状态,且存在边界条件影响,这些因素均对珊瑚砂的抗剪强度产生明显影响。

由图3.6与图3.21可知,在含水率为20%时,在直剪试验与三轴压缩试验条件下,内摩擦角随相对密实度的增加变化均不大,但是通过直剪试验所得出的内摩擦角要比三轴压缩试验所得出的小。这是由于直剪试验的剪切面是强行指定的,并非最薄弱面,试样的受力状态与实际应力环境差距较大,而三轴压缩试验中试样能被充分压缩,土颗粒受力分布性较好,咬合更加紧密,导致摩擦效应较直剪更为显著,这与张家铭等[7]试验结果相似。

通过对两种试验前后的珊瑚砂进行筛分试验,发现直剪试验的颗粒破碎程度要远小于三轴压缩试验,如图3.9、图3.25所示。造成这个现象主要有两个原因:首先,直剪试验本身的应力水平就比较低(最大竖向应力为400 kPa),在较小的竖向应力作用下,颗粒破碎的程度不高。其次,直剪试验剪切面固定不变且不一定是最薄弱面,其破碎主要由试样颗粒本身形状比较粗糙且多棱角造成,而三轴压缩试验中围压对珊瑚砂结构的影响较大,在围压的作用下,试样不断被压缩,颗粒之间的接触更加紧密,在剪切时珊瑚砂颗粒滑动的难度较大,颗粒更可能发生破碎。

3.5 本 章 小 结

为探究珊瑚砂的剪切特性和颗粒破碎规律,制备标准砂不同置换方式下的混合试样进行室内直剪试验,并设置不同竖向压力和含水率两个初始条件进行对比分析。通过改进直剪设备研究珊瑚砂在直剪试验中的剪胀特性。控制相对密实度、含水率和围压等多种初始条件开展三轴固结排水(CD)的剪切试验,开展三轴压缩试验时,探究了掺砂率对混合料力学特性和颗粒破碎规律的影响,并就剪切排水条件引起的差异进行分析。试验结果表明:

(1)直剪试验时,随着相对密实度的增大,剪应力-剪切位移曲线从硬化型逐渐转化成软化型,且峰值点对应的应变也逐渐减小,峰后颗粒的应力值受相对密实度的影响更大,呈负相关。相对密实度越大,在剪切过程中颗粒破碎越显著。在相对密实度较大以及竖向应力小的条件下,珊瑚砂表现出明显的剪胀性。

(2)直剪试验时,珊瑚砂及混合料的剪应力-剪切位移曲线在荷载较低时表现出应变软化特性,随着竖向荷载的增加,曲线向应变硬化型过渡。标准砂的置换降低了混合料整体的抗剪强度,且粒径0.3~0.5 mm粒组的置换对强度的影响更大。三轴压缩试验时,试样的应力应变特性变化规律与直剪试验时的一致,而标准砂的不断引入使得混合料整体呈强度增大的趋势。

（3）直剪试验结果显示，含水率对试样的强度指标具有重要影响，其黏聚力随含水率的增加呈降低趋势，而内摩擦角先增大后减小。三轴压缩试验时，随着掺砂率的增加，黏聚力及内摩擦角均呈降低趋势，具有较强的线性相关性。三轴压缩试验时，珊瑚砂强度包线随着围压的增大开始呈现非线性特征，不排水剪切时所测的内摩擦角小于排水条件下。

（4）三轴压缩试验中，在含水率一定时，珊瑚砂的抗剪强度及颗粒破碎程度与相对密实度及围压成正比，随着含水率的增加，珊瑚砂的抗剪强度及颗粒破碎程度均呈现先增大后减小的趋势。当含水率达到饱和时，相对密实度对珊瑚砂抗剪强度影响不大。在低围压下，珊瑚砂表现出剪胀性。含水率的逐渐上升对珊瑚砂颗粒破碎的影响呈现先增大后减小趋势。珊瑚砂大颗粒破碎形成小颗粒并嵌固在孔隙中，大小颗粒之间的相互作用及级配趋于良好，颗粒的破碎一定程度上增大了珊瑚砂的强度。

（5）由于三轴压缩试验中土颗粒受力分布性较好，咬合更加紧密，因此摩擦效应较直剪更为显著；且在围压的作用下，试样不断被压缩，颗粒之间的咬合更加紧密，在剪切时珊瑚砂颗粒滑动的难度越大，颗粒就越可能发生破碎。直剪试验剪切面固定不变，不一定是最薄弱面，且直剪试验本身的应力水平就比较低。故而，直剪试验所得出的抗剪强度与相对破碎率均比三轴压缩试验小。

（6）随着竖向压力（直剪）和围压（三轴压缩）的增加，珊瑚砂及混合料的颗粒破碎加剧，标准砂的引入可减少混合料的颗粒破碎。三轴压缩试验时，固结不排水条件下混合料的相对破碎率小于固结排水条件下。直剪试验结果指出，相对破碎率随含水率的增加而降低，颗粒破碎存在典型的颗粒损失区间和增长区间，其中粒径 0.85～2.0 mm 为颗粒损失区间，粒径小于 0.2 mm 的粒组颗粒质量增长。

（7）珊瑚砂及其混合料的体积变形特征受围压与掺砂率的双重影响。珊瑚砂含量高时，表现为体积剪缩；标准砂含量高时，在低围压下呈剪胀性，高围压下呈剪缩性。珊瑚砂混合料的极限体应变与围压呈正相关，另外，随着掺砂率的增加，极限体应变逐渐降低。数据表明，标准砂的引入对体积变形的发展过程及极限体应变具有重要影响。

第4章 珊瑚砂-钢界面的强度机理及破碎特征

岛礁和沿海工程建设,对珊瑚砂地基的承载力及稳定性等提出了更高的要求。在珊瑚砂地基上进行成桩时,桩周围的珊瑚砂往往经历大位移剪切,有必要对珊瑚砂-桩土界面的大变形环形剪切特征进行分析。直剪试验和三轴压缩试验均存在缺点。例如,直剪试验中剪切面是固定在上、下盒之间平面上的,而且不是剪切能力最薄弱的面。剪切面上的应力分布不均匀,应力集中于边缘,随着剪切位移的增大,剪切面逐渐减小,而剪切强度仍按土样的原始横截面积计算。三轴压缩试验产生的剪切破坏面不是固定的,甚至不会出现剪切破坏面,剪切位移非常有限。因此,直剪试验和三轴压缩试验均不能很好地研究珊瑚砂大位移剪切下的界面力学行为。

为了有效认识钢桩与珊瑚砂界面之间的大变形力学特征以及颗粒破碎规律,可开展钢界面与珊瑚砂以及混合料之间环形界面剪切试验。本章对不同相对密实度和掺砂率的珊瑚砂及其混合料试样进行不同竖向压力、剪切速率条件下的环剪试验,重点控制影响珊瑚砂及标准砂混合料的强度、变形和颗粒破碎的基本因素(竖向压力、相对密实度、剪切速率和掺砂率),揭示这些基本因素对珊瑚砂力学变形特征及颗粒破碎的影响机制,为岛礁和沿海珊瑚砂区域工程建设提供一些有益参考。

4.1 材料与方法

4.1.1 试验用砂

试验用珊瑚砂取自南海某岛礁,与第3章使用的砂相同;标准砂产自我国福建,以模拟硅质沉积物。珊瑚砂取自第一批试样,颜色为米白色,含珊瑚、砖砾、贝壳等杂质,有海腥味;标准砂颜色为乳白色带红色,或无色透明。两者在颗粒形状上具有一定的差异,珊瑚砂形状不规则,以片状和粒状为主,而标准砂形状较规则,以圆粒为主。材料水洗及烘干后备用。

试验用珊瑚砂最大孔隙比和最小孔隙比分别为 1.412 和 0.772,土颗粒相对密度为 2.739。试验用标准砂最大孔隙比和最小孔隙比分别为 0.725 和 0.455,土颗粒相对密度为 2.691。筛孔直径分别为 2 mm、1.43 mm、1.0 mm、0.85 mm、0.5 mm、0.3 mm、0.2 mm、0.1 mm、0.075 mm、0.0385 mm 和 0.01 mm。根据筛分试验,绘制出珊瑚砂与标准砂颗粒级配曲线,其中限制粒径 d_{60}、平均粒径 d_{50}、有效粒径 d_{10}、不均匀系数 C_u 和曲率系数 C_c 等关键信息如图 4.1 所示。

4.1.2 试验仪器

本试验采用 KTL-TTS 型界面剪切仪。仪器最大剪切速率为 125°/min,最大竖向压力可达

1200 kPa,其中竖向位移精度可达0.0001 mm,可以准确记录剪胀和剪缩特征。试验设备具体细节如图4.2所示。

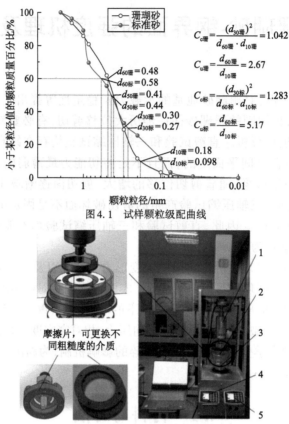

$$C_{c珊} = \frac{(d_{30珊})^2}{d_{60珊} \cdot d_{10珊}} = 1.042$$

$$C_{u珊} = \frac{d_{60珊}}{d_{10珊}} = 2.67$$

$$C_{c标} = \frac{(d_{30标})^2}{d_{60标} \cdot d_{10标}} = 1.283$$

$$C_{u标} = \frac{d_{60标}}{d_{10标}} = 5.17$$

图4.1　试样颗粒级配曲线

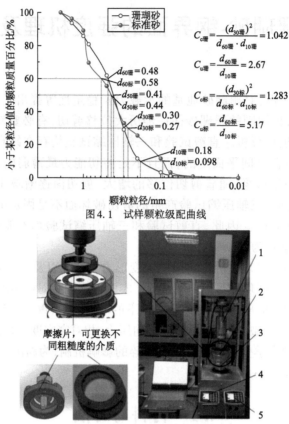

图4.2　界面剪切试验仪器

1-轴向控制电机;2-剪切盒;3-扭转电机;4-轴向控制电机控制键盘;5-扭转电机控制键盘

试验采用的剪切盒外半径为100 mm,内半径为70 mm,深度为15 mm。将试验用土装入剪切盒中,并根据压实装置控制不同压实度或者相对密实度。剪切头上的摩擦片可以根据实验需要更换不同种类的材质,并具有不同的粗糙度。不同类型的材质和粗糙度模拟了岩土工程实践中不同类型的桩及桩表面的粗糙度。本次试验选用表面粗糙度为60目的钢制金属板,加工成所需的环形摩擦片,采用摩擦系数测定仪测试得到摩擦片的表面粗糙度 R_{max} = 6.3 μm。

与传统的直剪仪相比,该仪器在剪切过程中能保证剪切面始终不变且受力均匀,底座可以不限角度转动,即剪切角度是任意的。剪切过程中的扭矩由计算机自动采集,相关参数的计算公式如下:

(1)力偶矩 M(N·mm)。

$$M = \int_{R_1}^{R_2} \tau_n \times 2\pi R^2 dR \tag{4.1}$$

式中,τ_n 为平均剪应力,kPa;R 为试样的半径,mm;R_1 为试样的内半径,mm,本节为35 mm;R_2 为试样的外半径,mm,本节为50 mm。

由式(4.1)可得出旋转面上的平均剪应力 τ_n 的计算公式:

$$\tau_{\mathrm{n}} = \frac{3M}{2\pi(R_2^3 - R_1^3)} \qquad (4.2)$$

(2)旋转面上的竖向压力 σ_{n}(kPa)。

$$\sigma_{\mathrm{n}} = \frac{P}{\pi(R_2^2 - R_1^2)} \qquad (4.3)$$

式中,P 为竖向荷载,N。

(3)旋转面上的平均剪切位移(mm)。

$$S = \pi D_{\mathrm{m}} \cdot v \cdot t = \pi \frac{D_{\mathrm{m}}}{360}\theta \qquad (4.4)$$

式中,v 为剪切速率,°/min;t 为时间,min;θ 为角位移,(°);D_{m} 为环状试样的平均直径,mm,可用式(4.5)求得:

$$D_{\mathrm{m}} = 2 \times \frac{2(R_2^3 - R_1^3)}{3(R_2^2 - R_1^2)} \qquad (4.5)$$

通过式(4.5)计算可知,本试验环形剪切盒平均直径为171.76 mm,平均半径为85.88 mm。

(4)竖向应变。

环形剪切过程中,竖向压力不变,试样会产生竖向变形。由于在其他所有方向上存在刚性边界,竖向应变由试样的初始高度和剪切过程中测得的竖向位移计算得出。

4.1.3 制样方法

制样仪器如图4.3所示,包括压实设备和制样模具。制样模具由4部分组成,分别为剪切盒、内环、外环以及深度控制钢环。由于需配置不同相对密实度试样,松散状态下土料体积超过了剪切盒体积,因此采用内环、外环以及深度控制钢环来压制不同相对密实度的环形试样。

本节仅针对干燥状态下的珊瑚砂及其混合料,试样原料均通过烘箱烘干,采用雨落法装样不振捣[130],使珊瑚砂及其混合料通过漏斗在距离剪切盒5 cm高度处落入剪切盒中,采用制样模具[图4.3b)]进行一次静力压实成型。

a)压实设备

b)制样模具

c)试验用砂

图4.3 环剪制样设备

为探究竖向压力、相对密实度、剪切速率以及掺砂率等关键因素对珊瑚砂及其混合料的环形界面力学变形特征及颗粒破碎的影响,试验用珊瑚砂设置0.5、0.7和0.9等3个相对密实度,施加100 kPa、200 kPa、400 kPa和800 kPa等4个竖向压力,采用1 °/min、2 °/min、4 °/min、6 °/min、8 °/min、10 °/min、15 °/min、20 °/min、40 °/min和60 °/min等10个剪切速率,制备0、15%、30%、45%、60%、75%、90%和100%等不同掺砂率的珊瑚砂-标准砂混合料。具体各粒组的质量计算过程如下:

(1)根据试验所需的相对密实度,计算出珊瑚砂与标准砂各自的孔隙比e,见式(2.1)。

(2)依据孔隙比可得珊瑚砂与标准砂在该相对密实度条件下的干密度,见式(3.4)。

(3)计算过程中保证珊瑚砂体积V_c与标准砂体积V_q之和等于剪切盒的体积且不变,见式(4.6)。

$$V_q + V_c = 60 \tag{4.6}$$

(4)根据设定的掺砂率R_s即可计算出珊瑚砂的质量m_c及标准砂的质量m_q,混合料掺砂率计算公式如下所示:

$$R_s = \frac{m_q}{m_c + m_q} = \frac{\rho_{dq} \cdot (V - V_c)}{\rho_{dc} \cdot V_c + \rho_{dq} \cdot (V - V_c)} \tag{4.7}$$

式中,R_s为掺砂率,%;m_q为干燥状态下标准砂的质量,g;m_c为干燥状态下珊瑚砂的质量,g;ρ_{dq}为标准砂的干密度,g/cm³;ρ_{dc}为珊瑚砂的干密度,g/cm³;V为试样体积,cm³,其值等于剪切盒体积60 cm³;V_c为珊瑚砂体积,cm³。当掺砂率为0时,$V=V_c$,即为纯珊瑚砂试样;当掺砂率为100%时,即为纯标准砂试样。

(5)根据公式计算出珊瑚砂质量m_c及标准砂质量m_q。

对于珊瑚砂-标准砂混合料,相对密实度为0.5。首先求出珊瑚砂与标准砂各自的孔隙比。

$$D_{rc} = \frac{1.412 - e_c}{1.412 - 0.772} = 0.5 \Rightarrow e_c = 1.09 \tag{4.8}$$

$$D_{rq} = \frac{0.725 - e_q}{0.725 - 0.455} = 0.5 \Rightarrow e_q = 0.59 \tag{4.9}$$

式中,e_c为珊瑚砂孔隙比;e_q为标准砂孔隙比。

再求出珊瑚砂与标准砂在该相对密实度条件下的干密度(g/cm³):

$$\rho_{dc} = \frac{2.739 \times 1}{1 + 1.09} = 1.31 \tag{4.10}$$

$$\rho_{dq} = \frac{2.691 \times 1}{1 + 0.59} = 1.69 \tag{4.11}$$

再根据式(4.7),求出珊瑚砂的体积(cm³),取R_s=15%:

$$0.15 = \frac{1.69 \times (60 - V_c)}{1.31 \times V_c + 1.69 \times (60 - V_c)} \Rightarrow V_c = 52.83 \tag{4.12}$$

根据式(4.86),求出标准砂的体积(cm³):

$$V_q = 60 - 52.83 = 7.17 \tag{4.13}$$

而后求出珊瑚砂以及标准砂的质量(g):

$$m_c = V_c \cdot \rho_{dc} = 52.83 \times 1.31 = 69.21 \tag{4.14}$$

$$m_q = V_q \cdot \rho_{dq} = 7.17 \times 1.69 = 12.21 \tag{4.15}$$

其余掺砂率条件下的各组分质量计算方法同上所述,文中不再列出。珊瑚砂-标准砂混合料在其他不同掺砂率条件下对应珊瑚砂与标准砂的质量见表4.1。

相对密实度0.5的混合料中珊瑚砂与标准砂质量(g)　　　　　　表4.1

质量	R_s=0	R_s=15%	R_s=30%	R_s=45%	R_s=60%	R_s=75%	R_s=90%	R_s=100%
m_q	0	12.10	25.32	39.42	54.62	71.05	88.88	101.64
m_c	78.70	69.14	59.09	48.18	36.41	23.68	9.88	0
$m_总$	78.70	81.24	84.41	87.60	91.03	94.73	98.76	101.64

4.1.4 试验方案

试验共计2个环节,包括环形剪切以及试样颗粒筛分。首先,对制备环状试样施加不同竖向压力以及剪切速率,开展环剪试验;其次,剪切完毕后筛分试样,每次筛分时间为15 min,获得剪切后的颗粒级配曲线。烘干珊瑚砂和标准砂,按照相对密实度和掺砂率共配置28个试样,编号依次为1#~28#。1#~12#为珊瑚砂试样,剪切速率均为1°/min,共计4个竖向压力,主要探究相对密实度及竖向压力的影响。1#~4#试样对应的竖向压力分别为100 kPa、200 kPa、400 kPa和800 kPa,5#~8#、9#~12#试样对应竖向压力以此类推。13#~21#为珊瑚砂试样,竖向压力为400 kPa,共计9个剪切速率,主要探究剪切速率的影响,13#~21#对应的剪切速率分别为2°/min、4°/min、6°/min、8°/min、10°/min、15°/min、20°/min、40°/min、60°/min。单位°/min可以采用弧度换算为mm/min。本次试验中1°/min=1×3.14×85.88/180=1.50 mm/min=0.00247 cm/s,60°/min=60×3.14×85.88/180=89.89 mm/min=0.15 cm/s,其余换算以此类推。即本节剪切速率区间为0.00247~0.15cm/s。22#~28#为珊瑚砂-标准砂混合料试样,相对密实度为0.5、竖向压力为400 kPa、剪切速率为1°/min,主要探究掺砂率的影响,共计7个掺砂率。22#~28#试样分别对应的掺砂率为15%、30%、45%、60%、75%、90%和100%。试验方案见表4.2。

环剪试验方案　　　　　　表4.2

试样编号	D_r	σ_n/kPa	v/(°/min)	R_s/%
1#~4#	0.5	100、200、400、800	1	0
5#~8#	0.7	100、200、400、800	1	0
9#~12#	0.9	100、200、400、800	1	0
13#~21#	0.5	400	2、4、6、8、10、15、20、40、60	0
22#~28#	0.5	400	1	15、30、45、60、75、90、100

4.2　试验结果分析

4.2.1　应力应变关系及强度特征

图4.4为干燥条件下不同相对密实度(D_r=0.5、0.7和0.9)的$1^{\#}$～$12^{\#}$纯珊瑚砂试样在不同竖向压力(σ_n=100 kPa、200 kPa、400 kPa和800 kPa)下剪应力-剪切位移(τ_n-S)曲线。由图可知,在剪切速率为1°/min条件下,对于较大竖向压力和相对密实度试样,随着剪切位移S的增加[式(4.4)计算],剪应力τ_n增大,且剪切位移S在2～4 mm之间时,剪应力τ_n增长速度较快,快速增加至最高点,即达到峰值强度;随后剪应力逐渐减小直至趋于平缓,稳定在一个固定值上下波动,曲线平稳阶段的强度即珊瑚砂的残余强度。对于低相对密实度且竖向压力较小的试样,τ_n-S关系曲线没有出现明显的峰值。剪切位移在2～4 mm之间时,剪应力达到峰值点后没有明显的下降,而是始终维持在一个固定值上下波动。由此可知,相对密实度和竖向压力对珊瑚砂环形界面力学性状产生了重要影响,随着相对密实度和竖向压力的增加,剪应力-剪切位移曲线出现明显峰值。

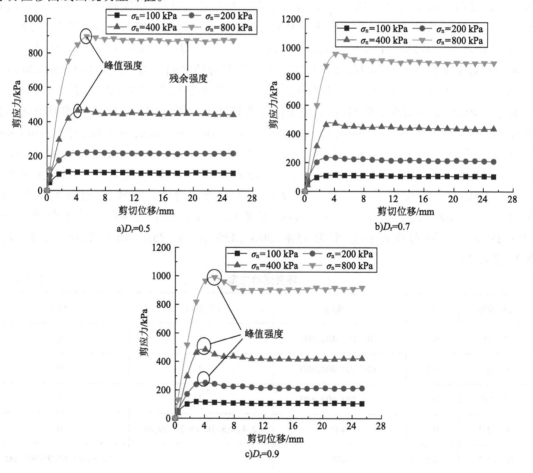

图4.4　在环剪下珊瑚砂的剪应力-剪切位移关系曲线

另外,由图4.4可知,在同一竖向压力条件下,随着相对密实度的提高,珊瑚砂峰值强度呈上升趋势,且峰值强度与残余强度的比值也增大。对于竖向压力为100 kPa的试样,不管相对密实度如何变化,图4.4中没有出现强度峰值后的应力损失,而竖向压力超过100 kPa的试样在峰值点后出现应力损失现象,且竖向压力越大,这种现象越明显。为了更直观地表现此规律,图4.5给出了不同竖向压力条件下,峰值强度与残余强度比值和相对密实度的关系曲线,从中可知峰值强度与残余强度的比值与相对密实度呈正相关,这是由于珊瑚砂的强度和破碎是相互影响的,相对密实度越大,在剪切过程中颗粒破碎越显著,大颗粒破碎成小颗粒填充在孔隙中,使孔隙率降低,从而使颗粒之间的滑动摩擦增大,颗粒重排布受到更大的阻力,所以强度值也会发生变化,宏观上表现为峰值强度与残余强度比值的增大。

图4.6展示了不同竖向压力下珊瑚砂-钢界面的典型剪切强度包络线(峰值强度和残余强度)。这些包络线是拟合线性回归线,是通过每组界面峰值和残余剪应力与竖向压力的数据而获得的,所有拟合曲线均通过坐标原点,并且通常为线性关系,R^2在0.99~1.00之间。采用Mohr-Coulomd强度理论方程,获得峰值强度和残余强度包络线法向应力范围内珊瑚砂-钢界面φ的值。Mohr-Coulomd强度理论可在无任何显著精度损失的情况下使用,如式(4.16)所示。

$$\tau = \sigma \tan \varphi \tag{4.16}$$

式中,τ为剪应力,kPa;σ为法向应力,kPa;φ为珊瑚砂-钢界面的内摩擦角(与最大剪应力对应的剪切阻力角和与最大水平位移时的剪应力对应的剪切阻力角)。

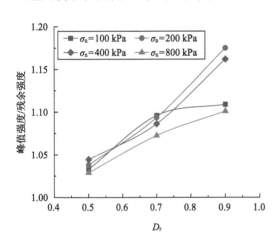

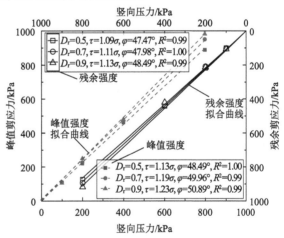

图4.5　珊瑚砂的强度比值与相对密实度关系曲线　　图4.6　不同竖向压力下珊瑚砂-钢界面的典型剪切强度包络线

由图4.6可知,对于峰值强度(最大剪应力)和残余强度(最大水平位移时的剪应力)包络线,珊瑚砂-钢界面的内摩擦角(φ)随着相对密实度(D_r)的增加而增加。内摩擦角的值有所增加,但不显著,峰值强度的内摩擦角(φ)值增加了2.4°,残余强度的内摩擦角(φ)值仅增加了1.02°。

图4.7是$1^\#$~$12^\#$试样在不同竖向压力和相对密实度作用下的竖向应变-剪切位移关系曲线。由图可知,竖向压力不大于400 kPa时(除$D_r=0.5$的$3^\#$试样以外),在剪切过程中珊瑚砂的竖向应变呈现剪缩-剪胀-剪缩的现象,且相对密实度越大和竖向压力越小的试样剪胀越显著;竖向压力达到800 kPa时,3个相对密实度条件下的试样均没有出现剪胀现象。

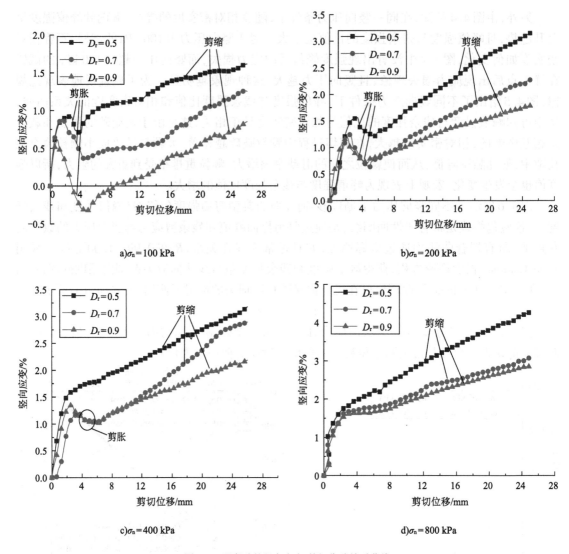

a)σ_n=100 kPa

b)σ_n=200 kPa

c)σ_n=400 kPa

d)σ_n=800 kPa

图4.7 珊瑚砂的竖向应变-剪切位移关系曲线

图4.8a)和b)分别为3#、13#~21#等10个试样在不同剪切速率(1 °/min、2 °/min、4 °/min、6 °/min、8 °/min、10 °/min、15 °/min、20 °/min、40 °/min、60 °/min)条件下剪应力和竖向应变与剪切位移的关系曲线。为了更加直观地体现剪应力与剪切速率的关系,根据图4.8a)可得到不同剪切速率(1 °/min、2 °/min、4 °/min、6 °/min、8 °/min、10 °/min、15 °/min、20 °/min、40 °/min、60 °/min)条件下的珊瑚砂-标准砂混合料的剪应力与剪切速率关系,并将峰值剪应力与残余剪应力进行比较,汇总于图4.9中。由图可知,在竖向压力为400 kPa和相对密实度为0.5条件下,随着剪切速率的增加,珊瑚砂剪切时的剪应力会逐渐增加,在5°/min时达到峰值,后逐渐变小并基本维持在常数,也就是说随着剪切速率由1°/min增加到60°/min,珊瑚砂的峰值强度先增大后减小并维持在一个固定值;而残余强度随剪切速率的增加没有出现剪应力急剧增加和减小特征,可以说剪切速率对残余强度影响不是很明显。

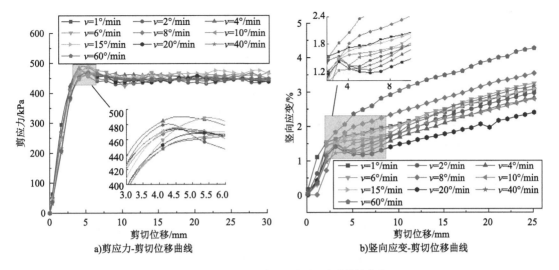

a)剪应力-剪切位移曲线　　　　b)竖向应变-剪切位移曲线

图4.8　不同剪切速率下珊瑚砂的力学特性曲线

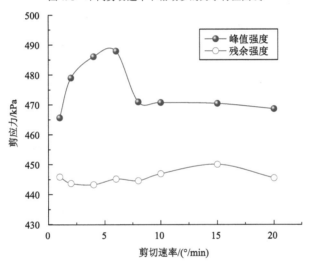

图4.9　珊瑚砂剪应力-剪切速率曲线

图4.10a)和b)分别为3#纯珊瑚砂试样以及22#~28#珊瑚砂-标准砂混合料(掺砂率分别为15%、30%、45%、60%、75%、90%、100%)试样的剪应力和竖向应变与剪切位移的关系曲线。由图4.10a)可知,随着剪切位移的增加,剪应力迅速达到峰值点后逐渐降低并基本维持在一个固定值上下波动,峰值强度和残余强度特征较为明显,但峰值强度和残余强度均随着标准砂掺量的增加而降低。图4.10b)显示,随着掺砂率的增大,混合料的竖向应变发生了较大变化。掺砂率分别为0和15%的3#和22#试样未出现剪胀现象,始终呈现剪缩特征;其余试样竖向应变表明标准砂的掺量越多,剪胀越明显,特别是28#试样的竖向应变在剪切位移大于2 mm后始终呈现剪胀特征。综上可知,在竖向压力为400 kPa和相对密实度为0.5条件下,掺砂率影响了珊瑚砂-标准砂混合料的界面剪切竖向应变特征,随着掺砂率的提高,竖向应变从剪缩特征向剪缩—剪胀—剪缩特征发展。

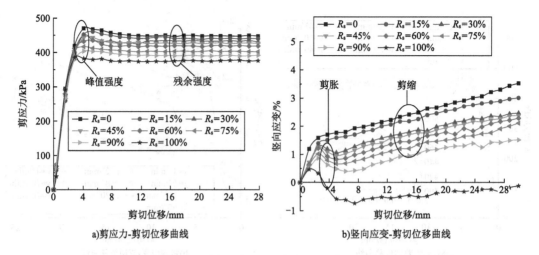

a)剪应力-剪切位移曲线　　　　b)竖向应变-剪切位移曲线

图4.10　珊瑚砂-标准砂混合料的力学特性曲线

综上可得3#珊瑚砂试样以及22#~28#珊瑚砂-标准砂混合料试样的峰值强度、残余强度与掺砂率的关系,如图4.11所示,随着标准砂掺量的增加,混合料的峰值强度及残余强度均呈下降趋势,且随着掺砂率的增加,峰值强度与残余强度的差值逐渐缩小。图4.11中存在一个明

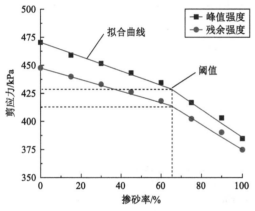

图4.11　珊瑚砂-标准砂混合料的剪应力-掺砂率关系曲线

显拐点,可以通过最小二乘法拟合得到拐点值(阈值)。当掺砂率超过65%时,随着掺砂率的增加,混合料的强度减小的速率更快。这是由于珊瑚砂颗粒形状不规则、差异较大,以片状和粒状为主,而标准砂形状较规则,以圆粒为主。在剪切过程中,珊瑚砂不规则的形状扩大了颗粒间的接触面积从而使摩擦力增大,而标准砂颗粒形状较规则,且外表较为光滑,颗粒间的咬合作用远没有珊瑚砂大,而抗剪强度主要是由颗粒间的摩擦提供,因此标准砂的掺量越多,混合料的抗剪强度越小。

4.2.2　珊瑚砂及混合料的破碎特征

当施加在颗粒材料上的应力超过了其自身强度时,颗粒材料将会发生颗粒破碎。颗粒破碎取决于颗粒宏观尺寸参数(应力水平、级配、孔隙率等)以及自身特征(形状、大小、强度、矿物组成等)。本节研究表征颗粒破碎量指标采用Hardin提出的相对破碎率B_r,其值越大,颗粒破碎程度也就越严重。

图4.12为1#试样剪切前后的对比,其余试样也出现类似形态,文中不再列出。由图4.12可知,剪切前试样表面粗糙,大小颗粒分布不匀;剪切完成后,剪切面平整,基本上见不到大颗粒,这是因为较大颗粒已破碎成小颗粒。本节对所有的试样环形剪切后进行了筛分,用以确定在不同的物理力学条件下的破碎规律。颗粒筛分结果见图4.13。图4.14为1#~12#珊瑚砂试样在不同竖向压力(100 kPa、200 kPa、400 kPa和800 kPa)条件下剪切前后的级配曲线,从中可发现不同的相对密实度条件下,珊瑚砂级配曲线会随着竖向压力的增加,逐渐向右上方移动,

说明试验后珊瑚砂试样中的小颗粒数量和颗粒破碎不断增加。在同一竖向压力下,相对密实度为0.5的试样粒径变化最小。因此,颗粒破碎会随竖向压力和相对密实度的增加而增加,这与已有研究结果一致。

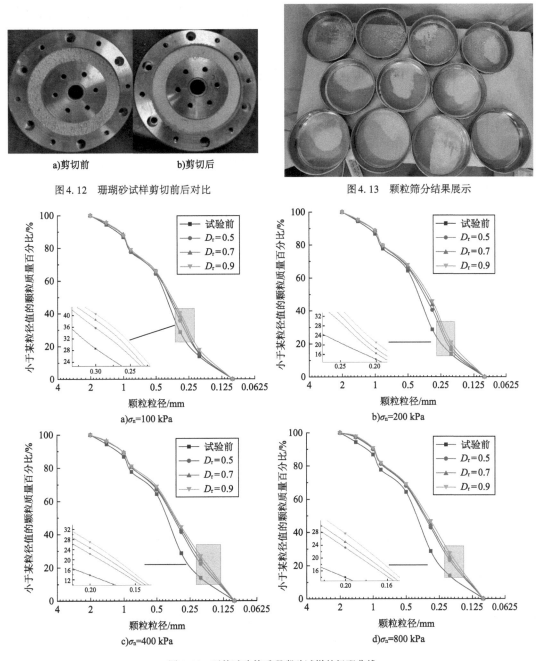

a)剪切前　　　　b)剪切后

图4.12　珊瑚砂试样剪切前后对比

图4.13　颗粒筛分结果展示

a)σ_n=100 kPa

b)σ_n=200 kPa

c)σ_n=400 kPa

d)σ_n=800 kPa

图4.14　环剪试验前后珊瑚砂试样的级配曲线

3#、13#~21#等10个试样的相对破碎率B_r与剪切速率的关系曲线如图4.15所示。由图可知,剪切速率对珊瑚砂的破碎造成较大影响,随着剪切速率的增加,珊瑚砂的相对破碎率呈先小幅增加后迅速减小并逐渐趋于平稳的趋势。当剪切速率从1°/min变化到5°/min时,相对破碎率逐渐增加;当剪切速率在 5 ~ 15°/min 时,相对破碎率迅速减小;当剪切速率大于 15°/min 时,相对破碎率减小的速度变缓。

图 4.16 为 3#珊瑚砂及 22# ~ 28#混合料试样环形剪切后,相对破碎率 B_r 与掺砂率的关系曲线。由该图可知,相对破碎率 B_r 与掺砂率呈负相关,随着掺砂率的增加,相对破碎率逐渐减小,且存在一个拐点使得减小速率变快,通过最小二乘法拟合得到该拐点值约等于 65%。由于标准砂颗粒形状较规则且表面光滑,随着标准砂掺量的增加,珊瑚砂的孔隙不断被填充,且大颗粒间的接触面积变小,颗粒破碎变得困难。而且标准砂的莫氏硬度较大,相较珊瑚砂而言不易破碎。

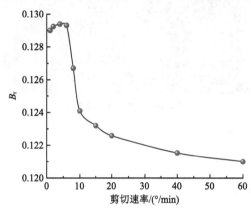

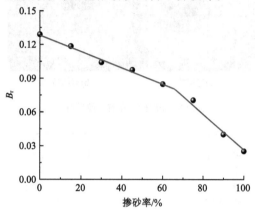

图 4.15 珊瑚砂相对破碎率 B_r 与剪切速率关系曲线 　　　　图 4.16 环剪试验后 B_r 与掺砂率关系曲线

4.3 　讨　　论

以往大量研究都集中在不同相对密实度、不同竖向压力及与标准砂对比的环剪试验上,但针对珊瑚砂-标准砂混合料,不同剪切速率的环剪试验仍然少见。事实上,不同地域珊瑚砂的纯度不同且力学性质差异较大,天然珊瑚砂中含有少量的标准砂,而标准砂的含量及剪切速率直接影响珊瑚砂的力学性质。本节对珊瑚砂大变形环形剪切行为影响机制以及颗粒破碎规律进行讨论。

4.3.1 　砂-钢界面抗剪强度机理

干燥状态下的珊瑚砂和标准砂没有黏聚力,与钢界面之间未有黏结特征,即砂-钢界面没有黏结强度,其强度以摩擦强度为主,包括颗粒之间的滑动摩擦和咬合摩擦以及砂颗粒与钢界面之间的滑动摩擦和咬合摩擦。要了解滑动摩擦和咬合摩擦,有必要掌握珊瑚砂、标准砂颗粒的形态和结构特征。首先,用扫描电镜将珊瑚砂和标准砂颗粒放大进行观测,观察珊瑚砂和标准砂颗粒的微观结构,图 4.17 为珊瑚砂和标准砂不同放大倍数的电镜扫描图片。不同放大倍数(100 倍、300 倍、1000 倍和 5000 倍)下,可观测到珊瑚砂颗粒形状多不规则、棱角突出、枝丫发育、表面粗糙、凹凸不平、孔隙发育、结构疏松;而标准砂颗粒形状浑圆,表面光滑、致密,与珊瑚砂形成了鲜明对比。其次,为了解珊瑚砂试样内部结构,对珊瑚砂样品(直径约 1.7 mm,高度约 2.4 mm)进行 CT 三维扫描。颗粒沿 XY、YZ、XZ 方向的剖面图如图 4.18 所示。在剖面图中黑色部分为密度较高部分,灰色部分为密度较低部分,白色部分为孔隙结构。由该图可知珊瑚砂内部结构孔隙发育,大小孔隙交错,外荷载作用下孔隙将是结构破坏薄弱点,也是应力集中易发生区域。通过微细观扫描可知,珊瑚砂特有的多孔结构为颗粒破碎提供了重要条件,标准砂结构致密、颗粒咬合嵌固能力较强。

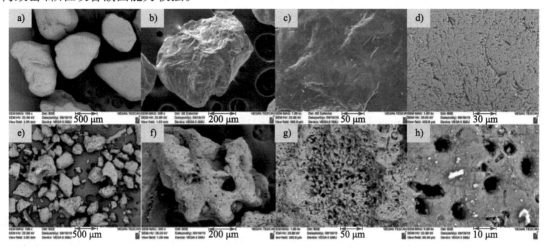

图4.17　珊瑚砂和标准砂不同放大倍数的电镜扫描图片

a)标准砂放大100倍;b)标准砂放大300倍;c)标准砂放大1000倍;d)标准砂放大5000倍;e)珊瑚砂放大100倍;
f)珊瑚砂放大300倍;g)珊瑚砂放大1000倍;h)珊瑚砂放大5000倍

图4.18　珊瑚砂颗粒CT三维扫描图(参见图2.9、图2.10)

为了明确珊瑚砂和标准砂与钢界面抗剪强度产生机理,对珊瑚砂、混合料和标准砂在环形摩擦片剪切作用下的状态进行了描述,如图4.19所示。对于1#~21#珊瑚砂试样,砂-钢界面的抗剪强度主要来源于珊瑚砂颗粒与钢界面之间的滑动和咬合以及珊瑚砂颗粒之间的摩擦和咬合[图4.19a)]。钢制摩擦片启动旋转剪切时,在滑动和咬合作用下,珊瑚砂颗粒位置调整,剪应力持续增大,试样竖向应变增大、发生剪缩。随着剪切位移的增大,钢界面与珊瑚砂粗糙的表面之间滑动和咬合,珊瑚砂颗粒棱角断裂、颗粒分散破碎,断裂、破碎后的细小珊瑚砂颗粒填充至珊瑚砂大颗粒之间,珊瑚砂大小颗粒之间的咬合作用促使珊瑚砂出现剪胀现象,此时的剪应力达到峰值。但随着珊瑚砂颗粒继续破碎以及大小颗粒位置的调整,珊瑚砂试样表面变得光滑,钢制界面与其滑动效应增加,因此钢制界面与珊瑚砂之间剪应力下降,并维持在一个稳定区间。

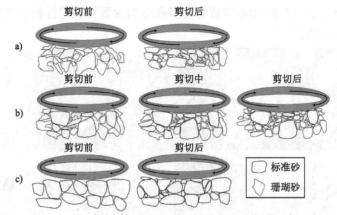

图 4.19 珊瑚砂、混合料和标准砂与钢制界面剪切示意
a)珊瑚砂;b)珊瑚砂-标准砂混合料;c)标准砂

对于 22# ~ 27# 珊瑚砂-标准砂混合料试样,砂-钢界面的抗剪强度主要来源于钢界面与珊瑚砂-标准砂颗粒之间摩擦和咬合以及珊瑚砂-标准砂颗粒之间摩擦和咬合[图 4.19b)]。珊瑚砂与标准砂颗粒密度相差不大,但莫氏硬度相差却较大。珊瑚莫氏硬度为 3.5 ~ 4、砗磲莫氏硬度一般为 2.5 ~ 3,而标准砂主要成分为二氧化硅,莫氏硬度在 7.5 以上,莫氏硬度越大代表了颗粒抵抗外部荷载作用的能力越强。标准砂的颗粒形状较规则,没有片状颗粒且外表较为光滑,标准砂颗粒间的相互咬合、摩擦远不及表面粗糙的珊瑚砂,剪切时不易发生破碎。钢制界面旋转过程中对颗粒产生研磨挤压,珊瑚砂颗粒和标准砂颗粒呈现不同的受力和破碎特征。首先,在剪切位移较小时,莫氏硬度较低、表面粗糙的珊瑚砂颗粒在钢制界面研磨、标准砂颗粒咬合作用下发生破碎。其次,细小珊瑚砂颗粒填充至混合料较大孔隙中,使得标准砂颗粒之间以及标准砂颗粒与珊瑚砂颗粒之间接触良好,标准砂出现颗粒破碎。颗粒的破碎增大了颗粒之间咬合摩擦,但小颗粒填充在大颗粒孔隙之间,试样表面变得光滑平整,增大了钢界面与颗粒之间的滑动摩擦,减小了钢界面与颗粒之间的咬合摩擦。尤其是标准砂掺量较高的混合料,标准砂颗粒表面光滑,标准砂的颗粒破碎更是增大了界面之间的滑动摩擦,进一步减小了界面的剪应力。已有研究表明同一试验条件下珊瑚砂强度要高于标准砂,这与标准砂颗粒表面光滑、莫氏硬度大、破碎效应较小等因素有关;标准砂颗粒光滑的表面使得钢制界面与其接触时的摩擦强度降低,进而造成混合料颗粒-钢界面的抗剪强度降低。

对于 28# 标准砂试样,砂-钢界面抗剪强度主要与钢界面和标准砂颗粒之间摩擦和咬合以及标准砂颗粒之间摩擦和咬合有关[图 4.19c)]。正如图 4.17 标准砂微观照片所示,其表面光滑,未有显著棱角,钢制界面在标准砂试样表面发生滑动摩擦时,标准砂颗粒之间以及其与摩擦片咬合嵌固,颗粒接触点应力集中,导致局部边角破坏产生细小标准砂颗粒,并填充至大颗粒孔隙之间,因此试样表面变得更为光滑,此时滑动钢制摩擦片与标准砂试样表面颗粒咬合摩擦减小,滑动摩擦占据主导地位,促使界面强度降低。

4.3.2 力链与破碎的相互影响

相对密实度和竖向压力的增大会提升珊瑚砂-标准砂混合料的"力链"。由前文分析可知,较大的相对密实度和竖向压力下的试样,其剪切峰值强度与残余强度均较高,剪切过程中颗粒破碎填充孔隙,颗粒直接紧密接触形成强力链,进一步提高珊瑚砂剪切强度。

Taha 和 Fall[131]指出相对密实度越高的试样,剪应力越强,这可归因于黏土微凸体的致密化,使得黏土-钢联锁力提高,此外,在较高的干密度值下,更多的黏土颗粒与钢表面接触,导致接触面积增加,从而增加界面剪切阻力。该结果与 Wang 等[132]的研究结果类似。Hunger 和 Morgenstern[133]施加的竖向压力基本在 120 kPa 以内,本节研究结果与其结论略有不同,而很多研究表明上覆压力的增大促使土颗粒之间"力链"传递效应明显,有效提高剪应力。力链效应的产生促使颗粒之间摩擦和咬合,也对颗粒破碎产生影响。随着上覆竖向压力的增大,颗粒破碎大量发生,峰值强度和残余强度比值减小。颗粒间增长的力链是颗粒克服摩擦及咬合等作用不断进行位移调整及提高破碎程度的重要原因。

从强度包络线(图4.6)可以看出虽然内摩擦角随着相对密实度的增大有所提高,但提高量并不是很大,这与珊瑚砂颗粒的破碎密切相关。相对密实度增大虽然提升珊瑚砂-标准砂混合料的力链以及增大破坏时的剪应力,但强力链的作用使得颗粒接触点局部应力集中,颗粒接触点产生破碎屈服,棱角颗粒局部边角折断、剪断,导致内摩擦角减小。随着相对密实度的增加,珊瑚砂的破碎更严重,更容易发生剪胀,抗剪强度有所增加,且珊瑚砂在剪切时峰值强度与残余强度的比值也增大。这与相对密实度大的试样孔隙少,颗粒接触紧密,摩擦力链强,造成颗粒破碎密切相关。破碎的颗粒填充在孔隙中,使试样的孔隙比减小,发生剪胀现象,颗粒重排布受到更大的阻力,所以残余强度也会发生变化。颗粒破碎使得大小颗粒之间的相互作用更强,级配变得良好,剪切面上的内摩擦角增大,一定程度上提高了珊瑚砂的抗剪强度,但受到颗粒破碎效应的影响,强力链的作用效应减弱。因此力链增大抗剪强度的作用受到颗粒破碎的影响,使得珊瑚砂-标准砂混合料力学特性变得复杂。

本节将3#试样和28#试样在剪切速率1°/min、D_r=0.5、竖向压力400 kPa条件下环剪前后进行筛分,级配曲线如图4.20所示。珊瑚砂破碎效应明显(B_r=0.129),标准砂破碎不明显,破碎主要集中在粒径0.2~1 mm之间(B_r=0.025),两者的破碎与自身的硬度密切相关,硬度越大,颗粒间力链效应越强,颗粒产生破碎的可能性越低。但对于珊瑚砂-标准砂混合料而言,无法明确知晓混合料中珊瑚砂-标准砂破碎的比例,但标准砂掺量变高,混合料中的总破碎率会降低,其力学特性由珊瑚砂向标准砂转变,使得剪应力减小。

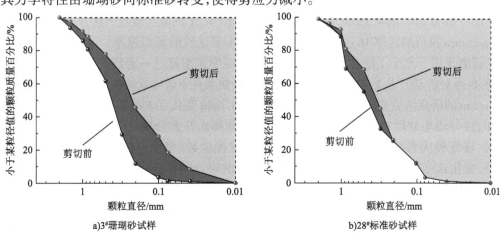

a)3#珊瑚砂试样　　　　　　　　b)28#标准砂试样

图4.20　环剪试验前后珊瑚砂和标准砂的颗粒级配曲线

4.3.3　砂-钢界面剪胀形成机制

咬合是砂-钢界面形成抗剪强度的重要原因,也是产生剪胀现象的重要因素,包括砂颗粒之间的咬合以及颗粒与钢界面之间的咬合。咬合促使砂颗粒的重排布和颗粒破碎,产生了剪胀和剪缩现象。剪胀提升了抗剪强度,剪缩则降低了抗剪强度。对于珊瑚砂 1# ~ 12# 试样(图 4.7),竖向压力和相对密实度较小时,试样基本出现了剪胀特性;反之则一直处于剪缩状态。这是由于珊瑚砂颗粒形状不规则,表面的棱角较多,钢界面与其接触时不平整,粗颗粒需要通过调整位置来实现定向排布,此过程会产生相对位移,出现剪胀现象。相对密实度越大的试样孔隙越少,颗粒接触越紧密,因此剪切过程中剪胀越明显。竖向压力较小时,珊瑚砂的颗粒破碎也少,相对密实度越大的试样颗粒接触越紧密,孔隙压缩的过程相对较短,在很小的剪切位移下就存在较多的颗粒接触点,因此发生剪胀对应的剪切位移也就越小。随着竖向压力的增加,珊瑚砂颗粒发生大量的破碎,颗粒的棱角也逐渐变得光滑,细小颗粒填充进大孔隙中,减小了剪胀的可能性,宏观上表现为由剪胀向剪缩的转变。这与 DeJong 和 Westgate[134] 的研究结果相似,其指出砂土密度越大,界面强度越高,法向应力的增加将抑制砂土的剪胀。

由图 4.10 可知,掺砂率对剪胀性产生了重要影响。竖向压力 400 kPa 条件下,随着剪切位移的增大,掺砂率不超过 30% 时,3# 珊瑚砂试样以及 22# 混合料(掺砂率 15%)试样一直处于剪缩状态;掺砂率超过 30% 时剪胀现象较明显,混合料试样基本呈现剪缩—剪胀—剪缩的形态。掺砂率越高,剪胀性越强,说明掺砂率的提高增强了混合料的剪胀性。对于掺砂率 30% 以下混合料,竖向压力 400 kPa 作用抑制了 3# 珊瑚砂试样以及 22# 混合料(掺砂率 15%)试样砂颗粒的翻转、嵌固作用,进而产生剪胀效应。剪胀之后 23# ~ 28# 试样逐渐进入剪缩阶段,此时珊瑚砂以及标准砂颗粒在钢界面的研磨挤压作用下产生了破碎,剪胀效应逐渐减弱。这与破碎后的珊瑚砂和标准砂颗粒填充试样表面与钢界面间的孔隙密切相关,此时滑动摩擦起主导作用。这与三轴压缩试验、直剪试验所得到的珊瑚砂或者标准砂的剪胀效应有所不同。

4.3.4　剪切速率的影响机制

Hunger 和 Morgenstern[133] 对砂、砂石混合料等进行了 3 种剪切速率(0.1 cm/s、16 cm/s 和 98 cm/s)的环剪试验,所得结论表明速率对剪切没有影响。本节中速率区间为 0.00247 ~ 0.15 cm/s,结论呈现一些差别。图 4.15 显示剪切速率对 3#、13# ~ 21# 的破碎效应产生重要影响。Hunger 和 Morgenstern 执行的速率 16 cm/s 和 98 cm/s 远超本节试验的剪切速率。高速条件下,试样在钢界面研磨作用下产生了滑移,没有测出剪应力,证明速率超过一定数值,钢界面与颗粒之间的摩擦不再对剪切产生影响。图 4.15 中在速度较快条件下破碎效应越来越弱,也与 Hunger 和 Morgenstern 的研究结论基本相同。但剪切速率从 1°/min 变化到 5°/min 时,相对破碎率却在逐渐增加,这与珊瑚砂颗粒之间随着界面剪切会逐渐挪动并充分接触等因素有关;当剪切速率增大时,珊瑚砂的颗粒得不到充分的接触,大颗粒配位数(每个颗粒和周围其他颗粒接触点的数目)变化速度较快,缩短了力在颗粒间的传递时间,相对破碎率也随之减小。

颗粒材料的抗剪强度由破碎重排布作用分量和滑动摩擦强度分量组成[135]。在剪力的作用下,砂颗粒会调整粗颗粒的位置来进行颗粒的定向排布。随着剪切速率的增加,砂颗粒定向重排的反应时间缩短。同一剪切位移下,砂颗粒缺乏足够的时间进行位置调整,剪切面不如低速率条件下平整光滑,导致滑动摩擦增大,因此抗剪强度会小幅度提升。当剪切速率较快时,抗剪强度得不到充分发挥。因此,在竖向压力一定时,随着剪切速率的增加,峰值强度先增大后减小;但残余强度受影响不明显,此时在一定剪切速率下,颗粒已经发生了破碎,凹凸颗粒相互镶嵌,与钢界面间形成了光滑的面层,抵抗外部剪切破坏的能力降低,对残余强度起到的实质性作用明显降低。

4.3.5 珊瑚砂-标准砂混合料颗粒混合作用机制

珊瑚砂和标准砂具有各自显著的工程性质,将两者混合形成颗粒硬度相差较大的混合料,混合料的工程力学特性将会有很大变化。如图4.10、图4.11以及图4.16所示,随着掺砂率的增加,珊瑚砂-标准砂混合料-钢界面的力学变形特征以及破碎特征发生了显著变化,临界掺砂率决定了混合料的变化特征。参照 Vallejo 和 Mawby[136]的研究,标准砂颗粒和珊瑚砂颗粒可根据掺砂率的不同而表现出不同的结构形式,图4.21为不同掺砂率下混合料的结构布置示意图,图中详细描述了阈值掺砂率的控制机制。当 $0 < R_s \leqslant R_{s1}$ 时,珊瑚砂是混合料中的主要材料,其力学特性由珊瑚砂的结构决定,但受标准砂的影响。当 $R_{s1} < R_s \leqslant R_{s2}$ 时,混合料的力学特性由标准砂决定,但受到珊瑚砂的影响;当 $R_{s2} < R_s \leqslant 100\%$ 时,混合料力学特性主要取决于标准砂。

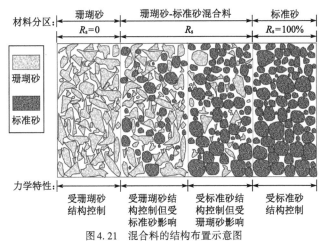

图4.21 混合料的结构布置示意图

随着掺砂率的增加,混合料的颗粒形状逐渐变得规则,颗粒之间的咬合摩擦变小,且颗粒的硬度变大导致相对破碎率变小。掺砂率的增加会导致混合料抗剪强度和相对破碎率的减小,促使了剪胀现象的出现。根据前文分析可知,掺砂率30%时剪胀性出现[图4.10b)],此时混合料的力学变形性质受到了标准砂的影响,由此可基本判定 R_{s1}=30%。而根据图4.11和图4.16可知,掺砂率65%时剪应力和相对破碎率均出现了一个明显的拐点,标志着此时混合料力学变形性质由珊瑚砂控制向标准砂控制转变,由此可基本判定 R_{s2}=65%。本节试验两类砂的级配曲线较为相似,即颗粒关键粒径基本相当,但两者表面形态、内部结构、莫氏硬度等差别较大,使得颗粒力学特征以及破碎规律也产生了较大变化,进而影响了混合料的力学变形性质。由于掺砂率影响下仅有竖向压力400 kPa作用,下一步将在更多竖向压力作用条件下进行试验,以获取强度参数,分析掺砂率对强度参数的影响规律。本节提出的掺砂率的阈值范围也有待深入探究,因为阈值会受到标准砂和珊瑚砂颗粒级配、尺寸的影响。

4.4 本 章 小 结

本章通过对不同相对密实度和掺砂率以及控制不同竖向压力和剪切速率的试样进行环向剪切试验,得到了不同初始条件下珊瑚砂的破碎及强度特征,为最终确定不同工况下的强度及破碎参数提供科学依据。主要研究成果包括:

(1)相对密实度较高的珊瑚砂环向剪切时剪应力-剪切位移曲线呈软化型,且在较低竖向压力下出现一定的剪胀性。随着竖向压力的增加,曲线由硬化型逐渐转化成软化型。相对密实度、竖向压力越大的试样,其破碎程度越严重,抗剪强度越大。

(2)剪切速率对珊瑚砂的峰值强度和残余强度有一定的影响。在竖向压力为400 kPa条件下,随着剪切速率的增加,抗剪强度逐渐增加,当剪切速率达到临界点5°/min时,珊瑚砂峰值强度达到最大;而剪切速率达到15°/min时,珊瑚砂残余强度达到最大。随着剪切速率的继续增大,剪切速率不再对强度和破碎造成显著影响。

(3)随着标准砂掺量的增加,珊瑚砂-标准砂混合料抗剪强度和颗粒破碎程度逐渐减小。掺砂率阈值初步判定为65%,掺砂率大于该值后,混合料的力学变形特征主要由标准砂控制。

第5章 珊瑚砂的侧限压缩特性及破碎规律

岩土介质的压缩是指由外界物理环境及力学状态改变引起的体积变形,包括松散骨架的收缩、气体的排除、颗粒的重排布及颗粒破碎等。相较于黏性土,无黏性土颗粒的压缩行为较为简单,但应力水平达到颗粒强度后引起的破碎将使其受力变形机制发生改变,需要引起研究人员的注意。

考虑到珊瑚砂的易碎性及大变形、不均匀沉降等在基础设施建设中的重要影响,开展珊瑚砂压缩特性的试验研究具有很重要的现实意义,虽然国内外学者均开展了一定的研究,但诸多研究主要是基于纯珊瑚砂展开压缩试验,鲜有研究考虑到硅质杂质等复杂工程环境条件对珊瑚砂压缩特性的影响。本章采用侧限压缩的形式,在不同初始条件下对珊瑚砂及其混合料的压缩变形行为进行深入研究。由于环刀与固结盒侧面的强制约束,砂土仅发生竖向一维方向上的变形,因此该试验也被称为一维压缩试验。

5.1 方 法

5.1.1 试验方案

为充分研究珊瑚砂及其混合料的受力变形特性,在不同掺砂率、不同相对密实度、不同颗粒级配等初始物理条件下进行侧限高压压缩试验,具体设计有方案一和方案二。

方案一:开展不同掺砂率条件下的压缩试验,试验时取相对密实度为 0.3、0.5、0.7 共 3 组,分别对应疏松、中密、密实 3 种密实状态。以标准砂充当硅质杂质,在珊瑚砂中掺入不同质量比例的标准砂,本试验中设定掺砂率 R_s 为 0(纯珊瑚砂)、10%、20% 和 30% 等 4 种,并取纯标准砂(R_s=100%)作为对照组,掺砂率的计算及混合方式与三轴压缩试验时相同。为减小试验误差,便于准确测定珊瑚砂及其混合料在加载过程中的颗粒破碎,对同一初始条件制作试样 6 个,其中一个用于测定试样全应力加载过程中的压缩变形及竖向压力 4000 kPa 条件下的颗粒破碎,其余 5 个试样保持加载路径与前者相同,分别在终止压力 200 kPa、400 kPa、800 kPa、1600 kPa、3200 kPa 处停止试验,测定该压力下的颗粒破碎。因此本试验方案共设定 5 个掺砂率、3 个相对密实度,共 15 个初始物理条件,制备试样 90 个。为观测试样的卸载回弹能力,针对特定不同相对密实度下的珊瑚砂在压力加载至 1600 kPa 后进行逐级卸载再逐级加载试验,共计制作试样 3 个,具体试验方案见表 5.1。

方案二:为研究颗粒级配对珊瑚砂压缩特性的影响,分别控制不均匀系数 C_u 和曲率系数 C_c 开展侧限高压压缩试验,如图 5.1 所示,具体试验方案见表 5.1。

侧限高压压缩试验方案　　　　　　　　　　　　　表5.1

方案	试验目的	关键试验参数		
一	研究标准砂(掺砂率) 对压缩变形的影响	R_s=0、10%、20%、30%、100%		D_r=0.3、0.5、0.7
	观测卸载回弹能力	R_s=0		D_r=0.7
二	研究颗粒级配 对压缩变形的影响	C_c=1.0	C_u=6	
		C_u=2、4、6、8、10	C_c=0.5、1.0、1.5、2.0、2.5	

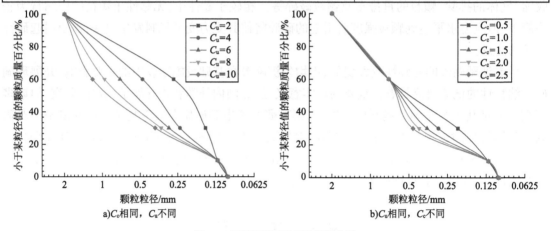

a)C_c相同，C_u不同　　　　　　　　　　　　b)C_u相同，C_c不同

图5.1　不同参数下的颗粒级配曲线

5.1.2　试样制备

侧限高压压缩试验试样尺寸与直剪试验时相同,环刀规格均为61.8 mm×20 mm。试样制

R_s=10%　　R_s=20%　　R_s=30%

图5.2　不同掺砂率条件下的成型试样

备方式保持与强度测试时相同,即首先根据初始条件称取各粒组质量,而后混合。根据含水率条件添加水量并放入保湿器中密闭24 h,当含水率满足要求后即可进行装样,而后开展试验。其中部分已制备的珊瑚砂混合料环刀试样如图5.2所示。

5.1.3　试验步骤

压缩试验所用仪器如图5.3所示,最大可施加的竖向压力为4 MPa,采用砝码加压。试验前应首先对仪器进行标定,以减小仪器自身变形对混合料压缩变形的影响。

根据设定的初始条件完成试样制备后,依据规范[109]要求进行装样,加载前应调整百分表使其与固结仪接触良好,而后调零,开始砝码加压,加载过程中应保持施加荷载的竖直。在研究其压缩变形特性时采用连续加载形式,加载路径依次为100 kPa、200 kPa、400 kPa、800 kPa、1600 kPa、3200 kPa、4000 kPa,不同试验方案下珊瑚砂混合料的加载路径保持不变。在进行卸载回弹试验时,其卸载再加载路径为1600 kPa、800 kPa、400 kPa、200 kPa、100 kPa、200 kPa、400 kPa、800 kPa、1600 kPa、3200 kPa、4000 kPa。针对不同掺砂率的试样,待试验结束后均应将试样小心取出并烘干,再次进行颗粒分析试验以研究侧限压缩过程中不同初始条件对颗粒破碎的影响。

图5.3　侧限高压固结仪

5.2　压缩变形特性分析

5.2.1　掺砂率对压缩变形的影响分析

图5.4为连续加载过程中D_r=0.5时不同掺砂率条件下珊瑚砂混合料的轴向变形-竖向压力关系曲线,其余相对密实度条件下的规律相似。由图可知,随着竖向压力的增加,试样的曲线走势一致,均表现出一定的压缩性。但在具体的压缩特性上,珊瑚砂与标准砂的表现显著不同。

已有研究资料表明颗粒材料在侧限压缩条件下的变形主要是颗粒滑移和颗粒破碎的过程[137],袁泉等[138]将该过程分为初始压密和颗粒破碎两个阶段。在加载初期,珊瑚砂、标准砂及混合料的压缩变形差异不大,曲线变化区别不明显。随着颗粒所承受应力不断增大,珊瑚砂的颗粒破碎开始加剧,不同试样力学变形的差异逐渐拉大,至加载结束,珊瑚砂的压缩变形量明显大于标准砂压缩变形量。竖向压力为4 MPa时,标准砂的轴向变形约为0.62 mm,珊瑚砂的轴向变形约为1.56 mm,是前者变形的两倍多。标准砂在全应力范围内轴向变形发展较为平稳。

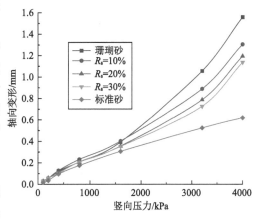

图5.4　轴向变形-竖向压力关系曲线

标准砂的掺入对混合料压缩特性的影响不可忽视,其掺入后变形曲线分布在珊瑚砂与标准砂之间,随着标准砂掺量的不断提高,图5.4中轴向变形曲线逐渐向下移动,向标准砂曲线方向偏移,混合料的轴向变形逐步减小。差异的出现及掺入后的变化规律与珊瑚砂和标准砂颗粒形状、颗粒结构、矿物组成等因素有关[139-140]。由于致密的颗粒结构及石英矿物组成,标准砂的颗粒强度更高,其掺入珊瑚砂中在一定程度上可以降低珊瑚砂的压缩性。

由于试验是在完全侧限条件下进行的,试样仅发生竖向一维变形,因此可通过不同荷载条件下的变形量计算出试样的孔隙比,并绘制压缩变形曲线,计算公式见式(5.1)。

$$e_i = e_0 - (1 + e_0) \frac{\sum \Delta h_i}{h_0} \tag{5.1}$$

式中,e_i为某级荷载作用下的孔隙比;e_0为初始孔隙比,计算公式见式(5.2);$\sum \Delta h_i$为某级荷载作用下试样的竖向总变形量,mm;h_0为试样初始高度,20 mm。

$$e_0 = \frac{G_s(1 + w_0)\rho_w}{\rho} - 1 \tag{5.2}$$

式中,G_s为颗粒相对密度,珊瑚砂为2.739,标准砂为2.658;w_0为含水率,本试验中为10%;ρ为试样密度,g/cm³;ρ_w为水的密度,ρ_w=1 g/cm³。

图5.5为不同相对密实度、不同掺砂率下试样的压缩变形曲线,珊瑚砂、标准砂及混合料均表现出相似的压缩变形特性。试样的孔隙比随着竖向压力的增加不断减小,颗粒间距不断缩小,密实度增加,类似于正常黏性土的压缩曲线,这与张家铭等[2]、Coop[79]的研究结论一致。

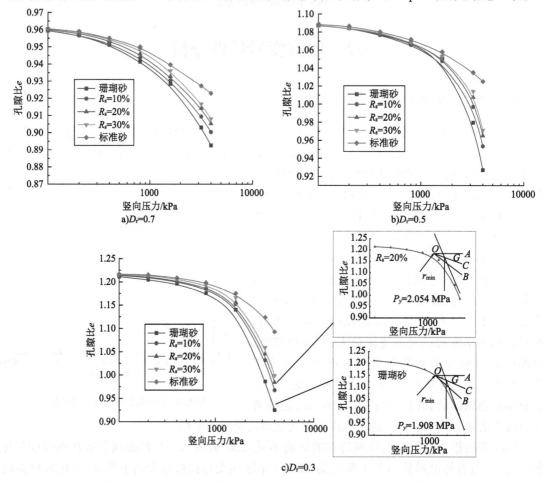

图5.5 不同相对密实度、不同掺砂率条件下的压缩变形曲线

由图5.5可知,标准砂的掺入对珊瑚砂压缩变形产生重要影响。以D_r=0.5为例,R_s=0时,孔隙比变化量Δe为0.163,R_s=10%、20%、30%时,Δe分别为0.136、0.125、0.119。随着掺砂率的提高,加载过程中孔隙比的变化程度逐渐降低。加载前期珊瑚砂发生的压缩变形小于后期发生的压缩变形。以竖向压力2 MPa为界,D_r=0.5时珊瑚砂在0~2 MPa下的孔隙比降低量

$\Delta e_{0\sim2}$=0.057,在2~4 MPa下的孔隙比降低量 $\Delta e_{2\sim4}$=0.106,后者约为前者的两倍,压缩变形仍未收敛。随着掺砂率的增加,孔隙比降低量前后差异逐渐减小,至 R_s=100%时(纯标准砂),$\Delta e_{0\sim2}$=0.040>$\Delta e_{2\sim4}$=0.025,表明压缩变形逐渐稳定,呈收敛趋势,收敛性的差异是高应力状态下颗粒破碎的直接结果。

屈服点通常理解为变形的拐点,是试样压缩变形曲线由平稳发展到突然变化的转折点。对于屈服应力的确定,本节借鉴卡萨格兰德(Casagrande)法,该方法为经验作图法,原理明确,易于操作,但仅适用于压缩曲线变化明显的情况,其基本步骤如下:

(1)在 e-lg$p$ 曲线上确定一点 O,使该点的曲率在曲线上最大,并作该点的水平线 OA 及切线 OB;

(2)作 OA 线及 OB 线的角平分线 OC,其与压缩曲线直线段延长线相交于点 G;

(3)G 点所对应的有效应力即为该条件下试样的屈服应力。

图5.5c)所示为珊瑚砂与 R_s=20%条件下使用Casagrande法确定的屈服应力,其余条件下作图方法类似。由图可知珊瑚砂的屈服应力约为1.9 MPa,随着掺砂率的增加,屈服应力不断提高,如 R_s=20%时,屈服应力提高至2 MPa左右。随着混合料相对密实度的提高,屈服应力亦有上升趋势。如 D_r=0.5时,P_y=2.174 MPa,而 D_r=0.3时,P_y=1.908 MPa,前者屈服应力大于后者。而因作图方法的局限性,考虑到标准砂在4 MPa时仍未呈现正常固结压缩线,无法通过经验方法确定其屈服应力,马启锋等[77]、吕亚茹等[141]均通过高压压缩试验进行测定,认为标准砂的屈服应力 P_y 约为10 MPa。

常用于评价试样压缩性的数值指标有压缩指数、压缩模量等,本节选取压缩模量(E_s)进行计算,其计算公式见式(5.3)。考虑到在压缩变形过程中不同作用机制的影响,为更准确全面评价各组试样的压缩变形能力,在全应力范围(0~4 MPa)内计算 E_s。

$$E_s = \frac{\Delta p}{\Delta h / h_0} \tag{5.3}$$

式中,Δp 为荷载变化量,MPa;Δh 为试样轴向变形量,mm;h_0 为试样初始高度,20 mm。

图5.6为不同相对密实度、不同掺砂率下试样的压缩模量,以 D_r=0.7为例,标准砂的压缩模量为200.75 MPa,珊瑚砂的压缩模量为113.14 MPa,约为标准砂的0.56倍,珊瑚砂的压缩变形能力大于标准砂。不同掺砂率条件下试样的压缩模量分别为127.34 MPa、138.41 MPa、145.32 MPa。随着标准砂掺入量的增加,试样的压缩变形能力逐渐减弱,不同相对密实度条件下压缩模量随掺砂率的变化规律与其相似。

对于压缩指数 C_c 而言,即 e-lg$p$ 曲线直线段的斜率,采用平均斜率表征压缩指数的值,应按式(5.4)计算:

$$C_c = \frac{e_i - e_{i+1}}{\lg p_{i+1} - \lg p_i} \tag{5.4}$$

式中,p_{i+1} 和 p_i 为施加的竖向压力,MPa;e_{i+1} 和 e_i 为试样在对应的竖向压力下变形稳定后的孔隙比。

在图5.5中可取屈服应力之后的直线段,根据式(5.4)计算得到相应的值,如图5.7所示。由图可知,珊瑚砂试样相对密实度越大,压缩指数越小,且随着掺砂率的提高,压缩指数在逐渐减小。这也表明标准砂的掺入逐渐提高了珊瑚砂混合料抵抗外部变形的能力。

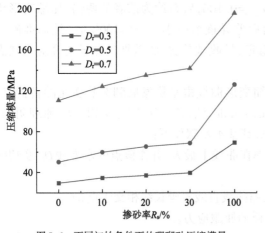

图5.6　不同初始条件下的珊瑚砂压缩模量

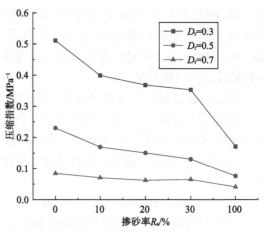

图5.7　不同初始条件下的珊瑚砂压缩指数

5.2.2　相对密实度对压缩变形的影响分析

由于相对密实度的不同,微观结构上颗粒间的距离及接触形式大不相同,对试样压缩性的影响也有明显不同。图5.8为珊瑚砂在不同相对密实度条件下的压缩变形曲线。由图可知,

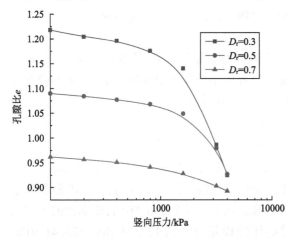

图5.8　不同相对密实度条件下珊瑚砂的
压缩变形曲线

在加载初期,不同初始孔隙比即不同相对密实度下试样的压缩变形差异较大,且相对密实度较小时,加载初期引起的孔隙比变化比相对密实度较高条件下大。如竖向压力增至1.6 MPa时,D_r=0.3时孔隙比总变化量为0.078,而D_r=0.7时仅为0.034。对比分析认为,相较于高相对密实度时,低相对密实度条件下(如D_r=0.3时),试样的密实性较差,整体骨架较为疏松,在荷载的作用下孔隙比降低量较大。而D_r=0.7时,由于试样密实性较好,在加载初期仅部分颗粒发生了位置的调整,试样的压缩变形较小。

当荷载进一步增大时,相对破碎率开始上升,孔隙比进一步下降,到加载后期,相对密实度对压缩变形曲线的影响逐渐减小,颗粒破碎主导和影响试样的压缩变形。在竖向压力为4 MPa时,不同相对密实度试样的曲线斜率逐渐接近,其中D_r=0.3和D_r=0.5两种相对密实度下的压缩变形曲线甚至趋于同一直线。

5.2.3　颗粒级配对压缩变形的影响分析

颗粒级配不同即不同粒组质量比例不同,不同初始级配参数下各粒组的质量取值如表5.2和表5.3所示。在同一不均匀系数下,随着曲率系数的增加,各粒组质量呈现大粒组(粒径1.0~2.0 mm)的增加与小粒组(粒径0.1~0.25 mm)的减少,中间粒组呈不规律变化状态。当曲率系数相同时,随着不均匀系数的增加,粒径0.5~1.0 mm粒组质量的增加与粒径0.1~0.25 mm粒组质量的减少亦呈对应关系,粒径1.0~2.0 mm粒组质量保持不变。

C_u相同、C_c不同时的各粒组质量　　　　　　　　　　　　　　　表5.2

各粒组粒径/mm	C_c				
	0.5	1.0	1.5	2.0	2.5
0.1~0.25	48.41g	26.46g	21.66g	19.76g	18.61g
0.25~0.5	13.38g	24.91g	17.73g	13.50g	11.53g
0.5~1.0	10.91g	16.65g	21.41g	18.42g	14.58g
1.0~2.0	11.06g	15.74g	22.96g	32.08g	39.05g

C_c相同、C_u不同时的各粒组质量　　　　　　　　　　　　　　　表5.3

各粒组粒径/mm	C_u				
	2	4	6	8	10
0.1~0.25	29.00g	21.71g	18.72g	17.31g	16.49g
0.25~0.5	13.15g	17.59g	17.01g	13.71g	10.61g
0.5~1.0	19.03g	21.88g	25.45g	30.15g	34.08g
1.0~2.0	22.58g	22.58g	22.58g	22.58g	22.58g

　　图5.9为不同级配参数条件下珊瑚砂的最终压缩变形量,可明显观察到级配对珊瑚砂压缩变形的影响。随着曲率系数或不均匀系数的增加,珊瑚砂最终压缩变形量呈上升趋势,压缩变形量的差异是粗颗粒含量变化的重要体现。

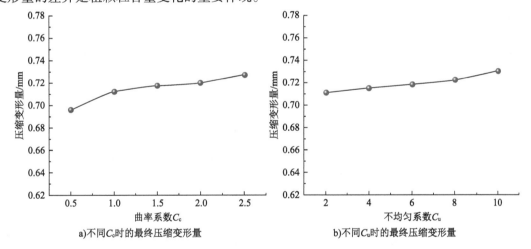

a)不同C_c时的最终压缩变形量　　　　　　　　b)不同C_u时的最终压缩变形量

图5.9　最终压缩变形量与级配参数的关系

　　通常认为在压缩变形过程中,提供承载力的是大、小颗粒间相互咬合互锁形成的颗粒骨架。由于粗颗粒表现出更明显的棱角性,其在荷载作用下压缩变形过程中的颗粒滑移与颗粒破碎中扮演更为重要的角色,而细颗粒直径较小、形状较为浑圆,在荷载作用下发生颗粒破碎与棱角折断等的概率较粗颗粒低。

　　当曲率系数或者不均匀系数较小时,细颗粒占比较大,相较于粗颗粒较多时,其比表面积较大,颗粒间的接触点增加,排列更加紧凑,而该状态下粗颗粒在珊瑚砂中多以悬浮颗粒形式存在,难以相互咬合互锁形成颗粒骨架,即粗颗粒的存在一定程度上会打破砂土的骨架单元。因此,在该种状态下,压缩变形量随粗颗粒含量的降低而减小。

　　随着级配参数的不断增大,粗颗粒含量增多,细颗粒含量减少,至后期粗颗粒的过剩与细颗粒的不足将使得粗颗粒间的孔隙无法得到有效填充,配位数开始降低,颗粒间接触点的减少将使得颗粒周围的有效应力增大,同时粗颗粒较明显的棱角性使得珊瑚砂内部的孔隙增大,颗粒的破碎以及细颗粒未有效填充的孔隙压缩是该阶段珊瑚砂压缩变形量持续增大的重要原因。试验结果表明,珊瑚砂的压缩性受颗粒骨架的影响较大,控制粗颗粒含量是降低珊瑚砂压缩性的有效途径。在珊瑚砂的工程应用中需考虑压缩变形,此时应注意颗粒级配的影响。

5.2.4 卸载回弹变形特性分析

卸载与再加载过程是研究岩土介质压缩变形的重要方式,试验在荷载加至 1.6 MPa 稳定后进行卸载再加载操作。图 5.10 为 $D_r=0.5$ 时珊瑚砂的卸载再加载压缩变形曲线。通过该图可明显观察到珊瑚砂的回弹变形非常小,曲线斜率几乎为 0,变形的可恢复性较差,表明塑性变形是珊瑚砂的主要压缩变形形式,不同初始条件下(图 5.5 和图 5.8)珊瑚砂的卸载再加载曲线走势相似。塑性变形的不可逆性与颗粒破碎的不可恢复性密切相关,且受颗粒间接触方式基本不变的影响,当卸去荷载时,颗粒间的滑移恢复和重排布比较微弱。而再加载曲线与原卸载曲线基本相同,这是由于在同一荷载作用下,在经历原卸载阶段时,接触力已使颗粒发生破碎,不再继续发生新的颗粒破碎过程。当加载至原卸载点后,再加载曲线走势与初始加载曲线一致,并开始新的颗粒破碎与压缩变形过程,珊瑚砂孔隙比继续下降,密实度不断增加。

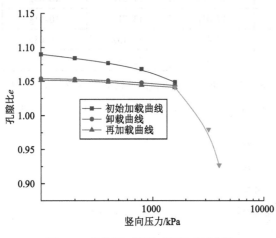

图 5.10　珊瑚砂卸载再加载压缩变形曲线

随着工程实践以及学术研究的不断发展,人们对土的认识更加深入。目前针对压缩变形条件下岩土介质较为常用的数学模型有双线性模型,其加载过程和卸载过程的方程分别见式(5.5)和式(5.6),但该模型同样存在缺点,即未考虑大荷载下孔隙比为负值的情况,且其将弹性变形和塑性变形简单分开,而未考虑塑性变形为渐变过程。

$$e_c = e_0 - \lambda \lg p' \tag{5.5}$$

$$e_s = e_0 - k \lg p' \tag{5.6}$$

借助双线性模型对试验数据进行分析,可得珊瑚砂疏松、中密、密实条件下的膨胀线斜率 k 值分别为 0.0074、0.0089 和 0.0103,k 值随相对密实度的增大而增大,二者呈正相关关系。资料显示,London 黏土、Weald 黏土、Kaolin 黏土的 k 值分别为 0.062、0.035、0.050[4],均大于珊瑚砂的膨胀线斜率,表明压缩变形过程中珊瑚砂的弹性变形分量小于黏土,较大的塑性变形与颗粒破碎的不可恢复性有关。

5.3　颗粒破碎规律分析

5.3.1 掺砂率及竖向压力对颗粒破碎的影响分析

颗粒级配是对混合料剪切前后粒径分布整体变化趋势的有力反映,图 5.11 是终止压力为

4 MPa时不同掺砂率下混合料破碎后的级配曲线与初始级配曲线的对比,分析级配曲线可知,试样在压缩的过程中形成细小颗粒。由该图知,初始级配曲线、R_s=0以及R_s=20%时混合料级配曲线的不均匀系数分别为2.670、2.988和2.968,表明经压缩试验后不同试样的颗粒粒径分布宽度均增大,颗粒级配趋于良好。

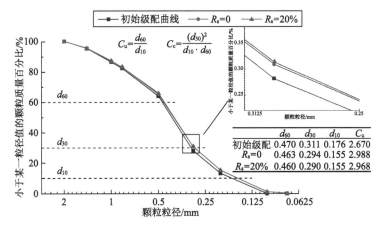

图5.11 不同掺砂率下的颗粒级配曲线

图5.12为不同掺砂率下试样在加载过程中的颗粒破碎曲线,由图可知,随着标准砂的掺入,珊瑚砂的相对破碎率逐渐下降,这一现象与标准砂较高的颗粒强度密切相关。随着竖向压力的增加,颗粒破碎程度不断上升。其中R_s=0(纯珊瑚砂)时,颗粒破碎曲线在2 MPa附近开始快速上升,此拐点与压缩变形曲线中的屈服点相对应,表明当压力施加到2 MPa左右颗粒开始大量破碎,珊瑚砂压缩屈服。珊瑚砂及其混合料的颗粒破碎发展曲线相似,均不稳定,呈不收敛趋势;而随着外荷载的施加,标准砂颗粒破碎曲线发展较为平稳。

5.3.2 相对密实度对颗粒破碎的影响分析

图5.13为终止压力4 MPa下不同相对密实度试样的颗粒破碎分布,由图可知,相对密实度对颗粒破碎具有重要影响。相较于D_r=0.7条件下,D_r=0.3时的珊瑚砂试样更为疏松,颗粒骨架易于压缩,在同一竖向压力作用下颗粒间的相对运动较为容易,颗粒间的相互研磨及棱角的折断等更剧烈,形成的细小颗粒更多。且相对密实度较低时,砂颗粒间的距离较大,颗粒间的接触点较少,配位数较相对密实度高时低,在同一荷载水平下,颗粒所受应力较高,易发生破碎。

5.3.3 加载方式对颗粒破碎的影响分析

表5.4分别为三轴固结排水剪切试验、直剪试验以及侧限高压压缩试验过程中珊瑚砂的颗粒破碎情况。其中三轴固结排水剪切试验中的相对破碎率最高,其次是直剪试验过程中的相对破碎率,而侧限高压压缩试验过程中的相对破碎率最小。图5.14为文献[142]中的颗粒破碎规律分布,亦显示三轴固结排水剪切试验中颗粒的破碎程度较大。

颗粒破碎的差异受试验边界效应的影响,与加载的初始条件及颗粒所处的应力环境密切相关。三轴固结排水剪切试验中颗粒处于部分侧限状态,与完全侧限的压缩试验中颗粒的运动行为区别明显,而直剪试验中颗粒的运动仅限于剪切带附近,颗粒所受约束程度介于侧限高压压缩试验与三轴固结排水剪切试验之间。

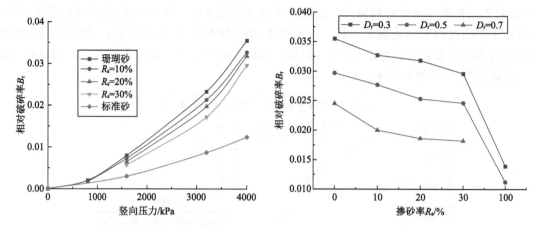

图5.12 不同掺砂率下的相对破碎率　　　　图5.13 不同相对密实度条件下的相对破碎率

在三轴固结排水剪切试验与直剪试验中,颗粒受剪切力的作用,与侧限高压压缩试验中的颗粒相比,颗粒的翻滚、搓动、位置调整等更为剧烈,因此引起的颗粒破碎也更加明显。而相较于直剪试验,三轴固结排水剪切实验中颗粒的运动不仅限于剪切带附近,颗粒可沿径向发生位置的调整,颗粒的活动更为活跃,颗粒破碎更为明显。

不同加载方式下珊瑚砂的相对破碎率 B_r　　　　表5.4

三轴固结排水剪切	围压/kPa	300	500	800	1000
	相对破碎率 B_r	5.9%	8.4%	9.7%	11.0%
直剪	竖向压力/kPa	100	200		400
	相对破碎率 B_r	1.82%	2.56%		3.58%
侧限高压压缩	竖向压力/kPa	800	1600	3200	4000
	相对破碎率 B_r	0.2%	0.8%	2.33%	3.55%

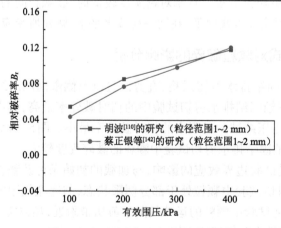

图5.14 相对破碎率 B_r 随围压的变化规律

5.4　本　章　小　结

本章针对不同初始条件下的珊瑚砂及其混合料开展侧限高压压缩试验,围绕掺砂率、相对密实度、颗粒级配等多种因素对试样的压缩变形特性和颗粒破碎规律进行研究,并得出了如下较为有益的结论。

(1)珊瑚砂混合料的压缩性随着掺砂率的提高而逐渐降低,但掺砂率未对压缩变形曲线走势产生明显影响。相同条件下,珊瑚砂的压缩变形大于标准砂,压缩模量约为标准砂的0.56倍。在加载过程中珊瑚砂的竖向变形以塑性变形为主。

(2)由压缩曲线得到的珊瑚砂混合料的屈服应力与颗粒破碎曲线的拐点存在较好的对应关系。珊瑚砂混合料的屈服应力约为1.9 MPa,而标准砂在0~4 MPa范围内未出现明显屈服应力点,标准砂的引入使得混合料试样屈服应力呈上升趋势,增大相对密实度同样对提升屈服应力具有重要作用。

(3)颗粒级配对珊瑚砂的压缩变形具有重要影响。珊瑚砂的压缩变形随粗颗粒含量的增加而增大,控制粗颗粒含量是降低珊瑚砂压缩性的有效途径。

(4)侧限高压压缩试验中,相对破碎率随竖向压力的上升而增大,最高可至3.55%,破碎呈不收敛趋势。标准砂的掺入在一定程度上减少了颗粒破碎的发生,且相对破碎率随掺砂率的提高而降低。而相对密实度在颗粒破碎中的影响亦不可忽视,相对密实度较低时引起的颗粒破碎比相对密实度高条件下更为明显。

(5)加载方式影响颗粒间的受力状态,并对颗粒的破碎构成重要影响。在三轴固结排水剪切试验中珊瑚砂的颗粒破碎远大于在侧限高压压缩试验下的颗粒破碎,而直剪试验过程中引起的颗粒破碎介于两者之间。

第6章 CT-三轴压缩中的珊瑚砂细观结构特征

CT作为一种先进的材料无损检测技术,能对试样的断面进行扫描,并且对其内部结构进行二维、三维重构以及定量测量试样内部的物理参数。目前,CT技术已被广泛运用于岩土工程细观结构演化的研究,并取得许多突出的成果。但早期的研究都是把试样卸载后再进行扫描,这样不仅拍摄不到试样实时的变化,而且循环加载的过程会对试样产生影响。随着仪器设备的改进以及CT技术的发展,更多学者开始对试样的加载过程进行实时扫描,但由于仪器的限制,诸多研究集中在对试样的横断面进行扫描与分析,未开展三轴试样纵向截面的扫描,也未全过程观测剪切带形成演变过程以及剪胀发展变化规律。

本章利用CT机配合自行研制的三轴仪,对珊瑚砂及珊瑚砂-标准砂混合料三轴排水剪切过程进行细观实时动态扫描,观测细观结构演化特征,获得试样纵断面的CT扫描图像,分析试样在三轴压缩过程中体积的变化以及剪切带的产生与发展过程;并结合CT值的变化与筛分试验,分析珊瑚砂及其混合料的破碎机理。研究成果以期为进一步了解珊瑚砂强度形成机制、剪切带形成规律以及颗粒破碎特征提供细观结构试验资料以及理论分析基础[143-144]。

6.1 配 套 设 备

CT-三轴仪已经成为研究土体宏观、微细观多尺度力学特性的重要手段,现有的仪器存在试样尺寸、围压和精度方面的限制,本节主要介绍自行研制的适用于CT扫描的三轴仪的结构和特点。

6.1.1 微型CT扫描三轴试验机

现有的CT扫描三轴试验机大多体积较大,如中国专利CN200620096213. X公开的一种全方位扫描岩土CT三轴仪[145],虽然可以与CT机配合对试样进行全方位的扫描,但是由于其液压千斤顶及多级密封结构的设计,只能水平放置在操作台上,因此虽然选择了非金属材料,但仅在拍摄横向断面时比较方便,而拍摄纵断面较为困难。为了解决现有技术问题,本章试验采用自行开发研制的微型CT扫描三轴试验机[146],如图6.1所示,仪器主要工作参数如表6.1所示,其符合竖向放入CT机床孔洞的尺寸要求,因此在试验过程中可实现对试样的纵向大断面(高度80 mm、宽度39.1 mm)内部结构进行实时量测,得到珊瑚砂试样结构演化的CT图像和CT数据。此外,体积压力控制器将所泵入的纯净水作为施加压力的来源,并通过改变泵入量来控制压力,体积精度较高,可达1 mm³。

体积压力控制器1 mm³(0.001 cm³)的测试精度采用天平验证,先用体积控制软件排出水分至量杯,再用精度0.01 g的天平测定排出水的质量。第一次验证在3.25 kPa内压作用下使得体积压力控制器排水,设定排水量为10000 mm³,达到排水目标后,自动停止排水,称量排水质量为10.00 g;第二次验证在3.25 kPa内压作用下,设定排水量为25000 mm³,达到排水目标后,称量排水质量为 25.00 g。通过两次验证可知,体积压力控制器在排水精度方面能达到 1 mm³(0.001 cm³)的精度要求。

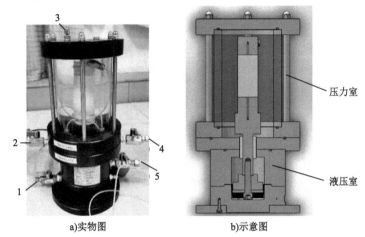

a)实物图　　　　　　　b)示意图

图 6.1　微型 CT 扫描三轴试验机

1-轴压进水出水口;2-通试样顶帽;3-排气孔;4-通试样底座;5-围压进水出水口

微型 CT 扫描三轴试验机主要工作参数　　　　　　　　　　　表 6.1

类目	参数
轴向加载	1 MPa
围压	0 ~ 400 kPa
总位移	30 mm
有效位移	17 mm(顶帽接触上盖时开始计算有效位移)
外形尺寸	最大处直径 200 mm,高(362+14.5)mm(盖形螺母高度)
加载系统	Bishop 加载模式

微型 CT 扫描三轴试验机包括底座(包括中空的液压室)以及设置在底座上中空的压力室(施加轴压和围压)、轴向压力控制系统、围压控制系统、反压控制系统及试样固定系统,其中轴向压力控制系统、围压控制系统和反压控制系统均与体积压力控制器相连,如图 6.2 所示。其特征在于:

(1)底座内设有与压力室连通的中空的液压室。

(2)轴向压力控制系统由滚动隔膜(可减小活塞杆长度及轴向加载摩擦力)、活塞杆、轴压进水出水口、轴压排气口和轴压液压室组成,滚动隔膜和活塞杆均设置在中空压力室内,滚动隔膜穿过活塞杆并与之密封固定相连,并将中空压力室分隔成上、下两个独立密封的围压压力室和轴压压力室;轴压进水出水口、轴压排气口均设置在液压室侧壁并使轴压液压室与外界连通。

(3)围压控制系统由围压进水出水口、围压排气孔和围压液压室组成,围压液压室与压力室连通,围压进水出水口设置在围压液压室的侧壁上,围压排气孔设置在压力室顶部使之与外界连通。

(4)反压控制系统由通试样顶帽水管和通试样底座水管组成。通试样顶帽水管穿过试样顶帽内部到达其下表面,通试样底座水管穿过试样底座内部到达其上表面;通试样顶帽水管的出口和通试样底座水管的出口均在压力室的轴向中心线上。

(5)试样固定系统由设置在上压力室内的试样帽和试样底座组成,其中试样帽与压力室顶部相连,试样底座设置在活塞杆的顶部,由活塞杆带动试样底座上下移动。

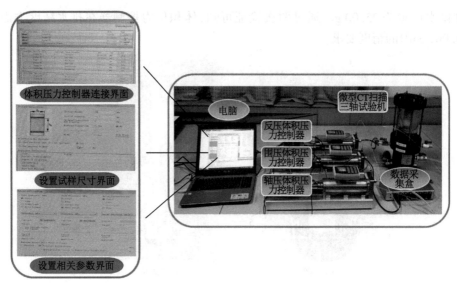

图6.2　微型CT扫描三轴试验机与体积压力控制器相连接

与传统的三轴仪相比,本试验机有以下不同之处。首先,本试验机采用聚醚醚酮(PEEK)材料制作压力室顶盖及底座,采用亚克力制作压力室侧壁,并取消反力架,试样帽直接与压力室的顶部接触。其次,传统的三轴仪轴向压力由电机控制,为减小X射线扫描成像过程中金属伪影造成的影响,本试验机轴向压力控制系统由滚动隔膜、轴压进水出水口、轴压排气口等组成,滚动隔膜固定在压力室的下部,并将压力室分隔成上、下两个独立密封的围压压力室与轴压压力室。当试样进行三轴压缩时,通过上压力室的进水口注水施加围压,同时通过下压力室的进水口注水,使得滚动隔膜膨胀从而带动活塞杆向上运动进而施加轴压,且围压与轴压的压力变化由体积压力控制器的传感器测得。最后,传统的三轴仪施加轴压时,电机驱动压力室整体上升,体积变化是通过压力室内水体积的变化测得,而本试验机在施加轴压时,试样的底座会上升(底座处于压力室内),占据了围压压力室的部分体积,因此试样的体积变化为围压压力室内水的体积变化减去底座的体积变化,具体计算公式见式(6.1):

$$\Delta V = (V_{w后} - V_{w前}) - \frac{Sv\Delta t}{60} \tag{6.1}$$

式中,V_w为围压体积压力控制器的体积,mm^3,下标"前""后"是指试验开始与结束时的围压体积压力控制器的状态;S为底座的底面积,$1200 \ mm^2$;v为压缩速度,mm/min;Δt为时间,s。

本试验采用西门子SOMATOM Ccope型CT机进行配套,如图6.3所示。其主要技术参数如下:探测器24排,16断层;最大X射线球管电流为345 mA,最高X射线球管电压为130 kV。本章中所列的CT数均值ME和方差SD用RadiAnt DICOM Viewer及Onis软件进行量测,通过软件可以对CT扫描图像上的任意像素点对应的CT值进行读取,并且可以对分段长度、圆/椭圆及其面积、角度值(标准角度和科布角度)等进行量测。CT机扫描参数如表6.2所示。

另外,分析图片时需要用到窗宽和窗位两个参数。窗宽是指CT图像上指定显示的CT值范围,在此范围内被扫描的物体按照其物质密度高低从白到黑划分16个灰阶以供观察比较。窗宽的宽窄会对CT图像的清晰度高低及对比度高低造成影响:窄的窗宽显示较小的CT值范围,更适于观察物质密度接近的物体;宽的窗宽则呈现出相反的效果,因此更适于观察物质密度差别较大的物体。窗位也称为窗中心，是指窗宽范围内上限与下限对应的CT值的平均值或中心值。一般对物体细微结构进行精确观察时，会在扫描过程中将CT值作为中心，即窗位。窗位低则所得图像呈白色，窗位高则图像呈黑色。综上，在实际CT扫描过程中需要兼顾被扫描物体的结构以设定适当的窗宽及窗位，从而获得清晰的CT扫描图像。结合已有的针对土的CT扫描结果所进行的分析[147-148]，为使对试样在加载过程中内部结构的变化达到最佳的观察效果，微型CT三轴图像的窗宽固定为1500 Hu，窗位固定为1400 Hu。

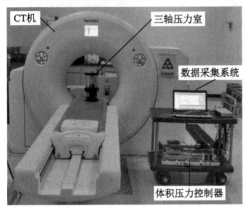

a)CT机全景

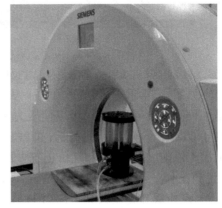

b)CT机孔洞

图6.3　试验用CT机

CT机扫描参数　　　　　　　　　　　　　　　　　　　　　　表6.2

参数	不间断扫描数目	最长扫描时间/s	扫描长度/mm	常规应用螺距	电压/kV	电流/mA	时间/s	层厚/mm
数值	99	100	1530	0.4~2.0	130	305	3	2

6.1.2　高压CT-三轴试验仪

如前文所述，微型CT扫描三轴试验机能够解决纵向大断面扫描问题，压力室沿竖直方向坐落，能够扫描整个纵向大断面发展情况，但微型CT扫描三轴试验机的压力室顶盖及底座为PEEK材料制作，其受到400 kPa以上围压时，压力室结构容易被撑坏，因此，需寻求一种能够解决高围压和大竖向荷载的压力室。基于常规三轴试样的标准，研制出一种用于土体宏细观力学特性研究的高压三轴试验仪，主要研制思路如下：①仪器选材满足强度、轻质和透光性要求，既要满足较高的围压（0~4 MPa）和轴向加载条件，又要易于搬运至工业CT扫描系统，同时要保证CT扫描图像清晰；②功能满足传统三轴试验仪的全部要求，优化轴向加载系统，消除传统轴力加载系统加载反力架位于压力室外部对扫描图像清晰度的不利影响；③仪器采用模块组合结构，操作简单，安装方便，试验结果可靠；④造价合理，科研人员经费压力小；⑤适用性强，便于对各类工程土体进行宏细观结构的观测。

新研制的高压CT-三轴试验仪采用模块结构，如图6.4所示，主要由压力室、轴压控制系统、围压控制系统、反压控制系统、孔压控制系统、数据采集与控制系统和CT扫描系统等7部分组成。三轴试验装置如图6.4a)所示，用于CT扫描的CT机如图6.4b)所示，CT机由西门子公司生产，与纵截面扫描CT-三轴仪所用CT机一致。

a)三轴试验装置

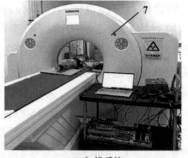

b)CT扫描系统

图6.4　CT-三轴试验仪系统照片

1-压力室;2-轴压控制系统;3-围压控制系统;4-反压控制系统;5-孔压控制系统;6-数据采集与控制系统;7-CT扫描系统

（1）压力室,包括承压筒、底座和第一法兰,如图6.5所示。承压筒制造材料为航空铝合金7075,是一种高强度轻型材料,可以使压力室既保持良好的结构强度,也具有良好的X射线接受度,利于CT成像。对比其他材料,如PEEK和亚克力,航空铝合金7075在X射线穿透力、材料强度、加工性能、螺纹强度和性价比等方面具有明显优势,在CT机扫描时可使X射线穿透以便清晰观测试样。承压筒壁厚1.75 cm,高22.5 cm,能够承受4 MPa的围压。底座设置进水阀、围压阀、反压阀和孔压阀等4个阀门,与一般密封圈设置在底座与承压筒壁底不同,为达到更好的密封性以及缩小压力室的体积,密封圈设置于底座内侧,与承压筒内壁接触。第一法兰通过4根螺杆连接压力室上部和轴压加载系统,根据试验需要在侧部设置了排水阀门。

a)底座

b)承压筒（俯视）

图6.5　压力室底座和承压筒

（2）轴压控制系统,包括步进电机、减速机、升降杆、力传感器和加载杆等,主要结构如图6.6所示。与传统的三轴仪通过反力架控制轴压和英国GDS三轴系统通过底座升降控制轴压不同,该装置轴向压力通过步进电机经加载杆、试样帽传递给试样,最大轴向加载力可达30 kN,加载速率为0.0001~7.5 mm/min。轴向压力具体加载方式为:利用步进电机带动减速机转动,通过升降杆等传动部分,利用丝杠模组将减速机的旋转运动转换为直线运动,最后通过与加载杆直接连接的力传感器,实时采集力的数据。考虑到与CT机配套使用,通过与加载架和Bishop加载模式的对比,发现这种加载模式加载力高、稳定性好、精度高、结构复杂程度低,同时能对轴向位移进行精确测量和控制。轴压控制系统直接设置在压力室的顶部,意味着压力室外部并无加载架的遮挡,从而利于X射线的穿透,成像效果更佳,利于扩大试样尺寸至常规三轴试样的标准尺寸或更大尺寸。轴向压力和位移可通过控制键盘和计算机软件设置自动控制,实现恒定力控制、恒定位移控制、速度控制、力曲线控制、位移曲线控制、标定偏移、力界限设定和位移界限设定等。

加载杆与压力室接触的孔洞内设置了密封圈,防止加载过程中水被压出。试样安装后要使加载杆与试样帽凹槽紧密接触,再进行注水,否则会导致围压加载时轴压出现压力值。轴压加载部件通过数据线与控制采集箱相连,剪切之前需要把力传感器压力值清零,确保采集系统记录的为偏应力值。轴压控制系统的优点有:①采用步进电机,控制精确,反应迅速;②无反力架结构,结构简单,且便于CT扫描;③采用成熟的丝杠模组,设备运行平缓且稳定;④力传感器与加载杆直接连接,使得采集的力更精确,且反应更迅速。

（3）围压控制系统,包括围压体积压力控制器和围压压力管道。围压体积压力控制器由西安康拓力仪器设备有限公司生产,包括步进电机、减速机、丝杆和缸体等,如图6.7所示。该仪器通过步进电机与减速机提供动力,丝杆模组将旋转运动转化为直线运动,推动与丝杆相连的活塞在缸体中运动,从而提供压力。试验前要使体积压力控制器内水的容积在60%左右,从而保持围压的稳定。控制键盘允许围压体积压力控制器在不需要连接电脑（PC）的情况下独立操作,它由一个15键的键盘和一个彩色液晶显示屏（LCD）组成。围压体积压力控制器具有自动的压力和体积过载保

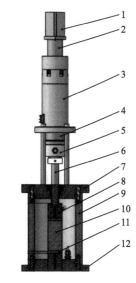

图6.6　压力室与轴压加载部件结构示意图

1-步进电机;2-减速机;3-加载部分;4-升降杆;5-力传感器;6-加载杆;7-上法兰;8-试样帽;9-承压筒;10-假样;11-透水板;12-压力室底座

护功能,可以使用不同的介质,包括水、气体、油等,配合外部电磁单向阀可完成补水功能。该控制器可设置的最大围压为4 MPa,围压的加载速率可以通过键盘和软件调节控制。

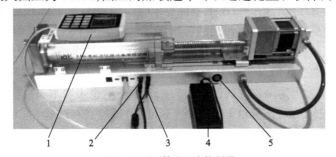

图6.7　围压体积压力控制器

1-控制键盘;2-USB数据线;3-电源线;4-电源适配器;5-电源开关按钮

（4）反压控制系统,包括反压体积压力控制器和反压压力管道。反压控制所采用的体积压力控制器与围压一致,该控制器的最大压力值为4 MPa,试样固结前可通过施加反压,对试样进行反压饱和。该控制器是一个理想的反压源,根据反压体积压力控制器的体积变化,可以确定试样在试验过程中的排水量。

（5）孔压控制系统,包括孔压传感器、数据线和孔压数据采集箱。孔压数据采集箱通过USB数据线与压力室孔压阀上的孔压传感器相连,测得的孔压数据由采集箱传递给电脑。

（6）数据采集与控制系统,是指通过数据线连接数据转换器与轴压、围压、反压、孔压控制系统,使电脑记录试验过程中的压力和体积变化。安装 GeoSmartLab 软件后,可以通过连接控制各系统,设置相关试验参数和试验阶段,对试样进行反压饱和、*B*值检测、固结和剪切等一系列

操作。该软件还可对采集的数据进行计算处理和根据用户需求进行各类图像绘制。

（7）CT扫描系统。该设备可以实时观测土样加载过程中的内部结构演化并成像，也可静态扫描常规试样。该设备的最大X线球管电流为345 mA，额定X线电压为130 kV；扫描长度可达1530 mm，扫描层厚0.6～19.2 mm，最长扫描时间100 s；重建层厚0.6～10 mm，重建视野5～50 cm。试验过程中可将三轴加载装置平放于CT机上，从而对土样进行细观结构的无损检测。

该高压CT-三轴试验仪与现有的CT-三轴仪相比，具有以下特点：

（1）仪器体积小（高81 cm，底座直径18 cm）、质量轻，能轻便地放置于工业CT扫描设备内，不需要对CT机进行改装，不影响CT装备的其他功能。

（2）压力室材料为航空铝合金7075，该材料高强质轻、X射线穿透力强，优化的轴向加载系统压力室外侧无加载反力架遮挡；既保证了高围压高轴向加载的实现，又确保扫描图像的清晰度，且可在加载过程中对试样整体进行扫描。

（3）该仪器所采用的控制器的压力控制精度≤0.1%满量程，压力测量分辨率为1 kPa，体积测量分辨率为1 mm³，位移传感器的分辨率低于0.01 mm，重复精度小于0.01 mm。与相同精度的英国GDS三轴控制器相比，造价更合理，两者其他功能基本相似，例如当压力或体积超过量程时，两者都带有自动保护功能。

（4）试验中既可通过控制器上的键盘又可通过电脑上的控制软件对试样进行参数设置和加载控制，配置的试验数据采集和处理软件功能强大，可对采集的数据进行计算并绘制相应曲线。

（5）试验制样操作简单，装样步骤和传统三轴试验一致。该三轴试验仪试样直径39.1 mm，高80 mm，根据《土工试验方法标准》（GB/T 50123—2019），适用于粒径小于3.91 mm的土体，适用范围较广，可用于砾土、砂土、粉土和黏土。

（6）该仪器的荷载传感器的最大量程为30 kN，即30 t。可在试验要求范围内测定最大不超过30 kN的荷载。本项目在最初提报技术指标要求时量程为7 kN，在本试验设备设计与加工时，考虑到对高压状态的受力状态进行分析，故而增加了量程为30 kN的传感器，能够达到7 kN的指标要求。为了验证能达到7 kN的指标要求，通过标定试验对技术指标进行反馈。首先将传感器放置于反力架上，预计施加7 kN的反力后，仪表显示705.2 kg。由于施加荷载7 kN为手动增加反力，故而本次佐证试验人为增加的荷载约为7.052 kN。这也表明本项目能达到指标要求。

该仪器可进行三轴压缩试验[UU（不固结不排水）试验、CU试验和CD试验]，同时还可以进行不同应力路径的三轴试验。通过与CT扫描设备结合，该仪器不仅可以获取土样的宏观力学信息，还可以观测土样微细观结构的演化，从而对土体进行多尺度的研究。该高压CT-三轴试验仪可用于深地深海、高土石坝心墙、核废物深地处置等处于高压下的土体材料微细观结构的研究，成功满足了各种工程土体的研究需求，拓宽了研究领域。经过扫描测试，该仪器的扫描图像清晰，数据可靠，仪器装置经济合理，适用于岩土材料的宏细观力学特性研究。

6.2　方　　法

6.2.1　试验方案

为了更好地观测珊瑚砂细观结构特征，试验采用了微型CT-三轴方案以及高压CT-三轴方案对珊瑚砂进行不同的三轴压缩试验。利用CT机对珊瑚砂三轴压缩过程进行细观实时动态扫描,再结合CT值的变化与筛分试验,分析珊瑚砂及其混合料的破碎机理。

低压状态下,试验方案如表6.3所示,采用了第一批式样。利用微型CT扫描三轴试验机共进行了6个珊瑚砂及其标准砂混合料试样的三轴不固结不排水剪切试验,试样均为饱和且相对密实度 D_r=0.5,围压为50 kPa,1#试样为珊瑚砂试样,2#~5#为珊瑚砂-标准砂混合料试样,6#为标准砂试样,1#~6#试样掺砂率 R_s 分别对应0、20%、40%、60%、80%、100%。

利用研制的全截面扫描高压CT-三轴试验仪,对珊瑚砂进行固结不排水试验和固结排水试验(第二批试样),同时在加载过程中对试样进行CT扫描,观察其内部结构变化。试验方案如表6.4所示。试验所用珊瑚砂与第2章中一致,烘干后筛分出粒径1~2 mm和粒径0.5~1 mm两个粒组。为了便于区分颗粒和观察高压下加载过程中的颗粒破碎等细观结构变化,对粒径1~2 mm、相对密实度为0.5的试样进行围压1.5 MPa的固结不排水试验及围压100 kPa、200 kPa和400 kPa的固结排水试验;为使试样出现剪切带,对粒径0.5~1 mm、相对密实度为0.75的试样进行围压100 kPa的固结排水试验。

微型CT-三轴压缩试验方案　　　　　　　　　　　　　　　　　　　表6.3

编号	材料	围压/kPa
1#	珊瑚砂	50
2#	掺砂率20%混合砂	50
3#	掺砂率40%混合砂	50
4#	掺砂率60%混合砂	50
5#	掺砂率80%混合砂	50
6#	标准砂	50

高压CT-三轴压缩试验方案　　　　　　　　　　　　　　　　　　　表6.4

编号	材料	围压/MPa	试验类型	相对密实度	粒径/mm
7#	珊瑚砂	1.5	CU	0.5	0.5~1
8#		400	CD	0.75	1~2
9#		200	CD	0.75	1~2
10#		100	CD	0.75	1~2

6.2.2　试样制备

对纵截面扫描CT-三轴仪,结合实验室实际条件,对试样进行抽真空饱和,将压制好的试样连同制样模具一起放入注满水的抽真空饱和缸中,模具上、下部各垫一块透水石,连续抽真空4 h,再将模具放入冷冻室中冷冻2 h,待试样制好后,经脱模并装样,如图6.8所示。为避免因乳胶膜密闭性差导致有效围压降低甚至失效,装样时,使用两层密封橡胶圈嵌套于乳胶膜上、下两侧,分两道固定乳胶膜与底座连接处及顶帽连接处,使试样处于密闭状态;最后自然溶解8 h。

珊瑚砂试样装好后加预压20 kPa,而后利用反压进行渗透饱和。当渗透饱和系数 B>0.95时,认为试样达到饱和。达到要求的饱和度后,开始固结试样,至反压体积变化曲线斜率近乎水平后结束。

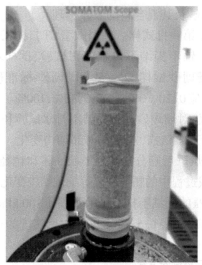

a)微型CT-三轴试验试样　　　　　　　　b)高压CT-三轴试验试样

图6.8　完成装样后的三轴试样

6.2.3　试验操作规定

在试样饱和处理并安装完成后,进行三轴压缩试验操作。首先将压力室的进水阀门与水泵相连,打开水泵将蒸馏水注入压力室腔体中,打开压力室上部的排气口,确保腔体内的所有空气都排出,避免气泡对试验结果产生影响。而后调整轴压的体积压力控制器,使得试样底座缓缓上升,直至试样帽与压力室上壁微接触。最后根据试验方案的参数在仪器软件的控制界面输入围压及剪切速率,点击开始即可进行试验。仪器开始采集试样的主应力差、轴向应变、体积变形等基本数据,并以图形的形式呈现。待试验完成后,卸下围压,手动将压力室内的水排出并拆下压力室,将试验后的试样取出并筛分,得到颗粒破碎规律。

装样或固结完成后,将装置放平于CT扫描设备上,进行首次扫描。第一次扫描结束后,根据《土工试验方法标准》(GB/T 50123—2019)设置不固结不排水剪切速率为0.1 mm/min,固结不排水试验剪切速率为0.08 mm/min,固结排水试验剪切速率为0.01 mm/min。

对于纵截面扫描的CT-三轴试样,拍摄时设置竖向应变每增加1%拍摄一次,即每8 min拍摄一次。扫描图像为纵向截面的中间区域,扫描间隔0.75 mm,共扫描6个试样的纵向中间界面,每个试样获得16个截面图像,共计获得96张图片。对于横截面扫描的高压CT-三轴试样,每隔3%的轴向应变进行一次扫描,直到轴向应变达到15%。整个试验过程中试样一直处于加载过程中,扫描之前为确保X射线光源对准试样,需要移动板床从而调整装置的位置。扫描图像为整个试样的切片,扫描间隔0.75 mm,每次扫描约获得120张图片。

6.3　微型CT-三轴压缩试验分析

6.3.1　变形和强度特性分析

不同掺砂率条件下的试样在外部荷载作用下,呈现出不同的强度特性和破坏特点。图6.9

为不同掺砂率(R_s=0、R_s=20%、R_s=40%、R_s=60%、R_s=80%、R_s=100%)和围压为 50 kPa 条件下偏应力-轴向应变关系曲线。

由图 6.9 可知,不同掺砂率条件下的试样偏应力-轴向应变关系曲线均出现了峰值,呈应变软化特征。若试样在达到极限滑动摩擦强度之前,颗粒发生破碎,颗粒的滑移导致试样强度下降,试样发生破坏,使得应力-应变曲线呈软化破坏特征。随着掺砂率 R_s 的增加,峰值强度与残余强度均有所降低,且偏应力达到峰值时所对应的轴向应变逐渐降低,剪切模量增大,导致该现象的原因是标准砂与珊瑚砂具有不同的颗粒特性。当初始

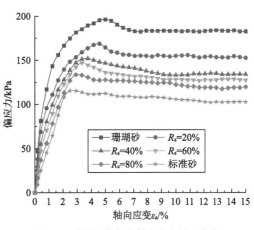

图6.9　试样的偏应力-轴向应变关系曲线

条件相同时,珊瑚砂的整体结构更为疏松,容易被压缩,而标准砂的掺入使得试样整体的刚度有所提高。

珊瑚砂及其混合料是以点接触为主的单颗粒结构,颗粒间相互咬合,随着受力的增加,剪切带附近的土颗粒会进行位置的调整(错动、翻滚等),从而引起剪胀和剪缩。图 6.10 为不同掺砂率(R_s=0、R_s=20%、R_s=40%、R_s=60%、R_s=80% 和 R_s=100%)和围压为 50 kPa 条件下剪切过程中的体应变-轴向应变关系曲线。

由图 6.10 可知,珊瑚砂及其混合料的体应变-轴向应变关系曲线出现了明显的峰值,呈现出剪缩-剪胀的关系。剪切前期,试样被压缩,整体体积变小,而后随着轴向应变的增大,试样则出现了明显的剪胀现象,此时的试样一直处于剪胀发展趋势。随着掺砂率的增加,体积变化趋势也发生改变。随着标准砂所占质量百分比的提高,混合料整体的剪胀趋势逐渐变得显著。分析认为掺砂率影响试样体积变化的主要原因是颗粒破碎及形状。由于标准砂的颗粒形状更规则,颗粒间咬合程度更低,剪切的过程中颗粒更容易调整位置及发生剪胀。且标准砂的颗粒强度要比珊瑚砂大,在剪切过程中颗粒破碎较少,颗粒间的孔隙无法进行填充,更容易发生剪胀。

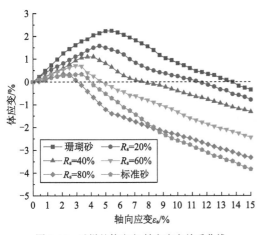

图6.10　试样的体应变-轴向应变关系曲线

6.3.2　颗粒破碎规律分析

三轴固结排水剪切过程中,试样在固结和剪切过程中均存在颗粒破碎,本次所测的颗粒破碎为两个过程颗粒破碎的总和。图 6.11 为试验前后的颗粒级配曲线,由图可知颗粒级配曲线会根据掺砂率的增加,逐渐向左下方移动,说明随着掺砂率的增加,试验后试样中的小颗粒数量和颗粒破碎不断减少。为了更直观地展示相对破碎率与掺砂率的关系,图 6.12 给出了不同掺砂率下的相对破碎率 B_r,由图可知相对破碎率与掺砂率呈负相关。

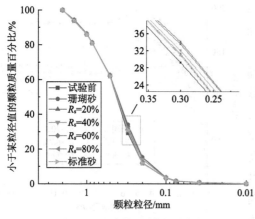

图 6.11　试验前后颗粒级配曲线

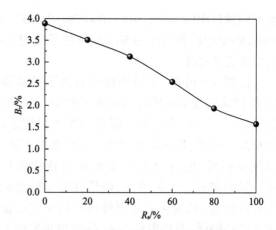

图 6.12　混合料相对破碎率 B_r 与掺砂率关系

这是由于剪切过程中,颗粒主要发生滑动与滚动。试验开始时,两端颗粒逐渐向中部移动,试样整体产生轴向压缩,颗粒的接触会更加紧密,由于标准砂的外形不规则、无棱角且强度高,在此过程中,颗粒的棱角不易发生断裂。当内部颗粒被挤密后,颗粒无法产生位移,在外力的作用下,颗粒产生剪切破坏,由于标准砂颗粒形状较为规则,剪切过程中起到一定的润滑作用,故颗粒破碎减少。因此随着标准砂质量引入的增大,破碎颗粒基数会降低,相对破碎率与掺砂率呈负相关。

6.3.3　纵断面结构动态演化分析

6.3.3.1　细观结构演化特征

颗粒材料的剪胀与剪切带密切相关,已有研究[149]表明剪切带促进剪胀现象的发生,但现有研究始终无法直观得到三轴压缩过程中纵向断面发展,并合理给出剪切带对剪胀性的影响机制。而本节采用CT-三轴试验,实时观测试样纵向大断面的细观结构变化规律,能够为进一步认识颗粒材料剪胀机制提供研究基础。为了更直观地表示试样体积随轴向应变的变化趋势,图 6.13 为剪切过程中试样最大纵截面随轴向应变变化的图片。

由图 6.13a)可知,初始状态的珊瑚砂试样整体均匀性较差,内部存在个别孔隙,但无明显的裂纹产生。随着剪切的进行,一直到轴向应变为3%时,在围压和轴压的作用下颗粒发生相对滑动,使得试样逐渐变得密实,孔隙被压缩,颗粒之间的接触变得更加紧密,宏观上表现为体积的减小。轴向应变为4%时,左上部开始出现微裂纹;轴向应变为5%时,试样的颗粒已经完全咬合,随着轴向应变的持续增加,试样开始微微鼓出,证明颗粒在外力的作用下开始向两端移动,试样在轴向应变为4%~5%时已经达到峰值强度。轴向应变为10%时,试样侧向鼓出程度进一步变大;当轴向应变达到15%时,试样整体呈圆鼓状。由于试样两端约束,颗粒只能向试样中部进行旋转运动,因此试样颗粒的侧向运动位移由中部向两端递减,宏观上表现为试样中部逐渐鼓起,整体体积变大,呈圆鼓状。由图 6.13b)可知,掺砂率为20%的试样破坏形式与珊瑚砂相似,均无剪切带产生,但与珊瑚砂不同的是,掺砂率为20%的试样开始向外鼓出时的轴向应变(为3%)比珊瑚砂要小。

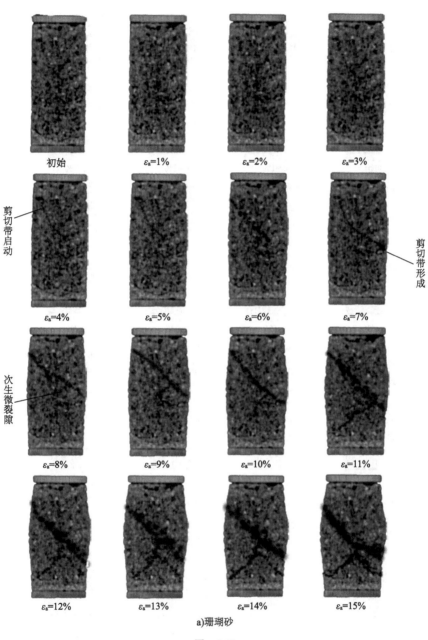

a)珊瑚砂

图 6.13

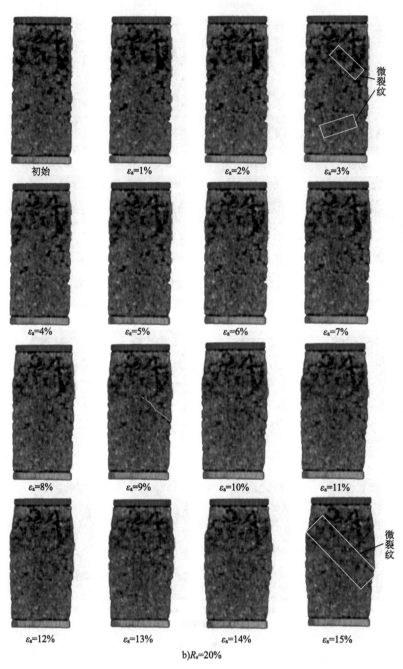

初始　　　　　$\varepsilon_a=1\%$　　　　　$\varepsilon_a=2\%$　　　　　$\varepsilon_a=3\%$

$\varepsilon_a=4\%$　　　　　$\varepsilon_a=5\%$　　　　　$\varepsilon_a=6\%$　　　　　$\varepsilon_a=7\%$

$\varepsilon_a=8\%$　　　　　$\varepsilon_a=9\%$　　　　　$\varepsilon_a=10\%$　　　　　$\varepsilon_a=11\%$

$\varepsilon_a=12\%$　　　　$\varepsilon_a=13\%$　　　　$\varepsilon_a=14\%$　　　　$\varepsilon_a=15\%$

微裂纹

b)$R_s=20\%$

图　6.13

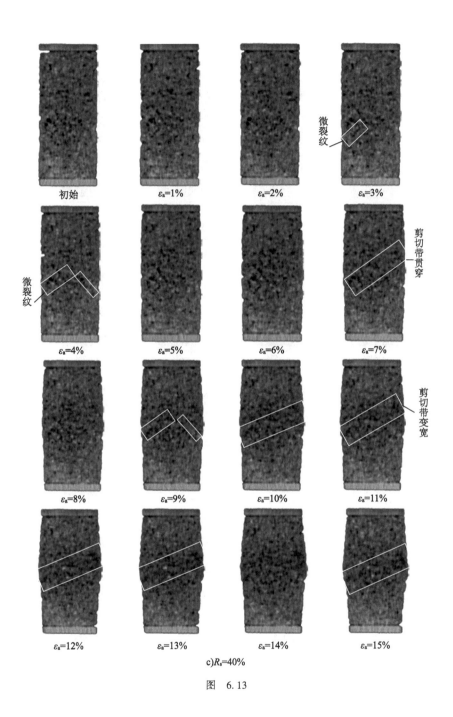

c)R_s=40%

图　6.13

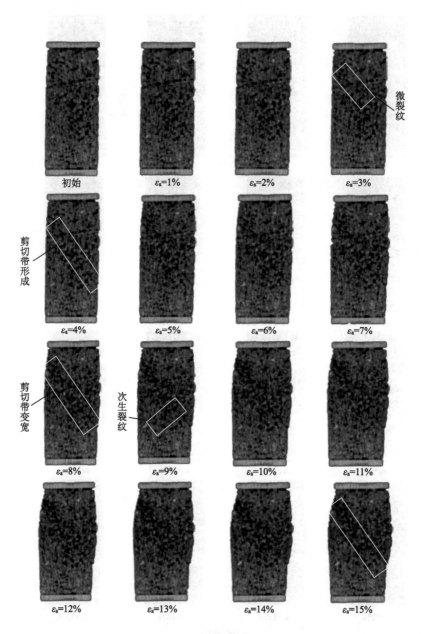

初始　　　　$\varepsilon_a=1\%$　　　　$\varepsilon_a=2\%$　　　　$\varepsilon_a=3\%$　微裂纹

剪切带形成

$\varepsilon_a=4\%$　　　　$\varepsilon_a=5\%$　　　　$\varepsilon_a=6\%$　　　　$\varepsilon_a=7\%$

剪切带变宽　　　　次生裂纹

$\varepsilon_a=8\%$　　　　$\varepsilon_a=9\%$　　　　$\varepsilon_a=10\%$　　　　$\varepsilon_a=11\%$

$\varepsilon_a=12\%$　　　　$\varepsilon_a=13\%$　　　　$\varepsilon_a=14\%$　　　　$\varepsilon_a=15\%$

d)$R_a=60\%$

图　6.13

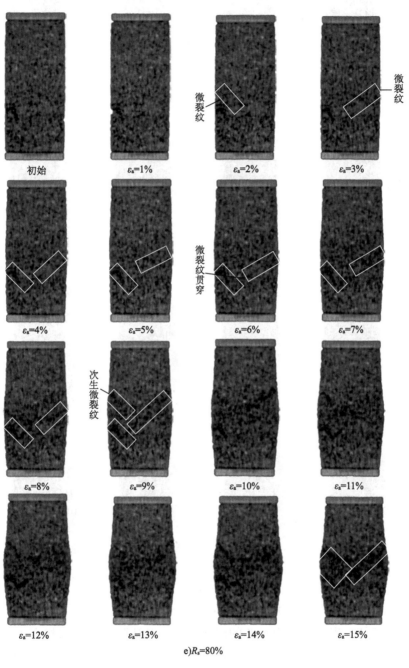

e)R_s=80%

图　6.13

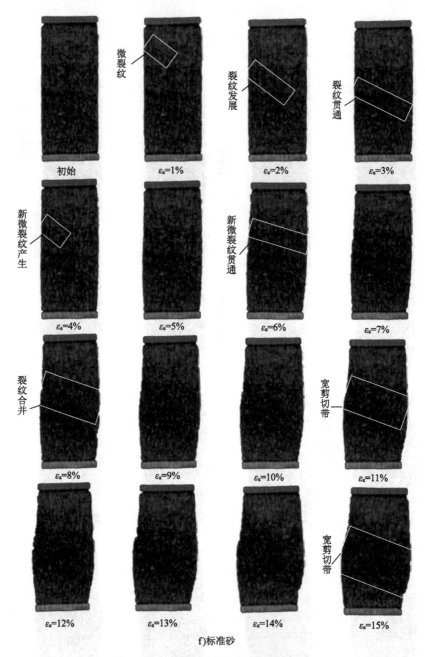

f)标准砂

图 6.13 $1^{\#} \sim 6^{\#}$ 试样最大纵截面随轴向应变变化

由图 6.13c)可知,当掺砂率为 40% 的试样轴向应变达到 3% 时,试样左下部出现了微裂纹,剪切带开始启动,证明此时试样已经被完全压缩,随着剪切的进行,颗粒会发生旋转使得微裂纹逐渐延长,证明试样在轴向应变为 3% ~ 4% 时已经达到峰值强度。轴向应变达到 4% 时,试样右下部逐步出现微裂纹;当轴向应变为 7% 时,剪切带贯穿;轴向应变为 10% 时,试样侧向鼓出程度进一步变大;当轴向应变达到 15% 时,试样右侧中部鼓出程度很大,可以很明显观察到剪切带。由图 6.13d) ~ f)可知 R_s=60%、80% 的混合试样及标准砂试样被完全压缩且开始出现微裂纹时的轴向应变分别为 3%、2%、1%;不同掺砂率试样体积膨胀对应的轴向应变分别为

3%、2%～3%、2%,证明 R_s=60%、80% 的混合料试样及标准砂试样分别在轴向应变为 3%、2%～3%、2% 时已经达到峰值强度,且掺砂率越高的试样在剪切面上滑动的位移越大,宏观上表现为体积膨胀越大,这与试验所得出的应力-应变曲线相一致。由于剪切带的形成部位是随机的, R_s=80% 的试样剪切带的方向与扫描面是垂直的,因此扫描得出的纵截面剪切带的走向与其余试样不相符。剪切结束后将仪器旋转 90° 补充拍摄剪切后的剪切带(图 6.14 为剪切完成后剪切带与实物图),其发展趋势与其余试样一致。综上可知,随着掺砂率的增加,试样被压缩、剪切带启动及完全形成的时间变得更短(掺砂率小于 40% 的试样甚至不会出现剪切带),且体积膨胀更大。

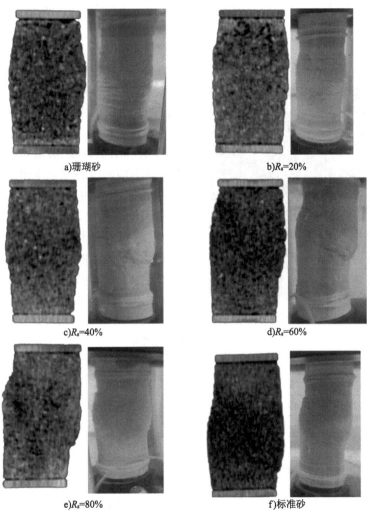

a)珊瑚砂　　　　　　　　　　b)R_s=20%

c)R_s=40%　　　　　　　　　　d)R_s=60%

e)R_s=80%　　　　　　　　　　f)标准砂

图 6.14　剪切完成后剪切带与实物图

造成这种现象的原因跟珊瑚砂与标准砂的物理力学性质不同有关,珊瑚砂颗粒形状不规则,棱角较多,且容易破碎,相反,标准砂形状多为圆形或类似圆形,颗粒外表更加光滑且莫氏硬度较高(约为 7),不易破碎。在压缩过程中,珊瑚砂颗粒在外力的作用下发生滑动,使颗粒接触变得更加紧密,当颗粒完全咬合时,持续的剪切使颗粒的棱角破碎成更小的颗粒,填充在孔隙中,试样被进一步压缩从而更加密实;而当标准砂颗粒完全接触后,颗粒的滑动被限制,且由于颗粒不易破碎,试样无法被进一步压缩,所以试样被压缩的时间变得更短。在试样完全被压缩后,颗粒开始滚动,此时达到峰值强度,因此掺砂率越高的试样达到峰值强度所对应的轴向应变越小。剪切带主要由颗粒间的相互转动形成,由于标准砂颗粒之间的滑动摩擦和咬合摩擦均比珊瑚砂要小,掺砂率越小的试样颗粒间的转动越小,因此掺砂率小的试样不会出现剪切带。掺砂率大的试样形成剪切带后,在相同的轴向应变下,掺砂率越高,试样沿剪切带滑动的距离越长,宏观上表现为体积膨胀越大。

6.3.3.2 细观数据与宏观表象的联系

本节通过式(6.2)将CT机上得到纵断面上每个物质点的吸收系数 μ 转换成CT数:

$$CT数 = 1000 \times \frac{\mu_{该物质} - \mu_{H_2O}}{\mu_{H_2O}} \tag{6.2}$$

式中,CT数为某一点对X射线吸收的强度;$\mu_{该物质}$ 为某种物质对X射线的吸收系数;μ_{H_2O} 为纯净水对X射线的吸收系数。

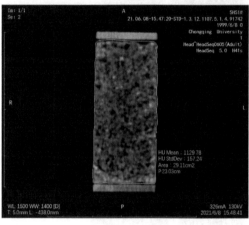

根据某个断面上所选定的区域内所有物质点的CT数,CT机可自行按照相关规范统计出该区域的总CT值、ME值以及SD值。通过ME值可得出所选区域平均密度的变化规律,SD值为一定置信水平的方差值,反映所选区域内试样密度的不均匀程度,可间接反映试样结构性的强弱[150]。

为了对试样结构演化进行量化分析,选择试样纵断面边界内的所有区域进行CT值的测量,如图6.15所示,由于篇幅限制,本节只列举1#试样测量的示意图,其余试样测量的ME值与SD值如表6.5所示。

图6.15 1#试样CT值测量区域示意图

各试样CT值测量结果　　　　　　　　　　　　　　　表6.5

应变	珊瑚砂		R_s=20%混合料		R_s=40%混合料	
	ME值	SD值	ME值	SD值	ME值	SD值
0	1129.78	157.24	1236.11	153.76	1273.43	134.67
1%	1130.08	154.33	1238.57	152.29	1278.55	135.17
2%	1134.36	151.97	1245.64	149.52	1281.22	133.70
3%	1136.86	150.93	1249.54	147.39	1280.29	131.07
4%	1136.48	152.98	1249.29	148.48	1278.74	137.44
5%	1136.78	153.75	1249.49	150.08	1267.17	139.05
6%	1137.48	154.35	1248.50	152.83	1256.00	140.59
7%	1136.47	157.84	1247.01	153.71	1242.91	136.11
8%	1135.57	157.94	1246.46	157.39	1238.29	138.27
9%	1131.00	157.73	1245.38	157.30	1230.77	141.91
10%	1132.97	158.49	1245.78	159.08	1230.61	141.10
11%	1131.25	159.48	1247.22	156.36	1227.30	142.79

续上表

应变	珊瑚砂		R_s=20%混合料		R_s=40%混合料	
	ME值	SD值	ME值	SD值	ME值	SD值
12%	1129.39	158.61	1243.42	160.41	1222.45	142.41
13%	1129.25	158.89	1240.43	165.90	1220.74	144.12
14%	1127.76	158.46	1240.32	164.09	1227.52	142.29
15%	1126.16	159.06	1234.69	166.86	1224.11	147.19

应变	R_s=60%混合料		R_s=80%混合料		标准砂	
	ME值	SD值	ME值	SD值	ME值	SD值
0	1085.34	114.30	1099.16	95.48	1038.96	88.89
1%	1086.50	113.13	1102.12	93.96	1040.13	87.03
2%	1088.99	109.87	1100.44	93.94	1036.24	87.18
3%	1085.19	110.97	1092.90	95.12	1025.92	88.76
4%	1080.93	112.98	1084.92	95.48	1018.54	91.00
5%	1074.51	115.57	1079.64	96.30	1012.43	93.55
6%	1073.71	115.24	1074.55	95.75	1007.16	92.72
7%	1070.95	114.44	1071.00	96.44	1001.89	94.42
8%	1068.65	117.34	1069.51	96.91	1000.67	94.62
9%	1069.13	117.02	1067.11	97.72	997.96	96.15
10%	1067.54	119.84	1063.81	99.05	999.44	97.52
11%	1069.05	119.81	1061.91	99.61	997.52	101.18
12%	1066.68	119.84	1062.41	98.88	995.69	98.84
13%	1067.52	121.19	1058.75	98.48	994.78	101.21
14%	1067.45	121.51	1060.55	98.51	994.66	100.55
15%	1066.40	122.81	1060.46	98.37	995.00	102.75

为了更直观地展示试样CT值随轴向应变的变化规律,图6.16、图6.17分别给出了ME值、SD值随轴向应变的变化曲线。由图可知,随着轴向应变的增加,试样的ME值会小幅度上升,而后下降;SD值则小幅度下降后逐渐增大。以珊瑚砂试样为例,当珊瑚砂试样轴向应变小于3%时,ME值与轴向应变呈正相关,SD值与轴向应变呈负相关,说明剪切前期,试样在偏应力的作用下开始被压缩,变得更密实且颗粒排布更加均匀,孔隙率减小。当轴向应变为3%时,珊瑚砂试样ME值达到最大、SD值降至最小,此时的试样处于最密实、最均匀状态,宏观上表现为体积减小,即剪缩。达到峰值点后,随着剪切的进行,ME值随轴向应变的增加而减小,SD值随轴向应变增大而增大,这说明试样内部开始出现裂隙,并逐渐扩展成剪切带,颗粒在外力的作用下开始向两端移动,此时试样开始微微鼓出,试样内部的均匀性与密度均减小,导致ME值减小且SD值增大,宏观上表现为体积增大,即剪胀。

上述曲线的变化规律与偏应力-轴向应变关系曲线(图6.9)及体应变-轴向应变关系曲线(图6.10)的规律基本一致,因此可以认为ME值、SD值峰值点所对应的轴向应变为剪切带启动的轴向应变。但值得注意的是,ME值与SD值拐点对应的轴向应变要比肉眼观察到微裂纹对应的轴向应变小,以R_s=80%的试样为例,当轴向应变超过1%后,随着轴向应变的增加,试样的 ME 值降低、SD 值增加,这说明试样在轴向应变为 1% 时就已经出现了微裂纹。而根据图 6.13e)可知,试样出现肉眼可见的微裂纹对应的轴向应变为 2%,证明相比于肉眼观测,通过 ME 值与 SD 值变化能更早地检测到试样内部微裂纹的产生。

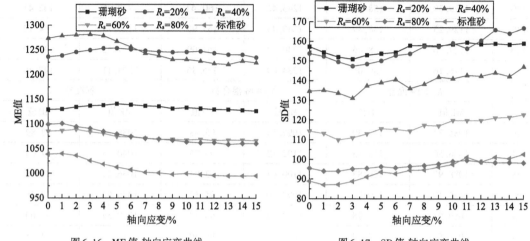

图 6.16　ME 值-轴向应变曲线　　　　　图 6.17　SD 值-轴向应变曲线

对比不同掺砂率的试样,随着掺砂率的增加,ME 值、SD 值峰值点所对应的轴向应变会减小(珊瑚砂为 3%,而标准砂仅为 1%)。可以认为,掺砂率的增加会缩短试样被压缩及剪切带启动的时间。

6.4　高压 CT-三轴压缩试验分析

利用高压 CT-三轴试验仪观测了珊瑚砂在固结不排水和固结排水剪切条件下的结构演化特征,并对其力学性质进行了系统性的分析。

6.4.1　变形和强度特性分析

图 6.18 给出了粒径 1~2 mm 的 7#珊瑚砂试样在 1.5 MPa 围压固结不排水剪切条件下的偏应力-轴向应变曲线。从图中可以看出,7#珊瑚砂偏应力在轴向应变为 10% 左右时达到峰值,之后开始小幅度降低。由于条件为不排水,剪切过程中试样体积不发生改变,应力-应变曲线介于应变软化和应变硬化之间,该结果与 Yu[32]所进行的 CU 试验结果类似。根据王兆南等进行的三轴不排水和排水试验可以发现,同样围压条件,不排水条件的应力-应变曲线较排水条件下趋于应变硬化。这是由于不排水时,试样体积恒定,颗粒间接触比排水时少,颗粒破碎发生的演化规律有差别。

8# ~ 10#珊瑚砂试样固结排水试验的偏应力-轴向应变曲线和体应变-轴向应变曲线分别如图 6.19 和图 6.20 所示。对粒径 1~2 mm、相对密实度为 0.5 的珊瑚砂,在净围压 200 kPa 和 400 kPa

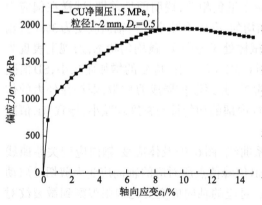

图 6.18　高压 CT-三轴试验中的偏应力-轴向应变曲线

的情况下,应力-应变曲线表现为应变硬化型,偏应力随应变持续增长,增长速率逐渐变缓,试样体积变小,持续剪缩。当围压为400 kPa时,应变硬化的趋势比200 kPa时更明显,且最终体积变化量相对较高。对粒径0.5～1 mm、相对密实度为0.75的珊瑚砂,在净围压100 kPa的情况下,应力-应变曲线表现为应变软化型,偏应力在轴向应变为2%左右时达到峰值,之后开始降低。试样体积先微微减小后开始增大,先剪缩后剪胀,直至出现剪切带。

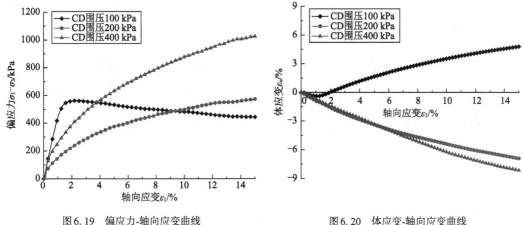

图6.19 偏应力-轴向应变曲线　　　　图6.20 体应变-轴向应变曲线

6.4.2 CT值及图像分析

扫描结束后,CT数统计结果如表6.6所示。从表中可以发现,当珊瑚砂粒径为1～2 mm时,无论是固结不排水试验还是固结排水试验,围压在1.5 MPa、400 kPa和200 kPa时,ME值随着轴向应变的增大逐渐增大,SD值随着轴向应变的增大有逐渐减小的趋势,表明试验过程中试样的密度逐渐增大,密度差异逐渐缩小,这与试样应变硬化表现的规律基本一致。当珊瑚砂粒径为0.5～1 mm时,围压为100 kPa时的固结排水试验中,ME值随着轴向应变的增大逐渐减小,SD值随着轴向应变的增大而先增大后减小再增大,整体呈逐渐增大的趋势。密实珊瑚砂在剪切过程中密度逐渐减小,密度差异逐渐增大,这与试样剪切带的出现是一致的。

高压CT-三轴试验中的CT值　　　　　　　　表6.6

轴向应变	CU 1.5 MPa		CD 400 kPa		CD 200 kPa		CD 100 kPa	
	ME值	SD值	ME值	SD值	ME值	SD值	ME值	SD值
0	923.2	579.8	829.3	601.6	809.5	632.0	917.8	385.3
3%	979.2	582.4	854.7	600.3	836.1	618.6	912.5	389.5
6%	995.0	588.0	866.3	598.1	858.7	615.8	909.1	381.0
9%	1040.4	572.2	884.7	601.8	853.7	612.2	898.7	383.4
12%	1083.5	548.2	900.7	585.9	895.1	618.3	889.9	392.1
15%	1085.7	547.2	901.5	576.1	894.1	585.0	874.4	395.0

为了区分应变硬化和应变软化时的颗粒特征,选取珊瑚砂粒径1～2 mm的固结不排水(CU)试验和粒径0.5～1 mm的固结排水(CD)试验试样高度中心位置的水平切片进行分析。珊瑚砂不同轴向应变下高度中心位置处的水平原始切片CT扫描图像如图6.21a)和c)所示,进行阈值化分割和二值化处理后的切片CT图像如图6.21b)和d)所示。根据CT成像原理,CT图

像的灰度大小和相应部分的土体密度成正比,CT扫描图像中黑色区域代表土体的低密度区(孔隙、裂隙等),白色区域代表土体的高密度区(珊瑚砂)。从图6.21可以看出,经过阈值分割后砂颗粒区分度明显,能明显观测到颗粒破碎现象。

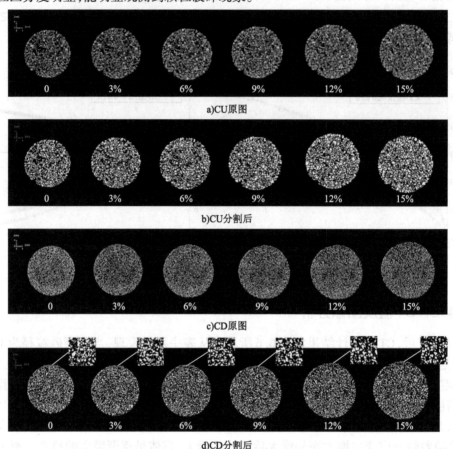

图6.21　珊瑚砂不同轴向应变下高度中心位置处的水平原始切片CT扫描图像和处理后的切片CT图像

结合图6.19和图6.20及表6.6的CT值,珊瑚砂应变硬化时,根据图6.21a)、b),随着轴向应变增大,应力逐渐增大,孔隙减少,结构性增强,珊瑚砂颗粒发生破碎。珊瑚砂应变软化时,从图6.21c)、d)可以看出,剪切过程中试样横向面积逐渐增大,试样横截面出现剪切裂缝,颗粒漂移明显,结构性减弱。从图6.21可以看出,同一试样不同轴向应变时同一横向位置存在明显差异,一方面是因为颗粒破碎,另一方面是因为颗粒重新排布,此过程中颗粒发生位移和旋转。

对珊瑚砂不同位置的水平切片进行三维重构,并对粒径进行划分,两组试验中,在轴向应变为0~15%时中心处的珊瑚砂重构如图6.22所示,其中包括横向(xy)切片、竖向(yz)切片和三维重构模型(图中直角坐标系的圆心为试样中心点)。从图6.22可以看出,试样加载后,横向直径增大,竖向高度减小,小颗粒数随着应变的增大而增多。当试样为应变硬化型[图6.22a)~c)]时,随着轴向应变增大,试样整体变形表现为横向尺寸增大,且沿竖向的各横截面变形均匀。当试样为应变软化型[图6.22d)~f)]时,随着轴向应变增大,试样横截面变形不规则,局部先出现鼓胀,之后出现剪切带,剪切带在轴向应变15%时比较明显且剪切带附近颗粒破碎明显。

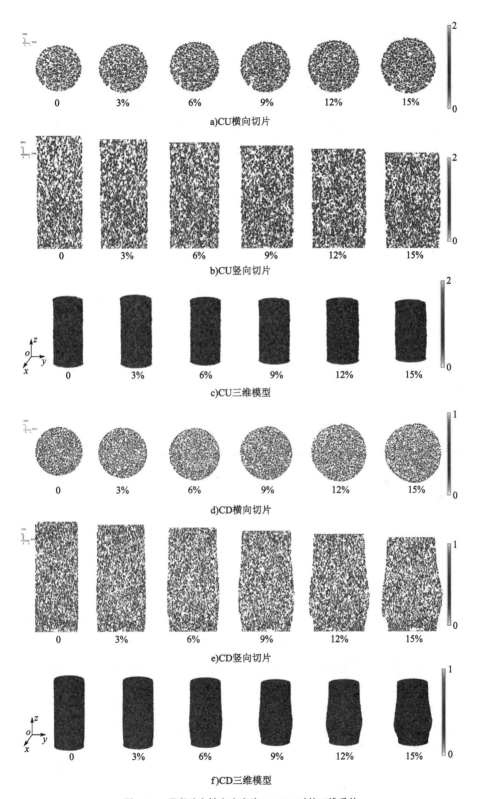

a)CU横向切片

b)CU竖向切片

c)CU三维模型

d)CD横向切片

e)CD竖向切片

f)CD三维模型

图6.22 珊瑚砂在轴向应变为0~15%时的三维重构

6.4.3　颗粒分布统计

为了进一步观测颗粒在加载过程中的细观结构变化,对珊瑚砂粒径1~2 mm的固结不排水(CU)试验和粒径0.5~1 mm的固结排水(CD)试验试样高度中心位置处水平切片的颗粒累积数进行分析。图6.23统计了两个试验中沿粒径分布的颗粒累积数和沿x轴方向分布的颗粒累积数。从沿粒径分布的颗粒累积数[图6.23a)和c)]可以看出,当轴向应变为0(剪切开始前的固结阶段)时,已有大量粒径小于初始粒径的颗粒,说明在固结过程中颗粒就已经发生破碎,且固结过程产生的颗粒破碎在数量上超过剪切过程。

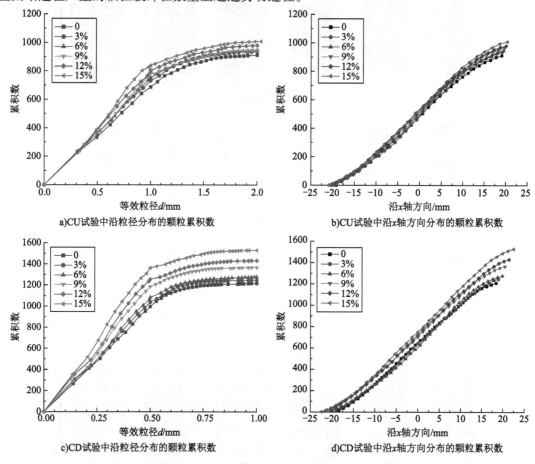

图6.23　高度中心位置处水平切片的颗粒累积数

剪切过程中,对应变硬化型[图6.23a)],颗粒进一步破碎成粒径0.3~1 mm范围内的颗粒,粒径小于0.3 mm的颗粒数量基本无变化;对应变软化型[图6.23c)],颗粒进一步破碎成粒径0.075~0.5 mm范围内的颗粒。从沿x轴方向分布的颗粒累积数[图6.23b)和d)]可以发现,随着轴向应变增加,大颗粒持续发生破碎,小颗粒数量增多,横向直径增大明显。通过这种方法,可以较好地对颗粒破碎进行量化分析。

为分析试样整体颗粒数分布情况,图6.24a)和c)分别给出了CU和CD试样整体沿粒径分布的颗粒累积数,图6.24b)和d)分别给出了CU和CD试样沿z轴方向分布的颗粒累积数。从图6.24a)可以看出,对应变硬化型(CU)试样,由于围压较高,固结过程的颗粒破碎在数量上超过剪切过程；固结完成后，粒径小于1.0 mm的颗粒数多于粒径1~2 mm的颗粒数，随着轴向应变增大，粒径小于1.0 mm的颗粒数仍持续增长；结合应力-应变曲线，可以较好地解释由高围压下的颗粒破碎严重导致的轴向应变10%时应力出现小幅度降低。从图6.24c)可以看出，对应变软化型(CD)试样，粒径小于0.5 mm的颗粒数远少于粒径0.5~1 mm的颗粒数。上述现象说明围压对颗粒破碎有重要影响，围压越大，颗粒破碎越明显。从图6.24b)和d)可以看出，随轴向应变增大沿z轴方向颗粒数量持续增多，靠近试样两端的部位由于应力直接由透水石传递给砂颗粒，颗粒破碎明显，数量较多。试样中间部分在应变硬化时，由于颗粒间各向同性，同一轴向应变时颗粒在数量上分布较为均匀；试样中间部分在应变软化时，由于颗粒间各向异性，同一轴向应变时剪切带附近颗粒破碎较多。

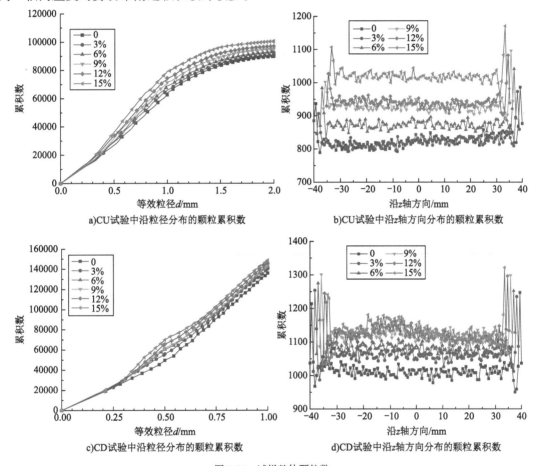

a)CU试验中沿粒径分布的颗粒累积数

b)CU试验中沿z轴方向分布的颗粒累积数

c)CD试验中沿粒径分布的颗粒累积数

d)CD试验中沿z轴方向分布的颗粒累积数

图6.24　试样整体颗粒数

6.5　本章小结

本章基于常规土工三轴试验仪研制了微型CT扫描三轴试验机以及高压CT-三轴试验仪，分别用两种不同的仪器对珊瑚砂试样进行了三轴压缩试验，并对剪切过程进行细观实时动态扫描，对应力-应变曲线和CT数据及图像进行了分析，验证了这两种仪器在土体微细观力学特性研究中的适用性，主要结论如下：

（1）随着掺砂率 R_s 的增加，试样峰值强度与残余强度均有所降低，且偏应力达到峰值时所对应的轴向应变逐渐降低。珊瑚砂及其混合料的体积变形受掺砂率的影响，随着标准砂所占质量百分比的增多，混合料整体的剪胀趋势逐渐变得显著。掺砂率对试样剪切带和体积变化规律影响较大，当掺砂率小于40%时，不会出现剪切带；当掺砂率大于40%时，随着掺砂率的增加，试样被压缩、剪切带启动及完全形成的时间变得更短，且体积膨胀更大。

（2）三轴压缩过程中，随着轴向应变的增加，试样的 ME 值会小幅度上升，而后下降；SD 值则小幅度下降后逐渐增大。这说明试样前期被压缩，变得密实且均匀，后期因为剪切带的出现，试样密度变小，均匀性变差，ME 值-轴向应变曲线、SD 值-轴向应变曲线的峰值点所对应的横坐标为剪切带启动时对应的轴向应变。相对于肉眼观测，通过 ME 值与 SD 值变化能更早地检测到试样内部微裂纹的产生。

（3）珊瑚砂 CT-三轴试验宏观结果合理可靠，CT 扫描图像清晰。结合宏观应力-应变曲线、CT 图像及三维重构、CT 数据等对加载过程的内部细观结构演化进行分析，发现应变硬化过程中，颗粒破碎和重新排列增强了试样结构性，应变软化过程中，颗粒的滑移和破碎减弱了试样结构性；固结过程中的颗粒破碎数超过剪切过程，试样的颗粒破碎多发生在两端和剪切带附近。

（4）研制的微型 CT 扫描三轴试验机以及高压 CT-三轴试验仪采用模块组合结构，体积小、轻巧；采用压力室外部无加载反力架的新型轴力加载系统，压力室采用 X 射线穿透力强的聚醚醚酮（PEEK）材料以及高强轻质航空铝合金材料，确保了高压下扫描图像清晰度；测量精度高，试验控制和数据采集分析软件功能强大，适用范围广。两个设备均采用高精度体积压力控制器，其体积精度量测达到了 $0.001\ \text{cm}^3$，而高压 CT-三轴试验仪采用了 30 kN 力传感器，轴向荷载能达到 30 kN，能够提供大荷载轴向力。试验结果验证了这两种仪器的合理性，利用这两种仪器可研究土体的内部结构演化规律，为解释宏观力学行为提供微细观力学依据。

第7章 珊瑚砂颗粒三轴压缩中的运动与破碎模拟

数值仿真能避免人为的干扰,保证试验的"理想性"与"同一性",取决于其是在定性与定量的基础上建立理想化模型,可以根据不同的力学条件以及初始物理条件进行大规模的仿真计算,使得模型内部的细观参数可视化,这为研究珊瑚砂颗粒运动和破碎规律提供了可能。

不同于连续介质仿真方法,颗粒流程序(PFC)将宏观力学行为拆分为一系列离散颗粒的各自运动,基于占有一定空间的刚性圆体或圆球应用本构模型,建立运动方程,进行数值仿真。PFC软件侧重于每个单独的颗粒实体,对离散介质的仿真更加贴近现实,对接触形式的处理更为合理,并可进行二维和三维形式的仿真,因此,PFC软件成为研究无黏性散粒介质微细观力学行为及变化规律的常用数值仿真工具。

根据以往研究可知,珊瑚砂的颗粒破碎受形状、粒径、相对密实度、级配、含水率、内摩擦角和受力情况等条件影响,另外,珊瑚砂作为散粒体材料,可以用离散单元法结合模拟从微细观角度对颗粒破碎情况实现数值重现。本章结合PFC^{3D}软件对珊瑚砂及其混合料的三轴压缩试验进行数值仿真,研究其微细观颗粒运动,对宏观力学行为进行解释,为进一步分析珊瑚砂混合料的颗粒运动及颗粒破碎提供有力基础[151-152]。

7.1 颗粒流介绍

颗粒流程序PFC是由ITASCA公司所开发的一款可用于模拟颗粒运动及其相互作用的商用软件,其以离散单元法为基础。离散模型通常由球形颗粒和边界墙体组成,分为二维和三维。二维接触模型虽然没有三维模型精确,但可以考虑到颗粒的塑性。三维模型可以较为精准地模拟颗粒的力学特性,例如水泥中砂粒在不同强度下的胶结破坏。离散单元法通过研究具有类似颗粒尺寸、刚度、摩擦系数等物理力学特性的球形颗粒,甚至可以进行水平设定,从而较好地还原像砂粒这种表面粗糙、颗粒形状不像球形的颗粒。

颗粒流模型由实体、片和接触组成。实体主要有球、簇和墙,每个实体由多个片组成。接触在片之间是成对的,可以动态地产生和消失。颗粒流进行数值模拟有以下5个假设:①颗粒为刚性体;②颗粒间的接触范围较小且为点接触,在接触处形成特殊的连接强度;③与颗粒自身大小对比,重叠量远小于颗粒;④接触之间为柔性,允许重叠;⑤单元为圆盘状(2D)或圆球状(3D)。颗粒的接触基于相互作用定律,其中,接触类型在PFC中主要为ball-ball、ball-facet、pebble-pebble、ball-pebble、pebble-facet等5种。根据颗粒之间的接触关系可将模型分为线性、接触黏结、平行黏结和平节理模型。

7.1.1 基本方程

7.1.1.1 力与位移的关系

假设颗粒之间存在的法向力为F_i,其与法向重叠量u_i成正比,则有:

$$F_i = k_i \cdot u_i \tag{7.1}$$

式中，k_i代表法向刚度系数。

由于颗粒外形各不相同，颗粒之间实际接触界面十分复杂，因此单一固定不变的接触模式无法代表所有接触。先假定最简单的界面接触模式，即两点相接触。剪切力受应力路径等多个因素影响，假设Δu_j为颗粒间的相对位移，则有：

$$\Delta F_j = k_j \cdot \Delta u_j \tag{7.2}$$

式中，ΔF_j为剪切力；k_j为切向刚度系数。

使用式(7.1)和式(7.2)表示弹性情况下力与位移的关系时，需考虑破坏条件。因此对于塑性剪切破坏，在迭代计算前需检查剪切力ΔF_j是否超过$c + F_i \tan\varphi$（c为黏聚力，φ为内摩擦角），若超过，则取剪切力极限值。

7.1.1.2　运动方程

离散单元法中，颗粒可以自由发生平动与转动。由牛顿第二定律可知，单个颗粒的平动控制方程见式(7.3)：

$$m_i \frac{\mathrm{d}^2}{\mathrm{d}t^2} \vec{x}_i = m_i \vec{g} + \sum_c (\vec{f}_{\mathrm{nc}} + \vec{f}_{\mathrm{tc}}) \tag{7.3}$$

式中，m_i为颗粒i的质量；$\vec{x}_i$为颗粒的中心位置；$\vec{g}$为重力加速度；$\vec{f}_{\mathrm{tc}}$和$\vec{f}_{\mathrm{nc}}$分别为相邻两颗粒间产生的切向接触力与法向接触力。

单个颗粒发生转动时的控制方程如式(7.4)所示：

$$I_i \frac{\mathrm{d}}{\mathrm{d}t} \vec{\omega}_i = \vec{M}_r + \sum_c (\vec{r}_c \cdot \vec{f}_{\mathrm{tc}}) \tag{7.4}$$

式中，I_i为颗粒的转动惯量；$\vec{\omega}_i$为角速度；$\vec{M}_r$为滚阻弯矩；$\vec{r}_c$为颗粒的质心到接触点的向量。

7.1.2　接触模型

在进行数值仿真计算的过程中，生成的单元主要有颗粒（ball、clump、cluster）与墙体（wall），颗粒之间依托接触模型产生相互的作用，最终构成宏观上整体的力学变形行为，在全过程中该接触模型指定到每一个接触当中，并在力-位移的计算过程中随着碰撞的进行而自动创建与删除。接触黏结模型包括点接触黏结模型与平行接触黏结模型，该模型赋予了颗粒黏结强度。其中点接触黏结模型只可对力进行传递，而平行接触黏结模型可同时传递力及力矩。平行接触黏结模型被认为是由切向、法向刚度恒定的一系列弹簧组成，这些弹簧均匀地分布于以接触点为圆心的圆内。当接触的两个颗粒相对移动时，在圆形截面上便会产生力和弯矩，当黏结强度到达极限时，颗粒间的黏结接触将被破坏。

7.1.2.1　接触刚度模型

接触刚度模型主要用于定义和描述仿真过程中颗粒单元的相对位移与接触力间的数学关系，有线性接触模型和非线性接触模型两种形式。其中线性接触模型的建立主要依据法向与切向刚度，模型将相互作用颗粒各自的接触刚度以串联形式处理，切向与法向刚度计算公式分别见式(7.5)和式(7.6)。

$$K_s = \frac{k_s^{[A]} k_s^{[B]}}{k_s^{[A]} + k_s^{[B]}} \tag{7.5}$$

$$K_n = \frac{k_n^{[A]} k_n^{[B]}}{k_n^{[A]} + k_n^{[B]}} \tag{7.6}$$

式中，$k_s^{[A]}$ 和 $k_n^{[A]}$ 分别为颗粒 A 的切向与法向刚度；$k_s^{[B]}$ 和 $k_n^{[B]}$ 分别为颗粒 B 的切向与法向刚度。

非线性接触模型的建立主要依据颗粒泊松比 μ 与剪切模型 G，该模型仅适用于球形颗粒的接触问题，其法向与切向刚度的计算分别见式(7.7)、式(7.8)。

$$K_n = \left(\frac{2 \langle G \rangle \sqrt{2R_0}}{3(1 - \langle \mu \rangle)} \right) \sqrt{U^n} \tag{7.7}$$

$$K_s = \left(\frac{2 \left(\langle G \rangle^2 3(1 - \langle \mu \rangle) R_0 \right)^{1/3}}{3(1 - \langle \mu \rangle)} \right) |F_i^n|^{1/3} \tag{7.8}$$

式中，R_0 为等效半径，计算公式见式(7.9)；F_i^n 为接触力；U 为颗粒单元接触处的重叠量。

$$R_0 = \frac{2R^{[A]} R^{[B]}}{R^{[A]} + R^{[B]}} \tag{7.9}$$

式中，$R^{[A]}$ 和 $R^{[B]}$ 分别为颗粒 A 和 B 的直径[153-154]。

7.1.2.2　线性接触模型和滚动阻抗线性接触模型

线性接触模型(Linear Model)可应用于颗粒与颗粒之间和颗粒与墙体之间，该模型提供相互平行的线性组件和阻尼组件，两种组件为并联作用，在接触处不存在弯矩作用，接触力矩为0，因此不限制颗粒间的转动。接触力(F_c)可分解为线性分量(F^l)和阻尼分量(F^d)。线性分量由具有给定法向刚度(k_n)与切向刚度(k_s)的弹簧提供，阻尼分量由给定黏度的阻尼器提供[155]。

表面间隙 g_s 计算公式见式(7.10)，为接触间隙 g_c 与参考间隙 g_r 的差值，如图7.1所示。当且仅当表面间隙 $g_s \leqslant 0$ 时，概念表面与工件表面重合或重叠，接触处于激活状态，颗粒单元 X_c 服从力-位移定律。

$$g_s = g_c - g_r \tag{7.10}$$

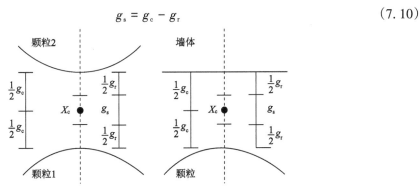

图7.1　接触间隙和参考间隙示意图

滚动阻抗线性接触模型(RrLinear Model)除对颗粒接触处的基本定义外，还赋予了颗粒间弯矩的相互作用，用以抵抗颗粒间的转动。与线性接触模型相同，当颗粒间的表面间隙 $g_s \leqslant 0$ 时该接触才被激活。考虑到实际情况，珊瑚砂混合料虽然不存在颗粒间的黏结作用，但由于珊瑚砂不规则的颗粒形状，颗粒间相互咬合，与光圆颗粒作用机制有所区别，因此设定颗粒与颗粒之间使用滚动阻抗线性接触模型，在颗粒与墙体之间使用线性接触模型。

7.2　珊瑚砂三轴压缩中的仿真试验

基于第3章中珊瑚砂试样在三轴固结排水剪切试验下的结果,利用颗粒流软件PFC建立三维模型,利用替代法模拟颗粒破碎并考虑珊瑚砂的颗粒破碎不同形式,对比试验结果,通过对颗粒破碎总数及颗粒粒径变化的记录,从微细观角度分析相对破碎率和接触力的变化规律,从而解释宏观试验现象。

7.2.1　模型创建与标定

7.2.1.1　珊瑚砂试样建模

砂颗粒大多为非圆形颗粒,在数值模拟中,为提高计算效率,常见做法是将颗粒视为圆形,并对颗粒进行放大。本节借助PFC³ᴰ对珊瑚砂试样进行数值建模,将颗粒粒径放大7.5倍,粒

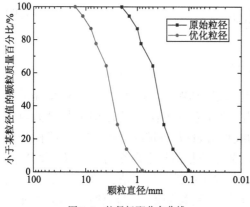

图7.2　粒径级配分布曲线

径级配分布曲线如图7.2所示。

数值试样制备过程有2个步骤。

首先,在直径为39.1 mm、高度为80 mm的圆柱体墙内根据放大后的颗粒级配生成试样,得到试样总颗粒数为14341,生成的试样如图7.3a)所示。珊瑚砂颗粒间接触多为点接触,故采用线性接触模型,对试样施加颗粒属性,平衡试样,使试样分布均匀,通过伺服原理对试样施加预围压。

其次,在试样原来圆柱墙体的位置生成分布均匀的小颗粒,用平行接触黏结模型定义小颗粒之间的接触,形成柔性膜,通过柔性膜与颗粒的接触对试样进行加载,柔性膜试样如图7.3b)所示。在加载过程中,遍历颗粒的接触应力,当应力达到一定值时,颗粒发生破碎,最终破坏试样如图7.3c)所示。

7.2.1.2　颗粒破碎准则及形式

目前,对颗粒破碎准则的限制条件主要有两种:一种是作用在颗粒上的接触力达到极限,另一种是应力状态达到极限。应力的计算来自接触力,通常考虑土力学的古典破坏准则,实际的破碎往往是由局部应力集中产生的,故本节主要采用应力状态达到极限作为颗粒破碎准则。

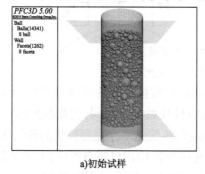

a)初始试样

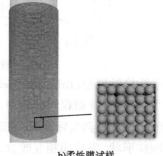

b)柔性膜试样

图　7.3

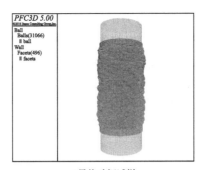

c)最终破坏试样

图7.3　数值模拟试样

对于某一颗粒,根据相关文献,作用在其上的应力向量可由式(7.11)计算:

$$\boldsymbol{\sigma}_{ij} = \frac{1}{V} \sum_{c=1}^{N} \boldsymbol{d}_i^c \boldsymbol{f}_j^c \tag{7.11}$$

式中,i,j为笛卡儿分量;V为颗粒总体积;N为接触总体个数;$\boldsymbol{d}_i^c$为连接两个接触颗粒中心的向量分量;$\boldsymbol{f}_j^c$为接触力向量分量。

Mcdowell等[31]对颗粒破碎准则进行了系统研究,结果表明,在考虑多点接触条件下,基于米泽斯屈服准则的八面体剪应力理论较为适用于砂颗粒的破碎模拟。根据土力学及弹塑性理论,剪应力和等效应力公式推导如下:

$$J_2 = \frac{1}{6} \left[(\sigma_x - \sigma_y)^2 + (\sigma_y - \sigma_z)^2 + (\sigma_x - \sigma_z)^2 \right] \tag{7.12}$$

$$\tau_{oct} = \sqrt{\frac{2}{3} J_2} \tag{7.13}$$

$$\overline{\sigma} = \frac{3}{\sqrt{2}} \tau_{oct} = \sqrt{3J_2} \tag{7.14}$$

式中,σ_x、σ_y和σ_z分别为颗粒在x轴、y轴和z轴方向上的接触正应力;J_2为应力张量偏量第二不变量;τ_{oct}和$\overline{\sigma}$分别为作用在破裂面上的剪应力和等效应力。

考虑珊瑚砂棱角破碎和整体破碎两种破碎形式及不同粒组的破碎应力,颗粒破碎模型如图7.4所示。棱角破碎模型如图7.4a)所示,粒径相对大的母颗粒在相对低应力作用下破碎成一个半径为原来母颗粒半径15/16的子颗粒,周围围绕6个半径为原来母颗粒半径1/32的子颗粒;整体破碎模型如图7.4b)所示,粒径相对小的母颗粒在相对高应力作用下破碎成6个半径为原来母颗粒半径1/2的子颗粒。数值模拟过程中,当颗粒达到破碎应力条件时,颗粒即发生破碎。珊瑚砂颗粒具有很高的内孔隙率,破碎后颗粒体积减小,采用密度法对破碎颗粒进行替换,保持颗粒的质量守恒。根据密度法换算得到的颗粒密度ρ'如图7.4所示。

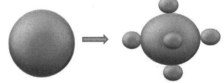

$V = 4R^3\pi/3, \rho = 2739$　　$V' = 4501R^3\pi/4096, \rho' = 3322$

a)棱角破碎模型

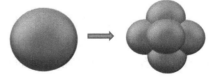

$V = 4R^3\pi/3, \rho = 2739$　　$V' = R^3\pi, \rho' = 3652$

b)整体破碎模型

图7.4　颗粒破碎模型

最易破碎的珊瑚砂颗粒,在屈服应力为0.2 MPa时开始发生破碎,而根据一维压缩条件下的e-$\lg p$曲线计算得珊瑚砂的平均屈服应力约为5.0 MPa。等效应力常用来标志材料在复杂应力下的屈服条件,根据上述颗粒破碎模型,本节将等效应力的极限值作为颗粒的破碎应力,结合试验最终的粒径变化曲线及相对破碎率,对数值模拟中珊瑚砂的不同粒组的破碎等效应力进行调整,设定珊瑚砂模型颗粒破碎条件,如表7.1所示。

颗粒破碎条件   表7.1

破碎条件	$\overline{\sigma}$/MPa	放大粒径/mm	原始粒径/mm
1(棱角)	> 0.2	> 10.725	> 1.43
2(棱角)	> 1.6	> 7.5	> 1.0
3(棱角)	> 3	> 3.75	> 0.5
4(整体)	> 1.6	> 10.725	> 1.43
5(整体)	> 5	> 7.5	> 1.0
6(整体)	> 20	> 3.75	> 0.5
7(整体)	> 30	> 2.25	> 0.3

7.2.1.3 接触模型及微细观参数

本节中,离散元模型中珊瑚砂颗粒间采用线性接触,柔性膜颗粒间采用平行接触黏结模型。珊瑚砂的弹性模量根据试验结果取$G = 0.06$ GPa,对线弹性模型颗粒的刚度比,建议的1.0~1.5范围取$k_s/k_n = 1.0$,内摩擦角取$\varphi = 45°$。同时,对柔性膜颗粒的微细观参数,通过试验的应力-应变曲线标定数值模型的其他参数,具体数值见表7.2。

模型的微细观参数   表7.2

微细观参数	珊瑚砂	柔性膜
$\rho_s/(\text{kg} \cdot \text{m}^{-3})$	2739	2000
μ	0.5	0.5
$k_n/(\text{N} \cdot \text{m}^{-1})$	2×10^6	2.5×10^3
k_s/k_n	1.0	1.0
阻尼damp	0.7	0.7
弹性模量G/GPa	0.06	0.007
胶结抗拉强度Pb_ten/kPa	—	1×10^{300}
胶结黏聚力Pb_coh/kPa	—	1×10^{300}
胶结内摩擦角Pb_fa/(°)	45	—

7.2.2 模拟结果与分析

图7.5a)为数值模拟与室内三轴压缩试验的应力-应变曲线对比图。从图7.5a)可以看出数值试样的应力-应变曲线与实际试验相比整体趋势一致。为了便于与室内试验结果进行对比,图7.5b)给出了试样峰值应力的模拟与室内试验结果对比,图7.5c)将试样弹性模量的模拟与室内试验结果进行对比。通过图7.5b)、c)可以看出,珊瑚砂的抗压强度和弹性模量随围压升高而增大,数值试样的峰值应力和弹性模量与室内试验的值比较接近,验证了该模型的可行性及微细观参数标定的合理性,故可以进一步分析三轴压缩试验的模拟结果。

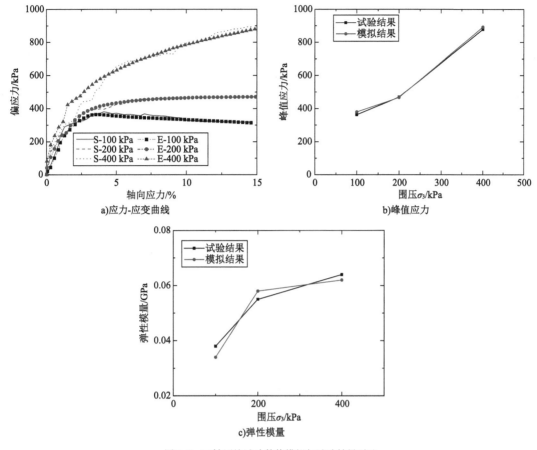

图 7.5 三轴压缩试验数值模拟与试验结果对比

7.2.2.1 粒径变化及相对破碎率分析

数值模拟试样加载完成后,三种不同围压 100 kPa、200 kPa 和 400 kPa 条件下珊瑚砂颗粒数量分别为 15111、15273 和 15427,增长率分别为 5.096%、6.102% 和 7.040%。对颗粒破碎条件区间的母颗粒破碎数量进行统计,如表 7.3 所示,随着围压增大,颗粒破碎数增加,棱角破碎颗粒数远大于整体破碎颗粒数,棱角破碎的颗粒数和颗粒破碎总数增加趋势变缓。该结果表明围压的大小对颗粒破碎的形式及个数有影响,由于试验中围压只设置了 3 种,后续需要设定更多的围压条件进一步分析。

颗粒破碎数　　　　　　　　　　　　　　　　　　　　　　　表 7.3

围压	100 kPa	200 kPa	400 kPa
棱角破碎颗粒数	125	147	166
整体破碎颗粒数	4	10	18
颗粒破碎总数	139	157	184

利用测量圆对颗粒粒径分布进行统计,得到模型加载前后粒径分布曲线,如图 7.6 所示。从粒径分布可以看出,模型粒径大于 10.725 mm(原 1.43 mm)的颗粒基本发生了破碎,模型粒径小于 2.25 mm(原 0.3 mm)的颗粒基本没有发生破碎。以上结果表明颗粒粒径与围压都对颗

粒破碎有影响,这与试验结果基本一致。从图7.6可以看出,在该模型中半径大于7.5 mm(原1 mm)的颗粒含量低于试验中的含量,从而存在一定的误差,该误差可能是由珊瑚砂颗粒的实际形状不规则,会产生内锁效应限制颗粒的破碎,而模型中颗粒为圆形引起的,其他因素还需要进一步探索。根据式(3.3)计算其相对破碎率,数值试样的相对破碎率与试验结果对比如图7.7所示,该模拟结果与试验结果相似。

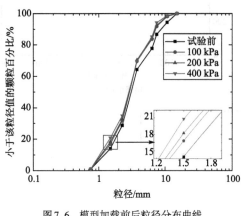

图7.6　模型加载前后粒径分布曲线　　　　图7.7　数值试样的相对破碎率与试验结果对比

7.2.2.2　内部接触力分析

为了更好地表征不同围压下珊瑚砂颗粒的微细观机理,对加载完成后的试样进行切片,起始点为(0,0,0),法向量为(0,1,0),方位角为90°,如图7.8a)~d)所示。从图7.8a)~d)可以观察到,数值试样加载前后发生了明显的变形,随着围压的增大,颗粒间接触数量增加,最大接触力增大。对于整体试样,根据力的作用定理,围压和颗粒间接触力存在着平衡关系,所以围压越大,加载完成后的接触力越稳定,这是因为围压越大,颗粒破碎后的级配越良好,小颗粒数量越多,砂颗粒的抗压强度越大。

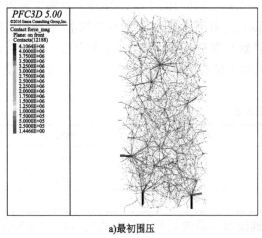
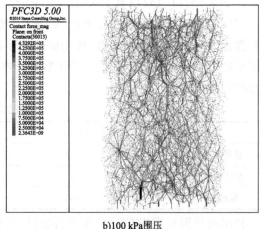

a)最初围压　　　　　　　　　　　　　b)100 kPa围压

图　7.8

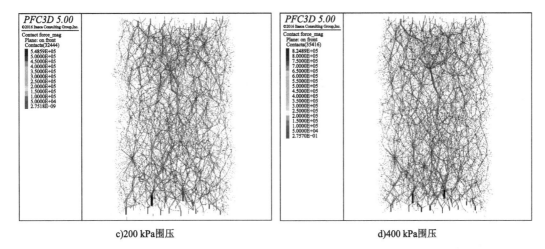

c)200 kPa围压　　　　　　　　　　　　　d)400 kPa围压

图 7.8　不同围压下的数值试样接触力

接触力概率分布函数(以下简称 PDF)是研究接触力的一个重要指标,对不同围压下接触力及其平均接触力进行概率分布统计,如图 7.9a)、b)所示。对某一接触变量 x,当其高于平均值 $\langle x \rangle$ 时服从指数分布,低于平均值 $\langle x \rangle$ 时服从幂分布,见式(7.15):

$$P(x) \propto \begin{cases} \mathrm{e}^{\alpha(\eta)(x/\langle x \rangle)}, & x > \langle x \rangle \\ \left(\dfrac{x}{\langle x \rangle} \right)^{\beta(\eta)}, & x < \langle x \rangle \end{cases} \quad (7.15)$$

式中,$\alpha(\eta)$ 和 $\beta(\eta)$ 是有关 η 的变量,对接触力 f,$\alpha(\eta)$ 小于 0 且随着 η 逐渐减小,$\beta(\eta)$ 大于 0 且随着 η 逐渐减小。

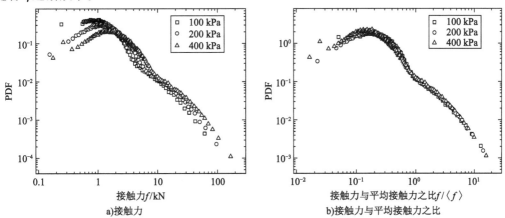

a)接触力　　　　　　　　　　　　　　　b)接触力与平均接触力之比

图 7.9　数值试样接触力概率分布统计

在 PDF 中可以看出存在明显的剪切诱导因素,应力状态对 PDF 有显著影响。不同围压条件下,$\alpha(\eta)$ 和 $\beta(\eta)$ 均随应力增大而逐渐减小。接触力 f 和 $f/\langle f \rangle$ 的 PDF 曲线趋势基本一致,当接触力小于平均接触力时,3 种围压条件下接触力 f 和 $f/\langle f \rangle$ 的 PDF 曲线是相互分离的,PDF 随接触力增大而逐渐增大;当接触力大于平均接触力时,曲线逐渐重合,PDF 随接触力增大而减小。

配位数是衡量颗粒破碎的一个重要指标,Zhao 等发现平均配位数和各向异性呈正相关。

图7.10显示了3种围压下数值试样的配位数变化,从图7.10a)可以看出配位数随围压的增大而增大,且围压越高,颗粒破碎数越大,配位数波动的幅度越大。数值试样加载过程伴随颗粒破碎,为了充分表现各向异性,图7.10b)和c)分别为配位数概率分布图及配位数与平均配位数之比概率分布图。对配位数 C_N,$\alpha(\eta)$ 大于0且随着 η 逐渐减小,$\beta(\eta)$ 大于0且随着 η 逐渐减小。不同围压条件下,配位数PDF曲线分离明显,而配位数与平均配位数之比PDF曲线从分离到逐渐重合,且PDF随配位数增大而逐渐减小。

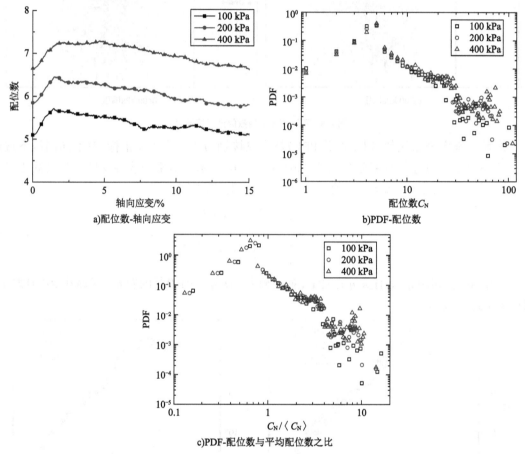

a)配位数-轴向应变

b)PDF-配位数

c)PDF-配位数与平均配位数之比

图7.10　数值试样配位数概率分布统计

结合图7.9和图7.10可以看出,无论在哪种围压条件下,随着内部接触力增大,颗粒破碎可能会逐渐达到一种稳定的状态。这进一步反映了随着应力的增大,珊瑚砂的颗粒破碎从局部不稳定的棱角破碎发展到整体破碎。

7.3　珊瑚砂混合料三轴压缩中的仿真试验

本章在第3章中珊瑚砂混合料三轴压缩(固结排水)试验基础上建立了三维离散元数值模型;离散元模型采用替代法模拟颗粒破碎,选取以等效应力为极限条件的颗粒破碎准则,分析了珊瑚砂颗粒受力后的粒径变化、相对破碎率和内部接触力等微细观特征,较好地解释了珊瑚砂颗粒破碎宏观变形和破坏机制。

7.3.1　模型创建与标定

7.3.1.1　珊瑚砂+标准砂混合料试样建模

计算模型的建立包括计算区域的确定、墙体及颗粒单元的生成、接触模型的指定、初始边界条件的确定、外部荷载的施加、细观参数的监测等过程。为保证数值仿真过程与实际试验的贴合性,仿真试样尺寸与原始试样尺寸相同,直径 D=39.1 mm,高 H=80 mm。

在 PFC³ᴰ 中常规的颗粒生成方法有颗粒排斥法和半径膨胀法。颗粒排斥法生成颗粒的过程允许颗粒的重叠,颗粒间存在与重叠量相关的较大内力,因此数值计算前需对颗粒单元进行解压与平衡。半径膨胀法可在指定空间生成指定数量、指定粒径范围、无法重叠的颗粒单元,该方法需要根据事先给定的孔隙率确定半径放大系数和初始孔隙率。随着对数值仿真方法的深入研究,新的颗粒单元生成方法不断被提出,如分层欠压法、移动边界法、颗粒级配生成法[156-157]等,本次模拟过程中颗粒单元的生成采用颗粒级配生成法。

为合理分析珊瑚砂混合料在三轴压缩过程中的颗粒运动行为,以掺砂率80%珊瑚砂混合料的颗粒组成及级配生成颗粒单元,进行数值仿真。在颗粒生成(Ball Generate)过程中,标准砂颗粒以球形刚性颗粒替代,考虑到珊瑚砂颗粒形状较为不规则,在球形颗粒的基础上,以 clump 的形式生成块状、棒状、枝状三种不规则单元充当珊瑚砂不规则颗粒,如图7.11所示。

a)块状　　　　b)棒状　　　　c)枝状

图7.11　珊瑚砂不规则颗粒的模拟

最终生成的颗粒模型如图7.12所示,图7.12a)、b)分别为按照不同粒组及不同粒径对生成的颗粒单元组成进行的展示。最终生成的颗粒单元有 ball 48354个,组成 clump 的 pebble 15355个。图7.13所示为不同粒组颗粒在 XZ、YZ、XY 方向的切片,由图可知不同粒组及粒径颗粒分布较为均匀。

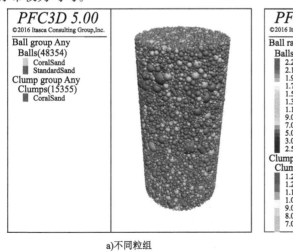
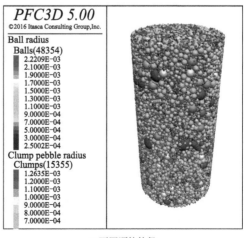

a)不同粒组　　　　　　　　　　　　　　b)不同颗粒粒径

图7.12　生成的颗粒模型

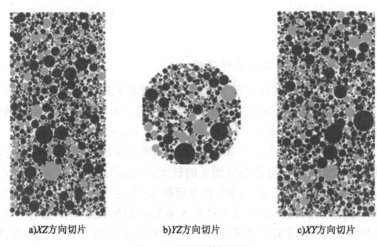

| a)XZ方向切片 | b)YZ方向切片 | c)XY方向切片 |

图7.13 试样整体剖面图

7.3.1.2 参数标定

通过PFC软件进行数值建模时,模型参数多为微细观参数如泊松比、剪切刚度、摩擦角等,参数赋值与建模较为容易,但上述微细观参数无法通过实际物理试验准确获取。由于散粒介质中颗粒的不均匀性,颗粒的几何形状、接触形式、相互作用等均对试验结果产生重要影响,依据数值仿真建模恰当地描述宏观散粒介质的力学变形行为并不容易。在进行数值仿真的过程中,通常需要依据所做宏观试验如三轴压缩试验等所测得的宏观力学特性如应力-应变关系等进行微细观参数的反复调整,该过程也是微细观参数与模型的标定。为便于参数的标定,标定时并未直接指定k_n和k_s,而是依据有效模量E^*和法向与切向刚度比k^*进行,参数与k_n、k_s的具体关系见式(7.16)和式(7.17)。

$$k_n = \frac{AE^*}{L} \tag{7.16}$$

$$k_s = \frac{k_n}{k^*} \tag{7.17}$$

式中,k_n和k_s分别为法向刚度与切向刚度;参量A, L, r的具体取值如下:

$$A = \begin{cases} 2rt, & 2D(t=1) \\ \pi r^2, & 3D \end{cases} \tag{7.18}$$

$$L = \begin{cases} R^{(1)} + R^{(2)}, & \text{ball-ball} \\ R^{(1)}, & \text{ball-facet} \end{cases} \tag{7.19}$$

$$r = \begin{cases} \min(R^{(1)}, R^{(2)}), & \text{ball-ball} \\ R^{(1)}, & \text{ball-facet} \end{cases} \tag{7.20}$$

标定计算过程中,轴向压力的施加通过给定试样上、下刚性加载板移动速度实现,围压的施加与保持基于伺服原理实时控制。图7.14所示为经过微细观参数反复标定后围压σ_3=300 kPa与σ_3=500 kPa条件下珊瑚砂混合料的数值仿真曲线与实际应力-应变曲线的对比,由图可知经标定后仿真模型计算所得宏观力学特性与实际试验结果较为贴近,最终确定微细观参数如表7.4所示。下面主要针对σ_3=300 kPa条件下珊瑚砂混合料的颗粒运动及细观参数变化过程进行分析。

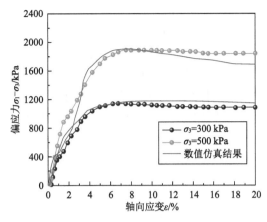

图7.14 数值仿真与试验结果对比

颗粒流数值建模参数表   表7.4

接触形式	接触模型	有效模量 E^*	法向与切向刚度比 k^*	摩擦系数 μ	滚动阻抗摩擦系数 μ_r
颗粒-颗粒	RrLinear Model	6×10^7		0.50	0.30
颗粒-加载板	Linear Model	6×10^7	1.0	0	0
颗粒-侧向模		6×10^6			

7.3.2 仿真计算结果分析

7.3.2.1 颗粒运动参数变化

数值仿真时,对不同轴向应变下颗粒的位移变化过程进行记录和对比,并将剪切过程中颗粒的速度场等运动参数的变化情况进行可视化显示。图7.15所示分别为轴向应变5%、12%、20%条件下珊瑚砂混合料的颗粒位移场,位移量由颜色进行标定。随着试验进程的深入,试样整体产生轴向的压缩,其中两端颗粒的位移量较大,沿轴向向中部位移量逐渐降低,剪切过程中颗粒位置调整,逐渐向径向运动,其中中部颗粒产生的径向位移较大,向两侧逐渐降低,呈鼓胀形式,颗粒的位移情况与实际试验时混合料发生的鼓胀破坏相对应。

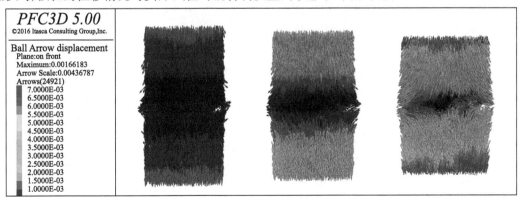

图7.15 颗粒位移场的调整

图 7.16 所示分别为轴向应变 5%、12%、20% 条件下试样的速度场变化情况,由图可知,在仿真初始时,试样内部各颗粒的速度矢量以沿轴向为主,侧向的速度分量较小,速度模量大小分布较为均匀,颗粒主要进行轴向的运动。在外部荷载的作用下,颗粒受挤压作用首先填充内部孔隙,产生体积剪缩。随着剪切的进行,试样外围颗粒速度矢量侧向分量增大,颗粒呈现向外扩张的趋势。加载过程中,试样体积整体表现为前期减小和后期增长,仿真结果与实际宏观试验体积变形特征一致,速度场的变化是对试样体积变形特征的重要说明。

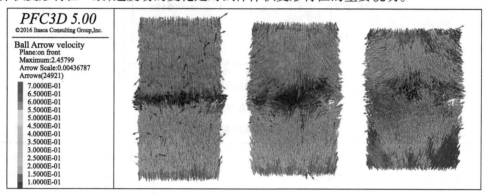

图 7.16　颗粒速度场的变化

7.3.2.2　混合料内部力链演化

在颗粒材料中,外部荷载或重力的作用是通过颗粒间的接触逐个传递的,这些纵横交错的接触力传递路径最终构成力的网络,称为力链网络。在荷载作用下,试样内部不同力链强度迥异,分布在试样内部,其中力链网络中承担荷载大于平均接触荷载的力链为强力链,而传递荷载小于平均荷载的称为弱力链,在剪切过程中担负主要传力功能的颗粒共同组成试样的颗粒骨架。力链网络可视化可对试样整体剪切过程中颗粒承力骨架的形成及演化进行对比展示。

随着剪切的进行,颗粒间的相互作用将引起试样内部力链及应力场的不断变化与调整。图 7.17 所示分别为轴向应变 5%、12%、20% 条件下试样内部力链的变化情况,其中深色接触不断增多,该现象表明试样内部力链不断增加与强化,力链网络整体所传递的荷载在增加。颗粒内部逐渐增长的接触力是颗粒克服摩擦及咬合等作用不断进行位移调整及更高围压下颗粒破碎的重要原因。

图 7.17　混合料内部力链的变化

7.3.2.3　混合料细观参数调整

在数值仿真过程中,对配位数和孔隙率两项参数进行监测,观察其在整个剪切过程中的变化规律。其中配位数 C_N 是指测量圆或测量球内颗粒单元与周围颗粒单元间的平均接触数,见式(7.21)。孔隙率与配位数这两项重要参数均可有力反映剪切过程中试样内部的变化情况。

$$C_N = \frac{\sum n_c^{(p)}}{N_p} \tag{7.21}$$

式中, $\sum n_c^{(p)}$ 和 N_p 分别为测量圆或测量球内接触总数及颗粒单元总数目。

在PFC^{3D}软件中试样内部孔隙率和配位数的监测通过布置测量球进行,图7.18所示为仿真过程中布置的测量球。测量球的编号规则为由下至上,逐层编号,而后层内编号,编号顺序为由内向外,逆时针逐个编号。编号具体含义为首个数字代表层号,中间三位表示层内编号,后两位代表监测编号,本代码中后两位的01表示对孔隙率的监测,02表示对配位数的监测。如测量球编号600101表示第6层第001号测量球的孔隙率监测编号。

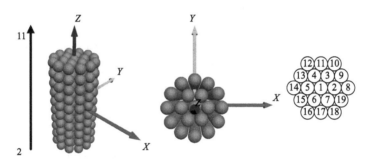

图7.18　测量球的布置及编号

剪切过程中,颗粒的运动将使试样整体的孔隙率和配位数发生变化。在仿真计算时,选取典型区域(6001、6002、6008)布置测量球,设置函数(history)对两项参数进行监测。随着加载的进行,试样内部的孔隙率呈先降低而后升高趋势,而配位数先增大后减小,分别如图7.19、图7.20所示,参数的变化与宏观体积变形特征相对应。在初始剪切时,试样不断被挤密,填充内部初始孔隙,试样整体密实度增加,孔隙率逐渐降低,且颗粒间的接触不断增多,配位数呈增加趋势。而随着剪切的进行,颗粒翻滚错动,位置不断调整,体积变形逐渐增大,密实度降低,孔隙率开始升高,而在围压较低的条件下,颗粒

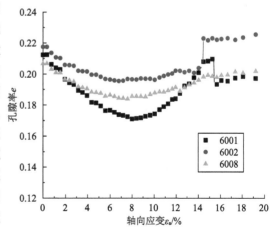

图7.19　孔隙率随轴向应变的变化

的破碎现象并不明显,并未生成较多的小颗粒,由于试样整体的膨胀,其内部结构疏松,颗粒间接触数开始减小,配位数减小。

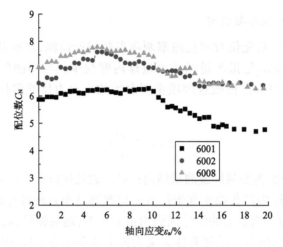

图7.20　配位数随轴向应变的变化

7.4　珊瑚砂混合料CT-三轴压缩中的仿真试验

第6章中对珊瑚砂及其混合料的三轴压缩过程进行CT实时扫描,对三轴压缩条件下的颗粒运动以及破碎有了更为直观和细致的了解,有助于全面认识珊瑚砂力学特性变化规律。微细观扫描试验中总体上掌握了剪切带发展特征以及试样颗粒破碎规律,但无法否认的是CT试验的精度仍然没有达到很高的水平,无法了解颗粒组合结构、单颗粒等运动和破碎特征。如果需要掌握颗粒在试样剪切过程中的物理力学性质发展规律,尚需要借助更为先进的设备和方法。目前,尚不能完全实现使用已有试验条件和仪器设备对三轴试验进行更高精度的剪切过程扫描,而数值仿真对于解决该问题有着一定的优势,借助数值仿真实现试样在三轴剪切过程中的运动和破碎等环境有较大的可行性。

以往的研究都是对纯珊瑚砂进行模拟[158],鲜有对混合料的研究。本节进一步从微细观层面研究珊瑚砂混合料破碎的产生机制,通过离散单元法对珊瑚砂混合料的物理力学特性进行数学表征,并研究微细观颗粒破碎,对其宏观力学行为进行解释,为进一步分析珊瑚砂及其混合料颗粒破碎提供有力支撑。

7.4.1　模型创建与标定

本节模拟掺砂率为60%试样在围压为50 kPa条件下的三轴压缩试验,建立珊瑚砂混合料三轴压缩试验数学模型,记录在不同轴向应变下颗粒的破碎数量、运动轨迹、旋转、裂隙的扩展及力链,以此将整个加载过程中试样颗粒破碎的情况进行可视化展示。

7.4.1.1　试样计算模型创建

计算模型的创建包括以下五步:建立模型空间、生成颗粒单元、选定接触模型、施加荷载、监测参数。

(1)建立模型空间。仿真试样与原始试样具有相同的尺寸(D=39.1 mm,H=80 mm)。上、下两边的加载板为完全刚性,采用PFC[3D]内墙单元;侧边壳单元为柔性结构,如图7.21所示。

（2）生成颗粒单元。本次模拟采用颗粒级配生成法来生成颗粒单元。在颗粒生成过程中考虑到标准砂不易破碎，所以用球形刚性颗粒替代标准砂颗粒，考虑到珊瑚砂颗粒形状较不规则，因此在球形颗粒基础上，以 clump 的形式增加生成三种不规则单元（棒状、块状、枝状）来充当形状不规则的珊瑚砂颗粒，见图 7.21。

（3）选定接触模型。本次模拟的接触模型为平行接触黏结模型。

（4）施加荷载。通过控制试样上、下刚性加载板移动的速度来模拟轴压的施加，基于伺服机制实时控制围压的施加与保持。本节设置剪切速度为 0.1 mm/min，围压为 50 kPa。

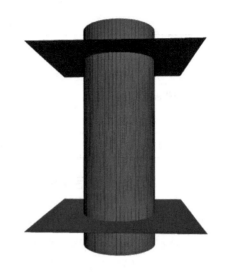

图 7.21 墙体示意图

（5）监测参数。在加载过程中，对宏观力学特性及微细观参数进行实时监测。

试样最终生成的模型如图 7.22 所示，试样在 XZ、YZ、XY 三个方向切片见图 7.13。

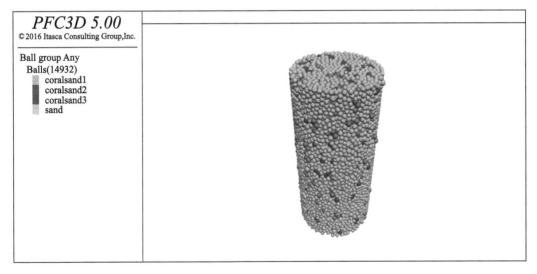

图 7.22 生成的试样模型

7.4.1.2 参数标定

PFC^{3D} 数值建模时，选择合适的模型参数是十分重要的，其中，试样大小等参数可由研究者自行确定，颗粒摩擦系数等微细观参数可由试验测出，但有些微细观参数如微细观结构相互作用参数等，则无法通过实际物理试验确定。数值模拟需对实际试验所得的宏观力学特性与模型微细观参数间的对应关系进行反复调整，使模拟颗粒与珊瑚砂特性相一致，该过程称为模型参数的标定。通过查阅类似的文献[159~160]，发现一些重要的参数（颗粒刚度、抗拉黏结强度）并没有统一的标准。孙彦迪[158]指出，颗粒刚度对应力峰值的影响较小，对比文献中的取值，最终确定颗粒刚度为 $1×10^7$；文献[160]分析认为在三轴压缩过程中，抗拉黏结强度为 $1×10^6$ 的试样的宏观力学特性最接近室内试验结果。本章确定的模型参数如表 7.5 所示。

数值建模材料及模型参数表 表7.5

项目类别	取值	项目类别	取值
薄膜刚度/(N/m)	$1×10^6$	泊松比μ	0.25
加载板刚度/(N/m)	$1×10^8$	颗粒比重	2.691
抗拉黏结强度/Pa	$1×10^6$	颗粒法向刚度/(N/m)	$1×10^7$
颗粒切向刚度/(N/m)	$1×10^7$	加载板、薄膜摩擦系数	0.2

7.4.2 仿真计算结果分析

7.4.2.1 宏观特征分析

本节掺砂率为60%试样在围压为50 kPa条件下的三轴压缩试验,其偏应力-轴向应变曲线如图7.23所示。偏应力q与平均应力p'按式(7.22)和式(7.23)计算:

$$q = \frac{1}{\sqrt{2}}\left[(\sigma_1' - \sigma_2')^2 + (\sigma_1' - \sigma_3')^2 + (\sigma_2' - \sigma_3')^2\right]^{\frac{1}{2}} \tag{7.22}$$

$$p' = \frac{1}{3}(\sigma_1' + \sigma_2' + \sigma_3') \tag{7.23}$$

式中,σ_1'、σ_2'、σ_3'分别为第一、第二、第三主应力。

由图7.23可知,随着轴向应变的增加,曲线的前半部分逐渐升高,达到峰值后逐渐降低直至破坏,应力-应变曲线呈软化型,其曲线基本与实际的三轴压缩试验相符合。三轴压缩试验中,试样的形变及剪切带的发展对材料的研究是十分重要的。图7.24为在轴向应变为1%~15%时试样的变形,在加载过程中,试样出现剪切带,与室内试验试样的变形较为一致。图7.25所示为仿真变形与实际变形对比。

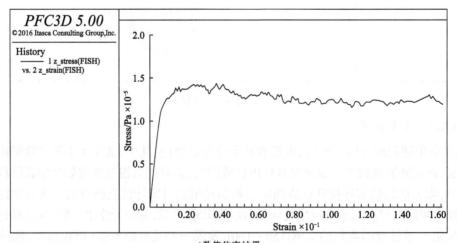

a)数值仿真结果

图 7.23

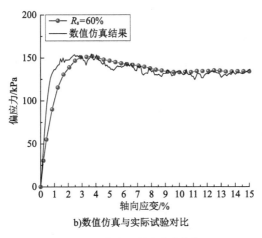

b)数值仿真与实际试验对比

图 7.23　偏应力-轴向应变曲线

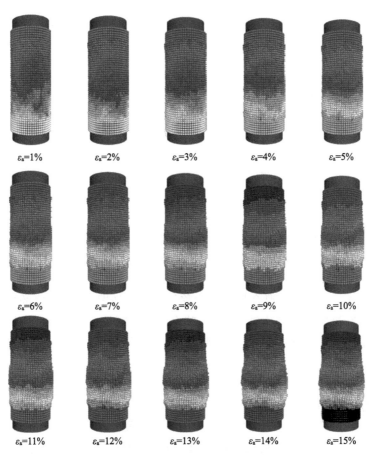

图 7.24　不同轴向应变对应的试样变形

a)仿真结果 b)实际结果

图7.25 仿真变形与实际变形对比

7.4.2.2 微细观特征分析

（1）颗粒破碎发展规律。

图7.26为数值仿真三轴压缩试验中,颗粒破碎数量-轴向应变的关系曲线。由图可知,颗粒的破碎主要由两个部分（受拉破坏和受剪破坏）组成,其中受剪破坏颗粒的数目要明显大于受拉破坏颗粒数目,且颗粒破碎数量与轴向应变呈正相关。但曲线的斜率并不是保持一定的,剪切前期与后期的斜率明显要比剪切中期小。这是由于在剪切前期,试样比较松散,颗粒在剪应力的作用下发生颗粒重排,使得试样变得更加密实。此时,颗粒间的接触力比较小,因而破碎较少。剪切中期,当试样被压实后,颗粒之间相互咬合,在外力的作用下,颗粒的棱角发生断裂,因此这个阶段破碎较多。剪切后期,随着颗粒继续破碎以及大小颗粒位置的调整,颗粒表面变得更加规则与光滑,导致破碎的速度变慢。

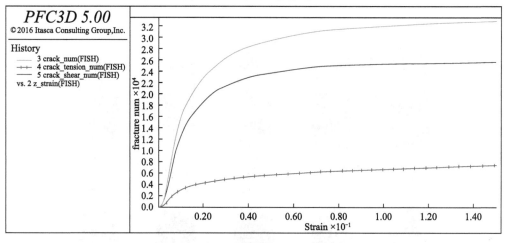

图7.26 颗粒破碎数量-轴向应变关系曲线

（2）颗粒破碎的空间分布及演化。

数值仿真时,记录在不同轴向应变下颗粒的运动轨迹、旋转、裂隙的扩展及力链,以此将整个加载过程中试样颗粒破碎的情况进行可视化展示。

图7.27为轴向应变条件下混合料颗粒位移场的变化情况,随着试验的进行,轴向两端颗粒逐渐向中部移动,试样整体产生轴向压缩,其中两端的颗粒位移量较大,剪切过程中颗粒进行位置调整,待轴向压缩到达一定程度后,颗粒逐渐向径向运动,其中中部颗粒产生的径向位移较大,向两侧逐渐减小。

当内部颗粒被挤密后,颗粒无法产生位移,在外力的作用下,颗粒发生剪切破坏,使得颗粒的棱角发生断裂,出现剪切带,此时颗粒的运动为旋转。当试样出现剪切带后,颗粒沿剪切带发展的方向移动,颗粒的位移情况与实际试验时混合料发生的剪切破坏相对应。为了更直观地展现颗粒的运动状态,图7.28列出了各个轴向应变下对应颗粒的旋转情况,从中可知,颗粒的旋转主要出现在剪切带的发展方向上。

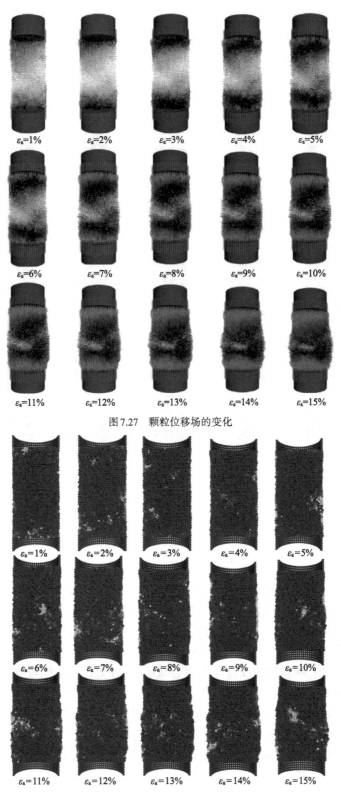

图 7.27　颗粒位移场的变化

图 7.28　颗粒的旋转情况

颗粒材料所受的外部荷载或者重力是通过接触的颗粒逐个传递的,这些接触力传递路径最终构成力的网络即力链网络。力链网络的可视化有助于对试样整体剪切过程中颗粒承力骨架的形成及演化进行对比展示。图7.29为不同轴向应变对应试样内部力链变化。

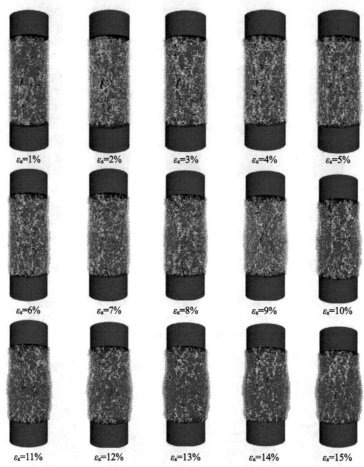

图7.29 试样内部力链变化

随着剪切的进行,试样内部的力链与应力场是在不断变化与调整的,该现象是由颗粒间的相互作用引起的。由图7.29可知,图中的黑色接触逐渐增多,到一定程度后开始小幅度减少。这表明,试样内部的接触力先不断增大而后开始减小。当颗粒被挤密时,需不断进行位移调整以克服摩擦及咬合等作用,此时接触力增大;当接触力大于颗粒内部的胶结力时,颗粒发生破碎,其形状会更加规则,颗粒间的咬合与摩擦会减小,在外力作用下颗粒会发生旋转与位移,因此接触力会小幅度降低。这也是剪切后期颗粒破碎速度减慢的原因。

为了更好地将颗粒破碎的发展可视化,列出剪切过程中不同轴向应变条件下颗粒内部的裂隙扩展图(图7.30)。由图可知,颗粒裂隙的数量与轴向应变呈正相关,且加载初期,颗粒的破碎主要集中在试样上、下端附近,随着剪切的进行,后续裂隙的增长主要集中在剪切带附近,与颗粒旋转的位置相一致。

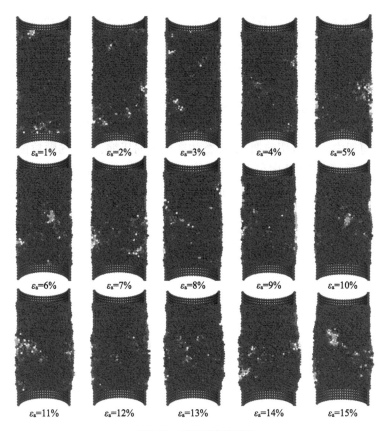

图 7.30　颗粒裂隙扩展图

7.5　本章小结

基于第 3 章室内三轴压缩试验,采用颗粒流软件 PFC³ᴰ对珊瑚砂在不同围压、一定掺砂率条件下的力学变形特征以及颗粒破碎规律开展数值仿真,包括对珊瑚砂及其混合料试样进行了不同工况的可视化仿真,得到以下有关珊瑚砂变形强度和颗粒破碎性能的结论:

(1)珊瑚砂三轴固结排水剪切试验中,对数值模拟颗粒破碎数量区间统计和粒径变化进行分析可知,随着围压增大,棱角破碎颗粒数远大于整体破碎颗粒数,棱角破碎的颗粒数和颗粒破碎总数增加趋势变缓;模型粒径大于 10.725 mm(原 1.43 mm)的颗粒基本发生了破碎,模型粒径小于 2.25 mm(原 0.3 mm)的颗粒基本没有发生破碎。单一颗粒破碎的形式与粒径和颗粒所受应力相关。配位数和整体接触力随围压的增大而增大,且颗粒逐渐从不稳定的棱角破碎过渡到稳定的整体破碎,进一步解释了颗粒相对破碎率随围压增大而增大的原因。

(2)珊瑚砂混合料的三轴压缩过程中,混合料主要发生轴向的压缩与径向的膨胀,其中轴向两端颗粒的位移量最大,沿轴向向中间位移量逐渐降低,最终随着剪切的进行,混合料发生鼓胀破坏。通过对剪切过程中的力链演化进行分析可知,随着剪切的进行,接触力不断升高,成为颗粒克服摩擦及咬合等作用不断进行位移调整及更高围压下颗粒破碎的重要原因。

(3)珊瑚砂混合料在剪切初始时,颗粒单元的速度矢量主要沿轴向分布,随着混合料的不断压缩,颗粒速度场矢量沿侧向的分量逐渐增加。通过选取典型区域布置测量球,对混合料内部的孔隙率和配位数进行监测,结果显示混合料的孔隙率呈先降低后升高的趋势,而配位数变化规律为先增加后减小。速度场的调整与微细观参数的变化是对混合料宏观体积变形特征的有力解释。

(4)珊瑚砂混合料进行CT-三轴压缩试验过程中,颗粒的破碎主要由受拉破坏和受剪破坏两个部分组成,且受剪破坏颗粒的数目要明显大于受拉破坏颗粒数目,剪切前期与后期颗粒破碎的数量要小于剪切中期。剪切前期,试样整体产生轴向压缩,两端的颗粒位移量较大。待轴向压缩到一定程度后,颗粒逐渐向径向运动,其中中部颗粒产生的径向位移较大,向两侧逐渐减小。当试样出现剪切带后,颗粒沿剪切带发展的方向旋转运动,发生剪切破碎。

第8章 珊瑚砂地基工程力学特性和载荷试验模拟

考虑到施工的便利性及工程造价,在不破坏珊瑚岛礁生态环境的前提下,珊瑚砂无疑成为岛礁建设的重要原料。岛礁建设中关注的重点之一是珊瑚砂地基问题,吹填珊瑚砂地基需要了解地基处理方法,获得地基承载力、沉降变形等关键力学参数,才能为建筑物和构筑物等建设提供重要依据。然而珊瑚砂颗粒形状多不规则,内部孔隙发育,颗粒结构疏松,在竖向荷载作用下容易压缩,表现出较大的沉降量,珊瑚砂工程性质的不确定性尚需进一步探究。

珊瑚砂不同于普通硅砂,其工程力学性质较差,具有高孔隙比和颗粒易破碎、易胶结等特点,在岛礁工程建设中需要研究珊瑚砂的承载及变形特性。由于珊瑚岛礁远离陆地,对珊瑚砂地基进行原位测试研究较困难,因此通过浅层平板载荷模型试验,研究珊瑚砂地基的承载及变形等特性。在试验基础上建立了三维离散元数值模型,离散元数值模型采用替代法模拟颗粒破碎,选取以等效应力为极限条件的颗粒破碎准则,分析了珊瑚砂颗粒受力后的粒径变化、相对破碎率和内部接触力等微细观特征,较好地解释了珊瑚砂颗粒破碎宏观变形和破坏机制[152,161]。

8.1 珊瑚砂地基工程力学特性原位测试

碾压法应用广泛,理论成熟,施工便捷,是大面积地基处理的常用方法。早在20世纪70年代,我国便开始开展将振动碾压施工用于粉土、粉质黏土等地基加固的试验,效果良好[162]。冲击碾压法起源于南非,在地基加固工程中适用性强,在砂、软塑性砂土等特殊土中加固效果显著[163]。目前,这两类方法在大量工程中付诸实施,但这两种常用方法是否适用于珊瑚砂吹填地基还需要结合实际工程进一步验证。

本节结合某岛礁机场珊瑚砂吹填地基加固工程,进行振动碾压和冲击碾压两种形式的地基处理,通过圆锥动力触探、加州承载比和载荷试验等原位测试手段,并辅以沉降变形监测和浸水试验沉降监测,研究珊瑚砂吹填地基的关键工程力学特性,并对振动碾压和冲击碾压的加固效果进行对比分析。研究成果具有重要的现实意义,可为我国南海岛礁建设提供有力借鉴[164]。

8.1.1 试验概况

珊瑚砂吹填地基现场表观特征如图8.1所示,表面为灰白色,整体呈松散状。吹填地基地层中包含有砾质珊瑚砂、珊瑚砂质粉土、砂质珊瑚砾、硅质砂石等,成分复杂,机场吹填区域的局部地层剖面主要包括4层。第1层由两类组成:①为中粗砂混合珊瑚碎石,以角砾为主,含少量珊瑚枝丫及硅质杂质;②以细砂为主,局部为中粗砂,含少量珊瑚枝丫及碎石,局部表层为厚度约20 cm的耕植土,夹少量黏性土。第2层也由两类组成:①以细砂为主,局部为中粗砂,含少许珊瑚枝丫及碎石;②以中砂为主,局部为砾砂,含少许珊瑚枝丫及碎石。第3层由中粗砂混合珊瑚碎石块组成,珊瑚碎石含量在30%~45%,骨架块径在2~8 cm。第4层多为粒径0.5~1.0 cm及少量粒径2~4 cm的珊瑚砾石,间夹贝壳屑及不规则放射状珊瑚灰岩,颗粒间孔隙发育。

其中机场地下水埋深较浅,水位受海水变化的影响,单日地下水位涨幅在0.4~1.0 m之间,机场工程地质条件较为特殊,因此该机场的地基加固处理还需要进一步研究,以确保工程质量。为方便控制和定位,机场区域内设立200 m×200 m主方格网控制坐标系统。每一单位方格尺寸为40 m×40 m(P×H),其中新跑道中线为H100,新跑道北端中点为P100,南端中点为P185。

图8.1　珊瑚砂吹填地基现场表观特征

8.1.2　试验方案

为研究碾压法在大面积珊瑚砂地基加固中的适用性,在机场填海造陆区域开辟试验区进行地基碾压试验。试验采用振动碾压和冲击碾压两种形式,地基处理过程中对地基各点的标高进行监测,并利用圆锥动力触探、加州承载比和载荷试验等多种手段检测珊瑚砂地基的加固效果,而后对比分析不同碾压施工加固效果的差异,图8.2所示为各试验区的编号。

图8.2　地基处理各区域编号(单位:m)

8.1.3　试验结果分析

8.1.3.1　圆锥动力触探试验

碾压区采用圆锥动力触探(Dynamic Penetration Test,DPT)进行检测,该方法通过测定将探头打入土中一定深度所需要的击数来评价地基的工程性质。在地基碾压过程中对振动碾压区和冲击碾压区处理20遍、25遍、30遍的地基进行动力触探检测,将振动碾压区具有代表性的检测点分别编号为Z-DPT01、Z-DPT02、Z-DPT03,冲击碾压区的分别编号为C-DPT01、C-DPT02、

C-DPT03,各点的具体检测结果如图8.3所示。数据分析表明,各点的动力触探结果均满足工程要求,地基处理效果良好。

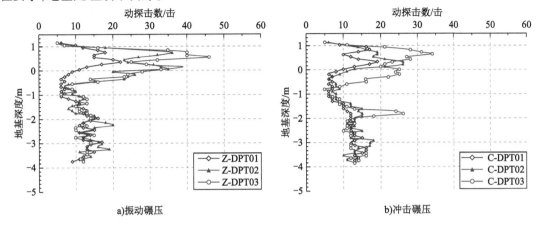

a)振动碾压　　　　　　　　　　　　　　b)冲击碾压

图8.3　DPT检测结果

分析动力触探检测结果可知,随着碾压遍数的增加,珊瑚砂表层土的密实度均提高,且在地表以上0.5 m处动探击数最高,说明此处加固密实效果最好。30遍振动碾压条件下,动探击数从碾压20遍时的15击增长至46击,增长约2倍;经30遍冲击碾压时,动探击数相较于20遍碾压时也有明显增长,但与振动碾压区域相比,增幅较小。另外,碾压处理的加固深度有限,仅在地表以下2.0 m内加固效果明显,对更深处的地基加固影响较小。图8.3结果显示,经过30遍碾压,地表以下2.8～3.2 m处动探击数略有起伏,这与施工时施加的动荷载密切相关。在一定频率的作用下,压力波的传播范围相较于机械静力碾压更深。由于冲击碾压荷载的高振幅、低频率特征,其压力传播范围广,但受地下水浮力干扰较大,动探击数并不稳定。

8.1.3.2　加州承载比试验

加州承载比(California Bearing Ratio,CBR)可对地基承载能力进行评定[165],在振动碾压区和冲击碾压区随机取点进行CBR检测,将检测各点的CBR检测值绘制于图8.4中,经多项式拟合可得振动碾压下的CBR方程[式(8.1)]和冲击碾压下的CBR方程[式(8.2)],相关系数R^2分别为0.9958和0.9987。

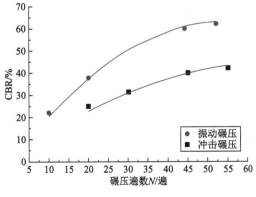

图8.4　CBR检测结果

$$CBR = -0.0206N^2 + 2.3044N - 0.5806 \quad (8.1)$$
$$CBR = -0.0099N^2 + 1.3161N - 0.5320 \quad (8.2)$$

图8.4结果显示,经振动碾压和冲击碾压,地基加固效果明显,珊瑚砂地基现场CBR值与处理遍数呈正相关的关系。经过20遍振动碾压,地基现场CBR值已经增加至38%,而经过30遍冲击碾压,CBR值仅为28%,可见振动碾压地基加固起效较冲击碾压更快。为更好地进行对比研究,将振动碾压区碾压25遍和30遍时的两检测点编号为Z-CBR01和Z-CBR02,冲击碾压区碾压25遍和30遍时的两检测点编号为C-CBR01和C-CBR02,将各点的详细检测结果绘制成P-S曲线,如图8.5所示。

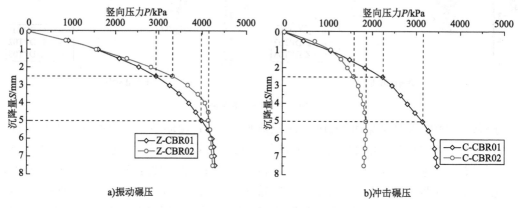

图8.5 加州承载比试验P-S曲线

Z-CBR01点在标准贯入杆贯入地基2.5 mm时产生的竖向压力为2932.7 kPa,CBR值为43.57%,Z-CBR02点贯入2.5 mm时产生的竖向压力为3311.6 kPa,CBR值为45.71%,CBR值均大于8%,检测结果符合《民用机场水泥混凝土道面设计规范》(MH/T 5004—2010)[166]的要求。

C-CBR01和C-CBR02两点贯入2.5 mm深度时所需荷载分别为2250.1 kPa和1564.1 kPa,CBR值分别为32.14%和22.34%,贯入所需荷载比振动碾压区小,但检测结果同样符合合格标准。检测结果与两种碾压方式的作用原理关系密切,由于振动碾压作用周期长,珊瑚砂中的自由水排出顺畅,孔隙水压力消散较快,有效应力提升明显,因此振动碾压条件下地基的承载能力更强,现场CBR值较冲击碾压条件下更大。结合各点的P-S曲线分析可知,碾压法对珊瑚砂地基的适用性较好,且振动碾压区的地基承载能力显著高于冲击碾压区,地基处理效果较优。

8.1.3.3 浅层平板载荷试验

浅层平板载荷试验是一种应用广泛且能直接反映地基土承载能力的检测手段,并可通过记录地基的沉降量计算地基的变形模量,反映地基的受力抗变形能力。本节现场试验中采用挖掘机提供加载反力,如图8.6所示。载荷板直径为564 mm,受荷面积为0.25 m²。

地基经30遍碾压处理后,在振动碾压区和冲击碾压区各随机选取6个点进行浅层平板载荷试验,记录其在各级荷载下的沉降量。选取检测时两区域具有代表性的两点,分别编号为Z-S2(振动碾压取)和C-S9(冲击碾压区),绘制其P-S曲线,并依据《铁路工程地质原位测试规程》(TB 10018—2018)[167]对存在反弯点的曲线进行校正,如图8.7所示。

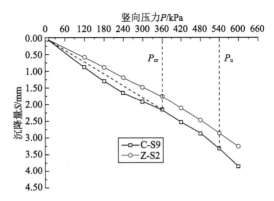

图8.6　浅层平板载荷试验现场　　　　图8.7　浅层平板载荷试验$P\text{-}S$曲线

C-S9点在竖向压力为360 kPa处出现拐点,因此其比例界限P_{cr}为360 kPa,在竖向压力为600 kPa时出现承载板周围珊瑚砂明显侧向挤出,因此取其上一级竖向压力540 kPa为极限荷载P_u,分析可知未修正的地基承载力特征值f_{ak}=270 kPa。Z-S2点试验过程中未发生承载板周围珊瑚砂明显侧向挤出或沉降值陡增现象,且在加载过程中,沉降速率、累计沉降量等参数均在合理的范围内,因此并未达到加载破坏阶段。但通过检测结果分析可知,其f_{ak}必定大于270 kPa。因此振动碾压区的地基承载能力显著高于冲击碾压区。

8.1.3.4　土基反应模量试验

与变形模量的部分侧限条件基本假定不同,土基反应模量依据文克勒土基模型计算,该模型视土基为无数互不相连的弹簧体系,地基各点互不影响。通过计算土基反应模量,可与变形模量从不同角度相互验证,便于科学合理地比较分析珊瑚砂的受力抗变形能力。碾压30遍后,在两区域各随机选取6个点进行土基反应模量检测,振动碾压区编号Z-1 ~ Z-6,冲击碾压区编号C-1 ~ C-6。检测时在测点位置开挖试坑至试验土层以下15 ~ 20 cm,铲平并放置直径为750 mm的底层承载板,而后依据规范要求开展加载试验,记录试验读数,其中土基反应模量按式(8.3)[168]计算。

$$K_u = \frac{P_B}{0.00127} \tag{8.3}$$

式中,K_u为现场测得的土基反应模量,MN/m³;P_B为承载板下沉量为1.27 mm时所对应的单位竖向压力,MPa。

项目仅将其中具有代表性的两点的$P\text{-}S$曲线绘制于图8.8中,其中Z-3和C-2分别为振动碾压区和冲击碾压区的检测点,各点具体的土基反应模量如图8.9所示。通过$P\text{-}S$曲线可以观察到经振动碾压后地基的受力抗变形能力显著高于冲击碾压处理后的。由图8.9可知,振动碾压区的平均土基反应模量为106.68 MN/m³,明显高于冲击碾压区的平均土基反应模量82.53 MN/m³。其中振动碾压区域最小检测值为82.70 MN/m³,冲击碾压区域最小检测值为58.30 MN/m³,均满足工程要求,但振动碾压后地基的压实性更好,受荷载作用时地基的抗变形能力更强。

8.1.3.5　碾压沉降监测

本试验在冲击碾压区H99+35一线和振动碾压区H100+05一线各随机选取6个点,将其依次编号为C01、C02、C03、C04、C05、C06和Z01、Z02、Z03、Z04、Z05、Z06,将地基碾压20遍、25遍、30遍的沉降监测结果绘制于图8.10中。

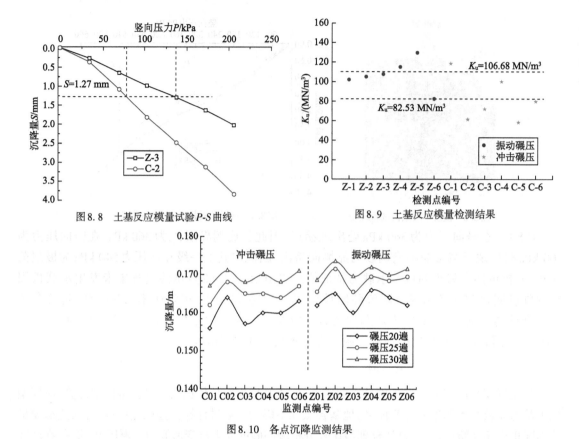

图 8.8 土基反应模量试验 P-S 曲线　　　　图 8.9 土基反应模量检测结果

图 8.10 各点沉降监测结果

由图 8.10 沉降量分析可知,经碾压处理后,沉降差已经控制在工程要求范围内,证明珊瑚砂是一种变形较为稳定的地基填充材料。随着碾压遍数的增加,珊瑚砂地基沉降差逐渐减小,沉降趋于稳定。相比于冲击碾压区,振动碾压区各点的标高普遍较低,且沉降差较小,从侧面说明了振动碾压施工效率较高,已经提前达到了沉降变形的要求。

监测结果与理论分析结论较为一致,珊瑚砂地基受荷初期主要发生孔隙压缩、水分挤出和颗粒位置的重排布,受荷后期的变形主要由颗粒破碎控制。随着碾压遍数的增加,颗粒重排布逐渐完成,调整为更加稳定的状态,颗粒破碎形成更加稳定的结构,大小颗粒之间相互嵌入咬合,配位数增多,应力集中现象逐渐减少,沉降差降低,地基变形趋于稳定。

8.1.3.6　浸水试验沉降监测

在试验区附近设置一个 3 m×3 m 的方形浸水试坑,试坑地面标高 1.7 m,试坑顶部标高 2.5 m,同时布置 5 个监测点进行为期 4 d 的沉降监测,监测点依次编号为 G1~G5,如图 8.11 所示,各点的地基监测结果如图 8.12 所示。由图 8.12 可知各点的标高仅轻微变化,变形控制在工程合理的范围之内。珊瑚砂受地表水的影响较小,没有发生浸水湿陷变形或膨胀凸起现象,是一种性质较为稳定的地基填充材料,水理性质较好。

监测结果符合理论预期,珊瑚砂受力变形后颗粒破碎,粒径分布更加均匀,大小颗粒相互填充咬合,形成相对稳定的骨架,颗粒间接触点增多,颗粒破碎需克服较大的摩擦阻力,能量消耗较高,因此受自由水的侵蚀较小。同时碾压后土体密实度提高,地基渗透性降低。珊瑚砂水理性质稳定,由于其本身碳酸钙含量较高,水对碳酸钙软化作用较小,且砂中掺杂的黏土矿物较少,因此浸水变形较小。

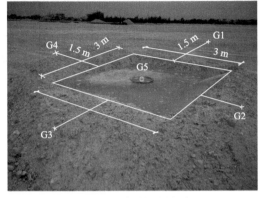

图8.11 浸水试坑监测现场

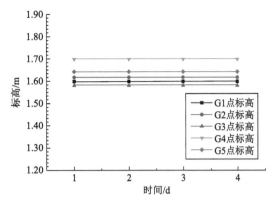

图8.12 浸水试验沉降监测

8.1.3.7 加固效果对比分析

本机场工程要求不停航施工,且周边有建筑物和构筑物,大面积使用强夯法不符合实际工况要求,故而本工程主要采用了碾压法处理吹填地基。检测和监测结果表明,碾压法对珊瑚砂地基加固作用明显,且振动碾压加固效果优于冲击碾压加固,这与珊瑚砂独特的物理力学性质密切相关。珊瑚砂颗粒结构疏松,形状多不规则且棱角分明,易折断,内部孔隙发育,在外力作用下易产生颗粒的破碎,珊瑚砂的破碎对其工程力学变形特性产生重要影响[169]。

振动碾压和冲击碾压两者对珊瑚砂地基加固机理不同。振动碾压采用高频、反复、连续的振动方式冲击土体,机械产生静压力和连续振动冲击的双重作用,碾压时在珊瑚砂表面产生压力波,珊瑚砂颗粒受到惯性力的反复作用,颗粒之间相互错动,发生重排布,珊瑚砂总势能逐渐降低。在受到挤压时珊瑚砂颗粒之间互相碰撞、研磨,颗粒棱角折断、破碎,形成粒径更加细小的颗粒,同时大颗粒整体破碎,释放内部封闭孔隙,珊瑚砂孔隙比降低,趋于振动密实。经振动碾压后,大小颗粒相互填充,颗粒之间嵌入咬合,有效内摩擦角增加明显,且振动碾压作用时间较长,孔隙水有足够的时间排出,因此地基有效应力提升明显[170],地基承载能力较强。

冲击碾压采用非圆截面工作轮,施工时土体受到冲击与滚动重压的复合作用[171],荷载为瞬时荷载,作用时间较短,土中的水分来不及排出,有效应力提升较慢,且碾压受到土中水的浮力影响,冲击力在水中的作用大打折扣。珊瑚砂中大粒径颗粒充当土体骨架,其密实度高,颗粒比重大,在受到振幅较大的冲击荷载时,下沉速度较快,因此上部土层中骨架颗粒较少,级配较差,承载能力弱于振动碾压区。因此在现有工程地质和设备条件下使用振动碾压处理方式地基加固效果更好。

8.2 非饱和珊瑚砂地基浅层平板载荷试验

岛礁工程建设需要研究珊瑚砂的承载及变形特性,可通过浅层平板载荷模型试验开展研究。除了部分珊瑚砂长期在海平面以下,岛礁上珊瑚砂受到大气、降雨、海水水位等影响,处于非饱和状态,珊瑚砂有一定的含水率,但未完全干燥,也未完全饱和,因此开展非饱和状态下珊瑚砂地基浅层平板载荷试验具有重要的现实意义。

8.2.1 试样概况

8.2.1.1 珊瑚砂物理性质

按照《土工试验方法标准》(GB/T 50123—2019)规定,对试验所用珊瑚砂进行了颗粒分析、土粒比重试验,表8.1为珊瑚砂基本物理性质和珊瑚砂颗粒级配曲线关键参数,图8.13为珊瑚砂孔隙比随压力变化曲线。珊瑚砂试样处于非饱和状态,含水率在10.2%~16.7%之间,处于天然堆积状态。

珊瑚砂基本参数 表8.1

参数	最大孔隙比 e_{max}	最小孔隙比 e_{min}	不均匀系数 C_u	曲率系数 C_c	内摩擦角 $\varphi/$ (°)
数值	1.12	0.62	50	1.047	31.56

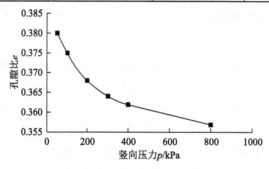

图8.13 珊瑚砂孔隙比随压力变化曲线

8.2.1.2 传感器标定

将压力传感器放置于千斤顶与反力梁之间,用于测定施加的荷载大小。本试验选用成都新普传感器有限公司生产的CZLYB-1A型传感器,量程为20 kN,精度为0.5%。试验前要对压力传感器进行标定,以保证试验数据的准确性。使用液压式万能试验机对压力传感器进行标定,分级加压,每级加压2 kN,对压力传感器显示器进行读数,一直标定到18 kN。标定一般进行3~4次。标定结果如表8.2所示,标定曲线如图8.14所示。

压力传感器标定结果记录表 表8.2

压力传感器读数/kN	实际荷载/kN			
	第1次标定	第2次标定	第3次标定	平均值
0	40.3	40.6	39.8	40.23
2	68	68.7	70	68.90
4	118	120	124	120.67
6	173	178.4	179	176.80
8	229	230	230	229.67
10	276	279	280	278.33
12	327	330	330	329
14	384	384	385	384.33
16	437	439	440	438.67
18	495	497	497	496.33

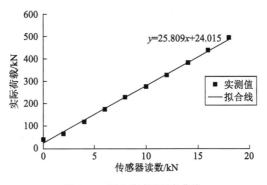

图8.14 压力传感器标定曲线

根据表8.2的标定结果和图8.14的标定曲线,得到实际压力与压力传感器读数的关系为$y=25.809x+24.015$,其中x为传感器读数,y为实际压力值,试验中即可根据传感器读数方便地获得实际施加荷载值。

土压力盒的参数一般是通过油标标定的,其在标定过程中受到均匀的液压。但是土压力盒的工作环境在珊瑚砂中,其受压面上的土压力不是均匀分布的,因此在土压力作用下土压力盒的输出结果将与液压作用下的结果不同。不同的介质条件和应力分布可能导致土压力盒所测得的数据较均布荷载作用下的偏低或者偏高。另外,由于盒面的变形,拱效应以及盒面的剪应力也可能减小盒面上的正应力。考虑到这些因素,应当模拟土压力盒在实际应用过程中的介质环境进行标定。因此应对土压力盒逐个进行现场标定,试验所用土压力盒型号为BW型,量程1 MPa,直径12 mm,厚度4.8 mm,满量程输出1000 $\mu\varepsilon$左右,准确度误差≤0.3F.S.,桥接方式为全桥,超载能力为120%,桥路电阻为350 Ω,可以在饱和水介质中工作。土压力盒有红、黄、蓝、黑四根线,分别对应应变采集箱上+Eg、Vi+、−Eg、Vi−四个接口。应变采集箱为ST3826F-L型静态应变测试分析系统。

模拟土压力盒真实工作环境,将土压力盒埋置于粒径小于0.5 mm的珊瑚砂中,埋置深度为10 cm,标定试验装置如图8.15所示。加载方式为千斤顶加压,千斤顶上部连接压力传感器。首先得到压力与应变的关系,经过换算得出压强与应变的关系,然后即可得到土压力盒的灵敏度(mV/MPa)。以1号土压力盒为例,标定曲线如图8.16所示,从中可得出1号土压力盒的灵敏度为0.906 mV/MPa。采用同样的方法,测得其他土压力盒的灵敏度,如表8.3所示。

图8.15 土压力盒标定试验装置

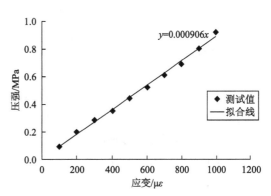

图8.16 土压力盒标定曲线

土压力盒标定结果　　　　　　　　　　　　　　　　　　　　　　　　　表8.3

土压力盒编号	1	2	3	4	5	6	7	8	9	10	11	12
灵敏度/(mV/MPa)	0.906	1.106	0.913	0.860	0.95	1.013	1.016	0.946	1	0.923	0.886	0.9

8.2.1.3　模型箱设计加工

自行设计的模型箱,可用于珊瑚砂地基浅层平板载荷模型试验等。将厚度为8 mm的钢板焊接成模型箱,尺寸为1.0 m×1.0 m×1.0 m,由隔板隔出0.6 m×0.6 m×1 m部分用于本试验,并设置钢化玻璃观察窗,如图8.17所示。

图8.17　地基承载力室内模拟试验模型箱

模型箱的尺寸使得桩体与模型箱底部和侧部距离满足内填的珊瑚砂为半无限体的条件。对于桩体和模型箱的设计,需要满足最小桩距、粒径效应和边界条件三个条件。

(1)桩体受到上部荷载作用,会对桩周土产生一定的影响。美国石油协会规定桩体对桩周土的影响范围为8倍桩径范围。Cooke等[172]通过在伦敦黏土中的桩基载荷试验得到桩体对桩周土的影响范围为12倍桩径左右。本试验中,珊瑚砂桩径5 cm,模型箱宽度1 m,因此符合最小桩距要求。

(2)对于粗粒土,Ovesen[173]曾证明基础直径大于30倍砂土平均粒径时,模型土料的粒径不相似性不会对基础承载力特性有影响。Craig[174]经过研究认为,当桩基等结构物的尺寸与模型土的最大粒径之比大于或等于40时,模型土料的粒径不相似性不会对基础承载力特性有影响。徐光明和章为民[175]认为结构物尺寸与最大粒径之比大于23时,土体性状与原型一样,不存在粒径效应。Garnier和Konig[176]指出,当$D/d_{50} > 100$时,最大剪应力的发挥没有明显的尺寸效应。根据图3.2珊瑚砂颗粒级配曲线可知试验所用珊瑚砂d_{50}=0.41 mm,D=50 mm,$D/d_{50} = 98$,因此符合粒径效应要求。

(3)边界效应来自模型箱边壁对模型的约束作用。Oveson[173]认为模型与箱壁的距离B与模型尺寸b之比应大于2.82,即$B/b>2.82$,方可消除边界效应。徐光明和章为民[175]认为B/b应大于3.0,方可消除边界效应,同时可在箱壁涂抹黄油,以减小箱壁的摩擦力。本试验中B=27.5 cm,b=5 cm,B/b=5.5,因此符合边界条件要求。

8.2.1.4　试验方案

通过开展不同相对密实度和承压板条件下的对比试验,研究珊瑚砂天然地基承载和变形特性。承压板选择 100 mm×100 mm 的方形钢板和直径 100 mm 的圆形钢板,厚度均为 12 mm。相对密实度对珊瑚砂地基的承载和变形特性具有重要影响,同时考虑孔隙比和颗粒级配情况的影响,可以较好地反映砂土密实度。

为研究相对密实度对珊瑚砂地基承载及变形特性的影响,本试验设置了 3 种不同的相对密实度,分别为 44%、58% 和 70%,其中相对密实度 44% 和 58% 为中密,相对密实度 70% 为密实,试验方案如表 8.4 所示。

表 8.4
试验方案

试验序号	1	2	3	4	5	6
承压板尺寸	直径 100 mm 圆板			边长 100 mm 方板		
相对密实度	44%	58%	70%	44%	58%	70%

对珊瑚砂地基进行分层填筑,每层 10 cm,共 8 层。采用电子百分表测量沉降量,采用千斤顶施加荷载。在承压板中心以及距离承压板中心 10 cm 和 20 cm 位置,深度为 10 cm、20 cm、30 cm、40 cm 和 50 cm 处分别埋设微型土压力盒,观测这些点对应的土压力。在中心位置及距中心 10 cm 和 20 cm 位置,深度为 15 cm、30 cm 和 50 cm 处分别埋设沉降板,观测这些点对应的沉降量。土压力盒及沉降板布置如图 8.18 所示,图 8.19 为平板载荷试验照片。

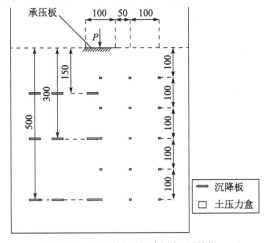

图 8.18　土压力盒及沉降板布置(单位:mm)

图 8.19　平板载荷试验照片

8.2.2　试验结果分析

8.2.2.1　相对密实度对地基沉降的影响

图 8.20 为不同相对密实度珊瑚砂地基 P-S 曲线图。从图中可以看出,珊瑚砂受压过程经历了三个阶段。第一阶段为压实阶段,此阶段 P-S 曲线近似为直线,施加竖向压力小于比例界限荷载,地基变形以颗粒之间孔隙减小引起的竖向压缩为主。第二阶段为剪切变形阶段,此阶段竖向压力大于比例界限,小于极限压力,P-S 曲线由直线变为曲线,斜率随施加荷载增大而增大。此时承压板周边小范围内,一部分砂土颗粒受到的剪应力大于珊瑚砂的抗剪强度,砂土颗粒开始向四周扩散,地基变形由砂土竖向压缩和部分砂土颗粒受剪引起的侧向移位组成。第

三阶段为破坏阶段,此阶段施加的竖向压力大于极限压力,地基沉降急剧增大,珊瑚砂地基中生成连续滑动面,承压板周围出现隆起和放射状裂缝,如图8.21所示。

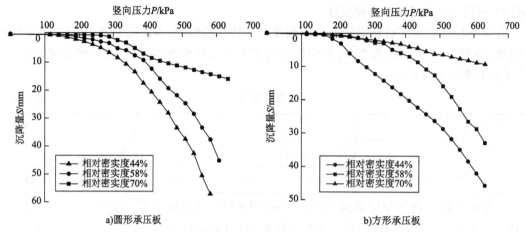

a)圆形承压板　　　　　　　　　b)方形承压板

图8.20　不同相对密实度珊瑚砂地基 P-S 曲线

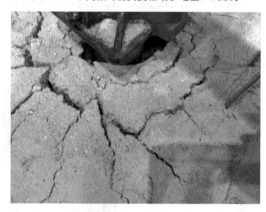

图8.21　隆起和放射状裂缝

相对密实度对珊瑚砂地基沉降影响较大,在同种承压板条件下,随着相对密实度增大,珊瑚砂地基的承载能力增大,沉降量减小,且沉降量的增长率也减小。其主要原因可能为:①随珊瑚砂相对密实度增大,珊瑚砂颗粒间孔隙减小,相互作用增强,使得珊瑚砂地基承载能力增大。②珊瑚砂颗粒具有易胶结和易破碎的特点,随着珊瑚砂相对密实度增大,珊瑚砂颗粒的胶结和破碎程度增大,颗粒胶结增强了颗粒间作用力,破碎的珊瑚砂颗粒形状变得更加不规则,颗粒相互咬合,增强了珊瑚砂地基的承载能力。

8.2.2.2　承压板形状对地基沉降的影响

通过对比图8.20a)和b)可知,承压板的形状对珊瑚砂地基沉降同样有较大影响,在相同相对密实度、相同荷载条件下,圆形承压板地基的沉降量大于方形承压板地基。当相对密实度分别为44%、58%和70%时,圆形承压板地基的沉降量与方形承压板地基相比分别增加25.08%、37.28%和72.17%。当施加竖向压力小于比例界限时,在两种承压板条件下,珊瑚砂地基沉降相差不大。这是由于此阶段地基沉降以颗粒之间孔隙减小引起的竖向压缩为主,承压板的形状对沉降影响不大。当施加竖向压力大于比例界限以后,圆形承压板地基沉降开始较明显大于方形承压板地基。这是由于此阶段地基沉降主要由砂土颗粒向四周扩散引起,圆形承压板更有利于砂土向四周扩散。

8.2.2.3　分层沉降测试结果

为进一步对珊瑚砂地基的承载特性和变形特性进行研究,以圆形承压板、相对密实度为70%的珊瑚砂地基为例进行分层沉降分析。图 8.22 为珊瑚砂地基 P-S 曲线与深度关系图,图 8.23 为珊瑚砂地基 P-S 曲线与到中心荷载距离关系图。

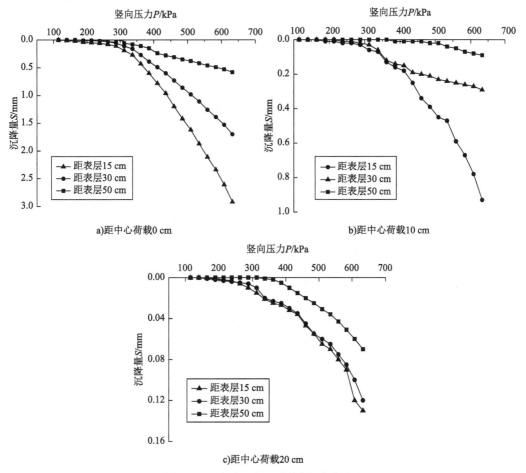

图 8.22　珊瑚砂地基 P-S 曲线与深度关系图

从图 8.22 可知,在水平方向上,距中心荷载 1 倍承压板直径范围内,珊瑚砂地基沉降随深度增大而减小。当超过 1 倍承压板直径范围时,沉降随深度增大先增大后减小。这是因为珊瑚砂地基产生竖向变形会使砂颗粒受到水平向剪应力,向四周扩散,荷载沿水平和竖直两个方向传递,近似斜向下传递。当水平方向超过 1 倍承压板直径范围时,深度较浅的地基受到的土压力反而小于下部地基,因此沉降随深度增大先增大后减小。

从图 8.23 可知,珊瑚砂地基沉降随到中心荷载距离增大而减小。但当深度超过 3 倍承压板直径,水平方向超过 1 倍承压板直径,沉降变化不明显,这是因为荷载在传递过程中不断减小,当荷载减小到一定值时,地基自重和砂颗粒间相互作用力起主要作用,此处砂颗粒几乎不受荷载影响。

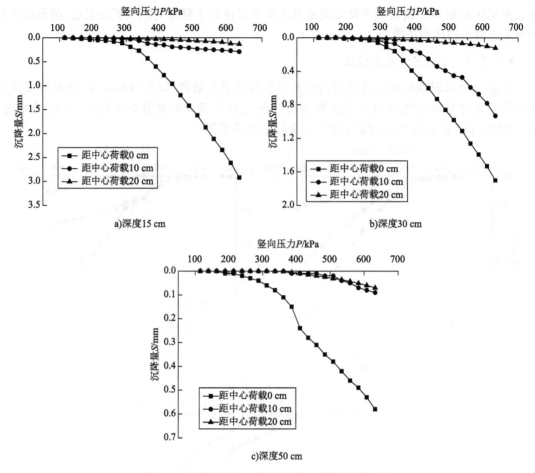

a)深度15 cm

b)深度30 cm

c)深度50 cm

图8.23　珊瑚砂地基P-S曲线与到中心荷载距离关系图

当深度超过30 cm,水平方向距中心荷载超过20 cm,沉降不及总沉降的10%,说明荷载对珊瑚砂地基沉降影响主要集中在水平方向1～2倍承压板直径和垂直方向2～3倍承压板直径范围内。

8.2.2.4　变形模量与地基承载力特征值

变形模量可以较准确地评价珊瑚砂的压缩性,变形模量可由式(8.4)[177]得出:

$$E_0 = \omega(1 - \mu^2)\frac{Pd}{S} \tag{8.4}$$

式中,ω为刚性承压板形状对沉降的影响系数,圆形承压板取0.79,方形承压板取0.88;μ为泊松比,珊瑚砂取0.25(根据材料性质取值);P为所取定的比例界限,kPa;d为承压板的边长或直径,mm;S为与P对应的沉降。

对地基承载力的研究有助于更好地了解地基承载规律,充分发挥地基承载能力。确定地基承载力的方法有理论公式法、原位测试法、当地经验法和规范表格法4种。原位测试法是通过现场试验来确定地基承载力的方法,包含载荷试验、标准贯入试验、静力触探试验、旁压试验等,其中载荷试验是应用最广泛且最可靠的基本原位测试方法。载荷试验中地基承载力特征值确定方法为:①如果P-S曲线存在比例界限,取该比例界限所对应的竖向压力值;②如果极限竖向压力值小于对应比例界限荷载值的2倍,取极限竖向压力值的一半;③如果不能按①、②中要求确定,可取S/d=0.01~0.015所对应的竖向压力,但其值不应大于最大加载量的一半。

根据以上3种确定方法得到地基承载力特征值,表8.5为珊瑚砂地基的变形模量与地基承载力特征值。由表8.5可知,在同种板形条件下,随着相对密实度增大,地基承载力特征值和变形模量也增大。在同种相对密实度条件下,方形承压板地基的变形模量均大于圆形承压板地基,3种相对密实度下,方形承压板变形模量分别比圆形承压板高11.1%、26.98%和35.80%。在珊瑚砂实际施工过程中,可以采用夯实法或方形桩来提高珊瑚砂地基的承载能力,减小地基沉降。

变形模量与地基承载力特征值   表8.5

试验序号	1	2	3	4	5	6
板形	圆形			方形		
相对密实度	44%	58%	70%	44%	58%	70%
最大加荷值/kPa	583.41	608.06	632.71	632.71	632.71	632.71
最大沉降量/mm	57.06	45.07	15.89	45.62	32.83	9.23
地基承载力特征值/kPa	205.5	217.5	265.8	235.3	260.6	285.5
变形模量/MPa	2.16	2.52	3.24	2.40	3.20	4.40

8.2.2.5 珊瑚砂地基沉降计算方法的修正

地基沉降变形的计算方法有弹性理论法、分层总和法、应力路径法和应力历史法等[85]。地基土普遍存在非均质性,即使同种土的变形性质也会随着深度变化而变化。一般情况下,地基沉降变形计算方法是先将地基看成均质的线性变形体,利用弹性理论计算地基中附加应力,最后使用简化的假设来进行地基的沉降变形计算,其中分层总和法是实际工程应用中确定地基最终变形量最常用的方法。

在弹性半空间内的任一点$M(x,y,z)$在竖向集中应力P的作用下的垂直位移$w(x,y,z)$的布西内斯克解为:

$$w = \frac{P(1+\mu)}{2\pi E}\left[\frac{z^2}{R^3} + 2(1-\mu)\frac{1}{R}\right] \tag{8.5}$$

式中,P为竖向集中应力;R为M点到原点的距离;μ为泊松比;E为弹性模量。

计算地基表面的沉降量,可利用式(8.4),令坐标z=0即可。利用分层总和法计算最终的沉降,珊瑚砂的压缩性指标从第5章珊瑚砂的固结排水剪切试验中的压缩曲线得到。基础沉降量S利用式(8.6)计算:

$$S = \frac{e_1 - e_2}{1 + e_1} H \tag{8.6}$$

式中,H为各级土层厚度;e_1为土层上部受到的应力P_1在e-lg$P$曲线上对应的孔隙比;e_2为土层下部受到的应力P_2在e-lg$P$曲线上对应的孔隙比。

以圆形承压板,相对密实度44%为例进行分析,表8.6为珊瑚砂地基分层总和法计算结果。由表8.6可知,ΔS=44.25+32.1+22=98.35 mm,而由图8.20a)可知,珊瑚砂地基的实际沉降值为57.06 mm,由此可见珊瑚砂的实际沉降值比理论计算值小,主要原因可能有:①理论公式适用于一般砂土,但是珊瑚砂颗粒具有易破碎的特点,在100 kPa的围压作用下珊瑚砂颗粒就会发生破碎,珊瑚砂颗粒在试验过程中受到的应力大于 100 kPa,易产生破碎,破碎的珊瑚砂颗粒变得不规则且有棱角,颗粒相互咬合,增强了珊瑚砂地基的承载能力,减小了沉降。
②珊瑚砂颗粒具有易胶结的特点,形状不规则且表面粗糙,内摩擦角较普通硅砂大,因此承载力要比普通硅砂大。

分层总和法计算结果　　　　　　　　　　　　　　　　表8.6

深度 Z_i/cm	自重应力 σ_c/kPa	附加应力 /kPa	层厚 H_i/cm	自重应力平均值/kPa	附加应力平均值/kPa	自重应力平均值加附加应力平均值/kPa	受压前孔隙比 e_{1i}	受压后孔隙比 e_{2i}	$\dfrac{e_{1i}-e_{2i}}{1+e_{1i}}$	ΔS_i
0	0	1200	—	—	—	—	—	—	—	—
15	2.17	576	15	1.085	888	889.10	1.1	0.48	0.295	44.25
30	4.35	216	15	3.26	396	399.26	1.06	0.62	0.214	32.1
50	7.25	86.4	20	5.8	151.2	157	1	0.78	0.11	22

为了提高珊瑚砂地基沉降计算公式的可靠性,需要对其进行修正。表8.7为珊瑚砂地基承载力计算值与实测值的对比,通过对珊瑚砂地基在不同相对密实度和不同承压板条件下的6组试验数据分析得出,珊瑚砂地基的实际沉降值为经验公式计算值的50%~70%。因此,为了提高计算准确度,地基沉降量需乘一个修正系数 ψ_s,即

$$S = \psi_s S' \tag{8.7}$$

式中,S 为地基的实际沉降量,mm;S' 为按分层总和法计算的地基沉降量,mm;ψ_s 为珊瑚砂地基沉降计算修正系数,ψ_s 的取值与砂土相对密实度和承压板形状有关,且圆形承压板的 ψ_s 稍大。

地基承载力计算值与实测值的对比　　　　　　　表8.7

试验序号	1	2	3	4	5	6
板形	圆形			方形		
相对密实度	44%	58%	70%	44%	58%	70%
实际沉降量/mm	57.06	45.07	15.89	45.62	32.83	9.23
沉降量计算值/mm	98.35	72.71	24.51	76.57	52.69	13.91
差值/%	72.36	61.33	54.25	67.84	60.49	50.70

珊瑚砂的破碎和胶结程度与其相对密实度有关,考虑珊瑚砂颗粒易破碎和易胶结的特点,为表征珊瑚砂相对密实度对其地基沉降的影响,给出了修正系数与珊瑚砂相对密实度的关系曲线,图8.24和图8.25分别为圆形承压板修正系数与珊瑚砂相对密实度的关系曲线和方形承压板修正系数与珊瑚砂相对密实度的关系曲线。

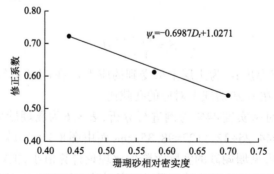

图8.24　圆形承压板修正系数与珊瑚砂相对密实度的关系曲线

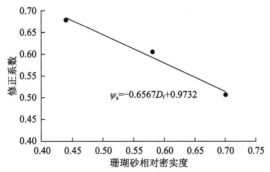

图8.25 方形承压板修正系数与珊瑚砂相对密实度的关系曲线

通过拟合曲线可以得到圆形承压板珊瑚砂地基沉降计算修正系数为：

$$\psi_s = -0.6987D_r + 1.0271 \tag{8.8}$$

方形承压板珊瑚砂地基沉降计算修正系数为：

$$\psi_s = -0.6567D_r + 0.9732 \tag{8.9}$$

式中，D_r 为珊瑚砂相对密实度。

8.2.2.6 土压力随深度传递规律

以圆形承压板，相对密实度44%为例对珊瑚砂地基土压力传递规律进行分析。图8.26为各级荷载下，距离中心 0 cm、10 cm 和 20 cm 处，土压力随深度分布图。

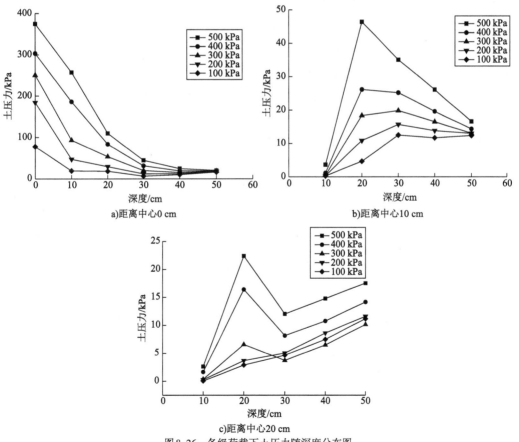

a)距离中心0 cm

b)距离中心10 cm

c)距离中心20 cm

图8.26 各级荷载下土压力随深度分布图

从图8.26可看出,在中心荷载处,土压力随着深度增大迅速减小,在1~2倍承压板直径深度范围内,土压力衰减明显,超过50%。超过2倍承压板直径深度后,土压力衰减幅度减小;当超过3倍承压板直径深度后,土压力不足荷载的10%。这是因为荷载在竖向传递过程中不断向水平方向传递,故土压力随深度增大而不断衰减。距中心10 cm位置,随着深度增大,土压力不断增大,在深度20~30 cm处达到最大,然后不断减小。这是因为荷载近似斜向下传递,承压板附近浅层的地基受到的力很小。距中心20 cm位置,当竖向压力小于200 kPa时,土压力随深度增大而增大;当竖向压力大于300 kPa时,土压力随深度的增大先增大后减小再增大。土压力在深度10~20 cm处随深度增大的原因是荷载近似斜向下传递,承压板附近浅层的地基受到的力很小。

深度超过20 cm,当竖向压力小于200 kPa时土压力随深度的增大一直增大,而当竖向压力大于300 kPa时土压力随深度的增大先减小后增大,这是因为珊瑚砂颗粒具有易破碎、易胶结、形状不规则和表面粗糙的特点,颗粒间作用力要比普通硅砂大。当荷载较大时,荷载作用力大于颗粒间本身的作用力,此时土压力随深度的增大而减小。当荷载较小时,颗粒间本身的作用力大于荷载作用力,颗粒间作用力随深度增大而增大,因此土压力随深度增大而增大。各级荷载下土压力随深度变化在距中心不同位置处表现出不同的规律。

8.2.2.7 土压力水平方向传递规律

同样以圆形承压板,相对密实度44%为例进行分析。图8.27为各级荷载下土压力与中心荷载距离分布图。从图8.27可知,在0~30 cm深度范围内,随着到中心荷载距离增大,土压力衰减明显,当水平方向距中心荷载达到20 cm时,土压力衰减超过70%。这是由珊瑚砂颗粒向承压板四周扩散产生的应力不断衰减造成的。当深度超过30 cm时,土压力较小,且变化无明显规律。此处地基中珊瑚砂颗粒受施加荷载影响较小,而由于珊瑚砂颗粒易胶结,形状不规则,表面粗糙,较普通硅砂颗粒间相互作用力较大,进而影响土压力的传递。

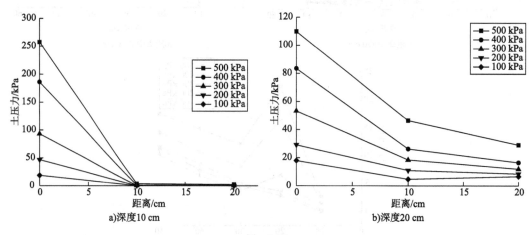

图 8.27

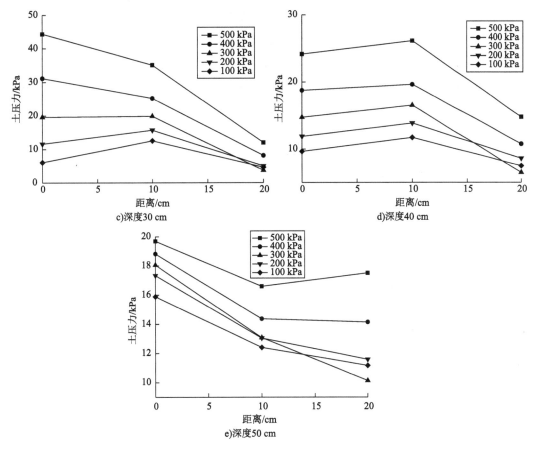

图8.27　各级荷载下土压力与中心荷载距离分布图

8.3　干燥与饱和状态下珊瑚砂地基平板载荷试验

8.2节开展了非饱和状态下珊瑚砂地基浅层平板载荷试验,但珊瑚砂发育于热带海洋环境中,岛礁地基表面受到日照等因素影响,使得一些珊瑚砂处于干燥状态;而部分珊瑚砂地基长期处于地下水位线或者海平面以下,该部分珊瑚砂处于饱和状态。本节基于室内平板载荷模型试验,研究在干燥与饱和状态下珊瑚砂地基的承载和沉降变形特性,为更好地研究珊瑚砂地基的承载和变形特性奠定基础。

8.3.1　试验概况

8.3.1.1　珊瑚砂物理性质

载荷模型试验填土取于南海某岛礁,经过筛分得到试验用砂,根据《土工试验方法标准》(GB/T 50123—2019)相关规定,对试验所用珊瑚砂开展了土粒比重、颗粒分析、固结和直剪等试验,为后续的珊瑚砂地基平板载荷模型试验做准备。珊瑚砂各项基本物性参数如表8.8所示。珊瑚砂颗粒级配如表8.9所示。珊瑚砂颗粒级配曲线如图8.28所示。

珊瑚砂基本物性参数　　　　　　　　　　　　　　　　　表8.8

参数	最小孔隙比 e_{min}	最大孔隙比 e_{max}	曲率系数 C_c	不均匀系数 C_u	内摩擦角 $\varphi/(°)$	颗粒相对密度 G_s
数值	0.72	1.24	1.04	3.94	40.32	2.76

珊瑚砂颗粒级配　　　　　　　　　　　　　　　　　　　表8.9

颗粒粒径 d/mm	$d<0.075$	$0.075≤d<0.15$	$0.15≤d<0.5$	$0.5≤d<1$	$1≤d<2$
占比/%	2.97	17.60	52.20	17.69	9.54

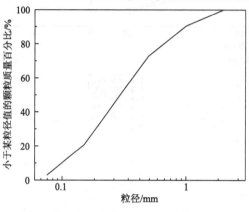

图8.28　珊瑚砂颗粒级配曲线

8.3.1.2　模型箱

模型箱尺寸为1.0 m×1.0 m×1.0 m(长×宽×高),由厚8 mm的钢板组装和焊接而成,在箱体内部用钢板划分0.6 m×0.6 m×1.0 m的区域用于珊瑚砂地基平板载荷模型试验和珊瑚砂桩单桩复合地基试验,模型箱如图8.29所示。为减小试验加载过程中模型箱的变形,采用钢杆对模型箱进行支撑。在模型箱的一侧设置钢化玻璃板,用于在试验过程中观察土体。为了减小模型试验进行时模型箱内侧箱壁摩擦力对珊瑚砂的干扰,填砂前在模型箱内侧箱壁粘贴塑料薄膜。在饱和状态与水位升降条件下进行地基加载试验时,在玻璃板上粘贴一根透明玻璃管用于观察水位。

图8.29　试验模型箱

8.3.1.3 数据采集系统

载荷模型试验数据采集系统包括应力应变采集箱、土压力盒、荷载传感器、孔隙水压力传感器、位移计及数显百分表。

①应力应变采集箱为DH3816N静态应力应变测试分析系统,将该系统连接电脑,对试验加载过程中的土压力盒、荷载传感器、孔隙水压力传感器等记录的数据进行采集,采集箱每组有12个通道,共72个通道,可同时采集应力和应变数据。

②如图8.30所示,土压力盒直径为16 mm,能够在饱和水环境中工作。在埋设时土压力盒下端加土夯实,上部覆盖一层细砂,用于测量地基土层的土压力。

③荷载传感器用于测量上部荷载的大小,试验时将其放于千斤顶上方并顶住反力梁,其精度为0.01 kN,量程为10 kN,如图8.31所示。

图8.30 土压力盒　　　　　　图8.31 荷载传感器

④孔隙水压力传感器量程为20 kPa,精度为0.01 kPa,用于测量土体内部的孔隙水压力。

⑤位移计用于测量承压板的沉降,本模型试验采用的位移计为TST-100应变式位移计,量程范围为±50 mm,灵敏度高,稳定性好,如图8.32所示。

⑥数显百分表用于测量沉降板所在位置处的沉降,在土体中埋设沉降板,在沉降板竖杆上方用磁性表座固定数显百分表,其实物布置如图8.33所示。

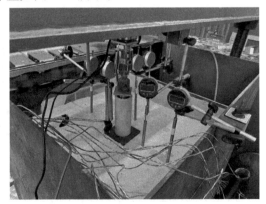

图8.32 位移计　　　　　　图8.33 数显百分表实物布置

8.3.1.4 试验方案

本节基于室内平板载荷模型试验,研究在不同含水状态下珊瑚砂地基的承载和沉降变形特性。模型试验中采用的承压板为10 cm×10 cm的方形钢板,厚度均为10 mm,材料为Q235B级钢板。相对密实度能够使地基承载和沉降特性发生变化,相对密实度综合了颗粒级配和孔隙比,能够较好地体现珊瑚砂的松散和密实程度,其计算见前文式(2.1)。

为研究相对密实度对干燥状态下珊瑚砂地基承载及变形特性的影响,在珊瑚砂干燥状态(含水率在6%左右)下选用了5种不同的相对密实度,分别为50%、65%、72%、80%和85%,属于中密和密实珊瑚砂地基,在此基础上对相对密实度为72%的珊瑚砂地基开展饱和状态下和水位升降下的平板载荷试验。试验方案如表8.10所示。

试验方案 表8.10

试验序号	状态	相对密实度	承压板尺寸
1	干燥状态	50%	10 cm×10 cm方板
2	干燥状态	65%	10 cm×10 cm方板
3	干燥状态	72%	10 cm×10 cm方板
4	干燥状态	80%	10 cm×10 cm方板
5	干燥状态	85%	10 cm×10 cm方板
6	饱和状态	72%	10 cm×10 cm方板
7	水位升降状态	72%	10 cm×10 cm方板

试验中,为了使珊瑚砂更加均匀和便于控制相对密实度,将珊瑚砂分16层填筑到模型箱中,每层5 cm,填筑高度共80 cm。依据工况的相对密实度计算出每次填筑的珊瑚砂质量,将称量好的珊瑚砂倒入模型箱并将其压实到相应的刻度线,依据试验方案埋设沉降板、土压力盒等测量元件。填筑完毕弄平试样并检测表面平整度,如图8.34所示。接着在模型箱正中央放置承压板和架设千斤顶。试验准备完毕并检查无误后开始加载和采集数据。

图8.34 表面平整度检测

饱和状态和水位升降条件下珊瑚砂地基平板载荷模型试验中,在反力梁上放置水箱,水箱阀门连接软管,让水流入埋于珊瑚砂地基中的水管,水的流出通过模型箱底部龙头连接导管实现。水位升降条件下珊瑚砂地基平板载荷模型试验水位升降流程为在饱和状态下将荷载加载到90 kPa,加载值约为承载力特征值的一半,将水位匀速缓慢下降50 cm,维持0.5 h不变,随后将水位匀速缓慢上升50 cm,维持0.5 h不变。重复上述水位变化过程,水位升降2次完毕后继续后面各级荷载的加载直至试验完成。

采用土压力盒测量土体内部土压力,采用数显百分表测量沉降,对饱和与水位升降工况埋设孔隙水压力传感器测量孔隙水压力,饱和状态与水位升降下通过土压力盒数据减去孔隙水压力传感器数据得到真实土压力。在承压板正下方及距离中心10 cm和20 cm位置,深度10 cm、20 cm、30 cm和40 cm位置安置土压力盒,采集这些位置土体内部土压力。在距离加载中心10 cm和20 cm位置,深度15 cm、30 cm和45 cm处埋设沉降板测量沉降。在承压板正下方深度10 cm、20 cm、30 cm和40 cm处埋设孔隙水压力传感器,测量对应位置孔隙水压力。土压力盒、沉降板及孔隙水压力传感器埋设如图8.35所示,图8.36为平板载荷模型试验照片。

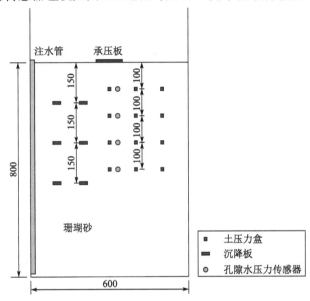

图8.35 土压力盒、沉降板及孔隙水压力传感器布置(单位:mm)

图8.36 室内试验照片

8.3.2 干燥状态下试验结果与分析

为研究在干燥状态下珊瑚砂地基的承载及变形特性,对50%、65%、72%、80%和85%这5种相对密实度的珊瑚砂地基开展了室内平板载荷模型试验,分析了珊瑚砂地基的承载力及变形特性、颗粒破碎、分层沉降及土压力传递规律。

8.3.2.1　不同相对密实度下地基承载力及变形分析

图8.37给出了珊瑚砂地基在不同相对密实度下的 P-S 曲线。从图中可以看出,在地基达到破坏之前,珊瑚砂地基的 P-S 曲线呈直线,地基的变形主要由荷载作用下珊瑚砂颗粒间孔隙减小引起,变形比较稳定;当荷载达到地基承载力之后,珊瑚砂地基发生破坏,地基中形成连续滑动面,变形急剧增大。随着相对密实度的增大,珊瑚砂颗粒间相互作用增强,使得珊瑚砂地基承载力提高,相同荷载下地基的沉降量也大大减小。

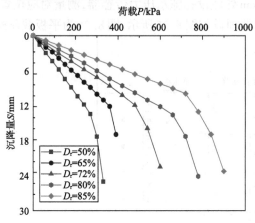

图8.37　不同相对密实度下珊瑚砂地基 P-S 曲线

图8.38给出了本次试验珊瑚砂地基承载力随相对密实度的变化关系。从图中可以看出,珊瑚砂地基承载力随相对密实度的增大而增大,相对密实度从50%增大到80%时,地基承载力增长速率越来越大。相对密实度从80%增大到85%,地基承载力增长速率降低。在相对密实度为85%时,施加的荷载较大,使珊瑚砂颗粒发生了一定程度的破碎,影响了珊瑚砂的承载力,故相对密实度从80%增大到85%时地基承载力增长速率降低。总的来说,通过夯实珊瑚砂提高相对密实度的方法能够大幅提高珊瑚砂地基的承载力,减小地基变形。

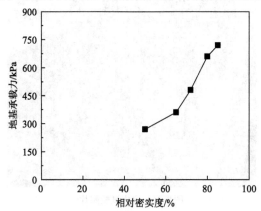

图8.38　珊瑚砂地基承载力与相对密实度关系曲线

8.3.2.2　颗粒破碎分析

为了研究颗粒破碎对地基承载力的影响,试验过程中对承压板下方的珊瑚砂进行了颗粒级配分析,并与承压板周边表面未受到荷载的珊瑚砂颗粒级配进行对比,分析珊瑚砂颗粒的破碎情况。图8.39给出了不同相对密实度下珊瑚砂加载后颗粒级配曲线。由于相对密实度80%

以下地基加载后颗粒破碎不明显(试验前后的颗粒级配曲线基本重合),图中只给出了地基相对密实度80%和85%的珊瑚砂破碎后的颗粒级配曲线。

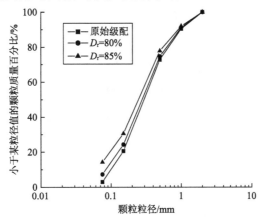

图8.39　不同相对密实度下珊瑚砂加载后颗粒级配曲线

从图中可以看出,珊瑚砂地基加载后承压板下方地基发生了颗粒破碎,珊瑚砂在受到较大荷载后颗粒级配曲线发生了变化。随着地基相对密实度的增大,颗粒破碎程度提高,表现为1.0 mm≤d<2.0 mm、0.5 mm≤d<1.0 mm、0.15 mm≤d<0.5 mm以及0.075 mm≤d<0.15 mm几个粒径范围的颗粒占比增大,其中粒径0.075 mm≤d<0.15 mm的颗粒占比相较于其他三个粒径组其增大幅度较多,使得粒径<0.075mm的颗粒占比增多,这也是颗粒破碎带来的结果。

为了对颗粒破碎程度进行量化,Hardin[23]定义了两个量:初始破碎势B_p和相对破碎率B_r。初始破碎势B_p表示的是砂颗粒破碎的潜能,认为粒径大的颗粒受到高应力将破碎成粉粒,而粉粒是不可破碎的,故采用粉粒粒径上限值0.074 mm作为极限破碎粒径。相对破碎率B_r的最小值为0,代表所有颗粒没有发生破碎;理论上限值为1,代表所有颗粒都破碎成粉粒。

根据相应公式可计算出相对破碎率B_r、总破碎率B_t等(计算公式参见第1章),对地基相对密实度80%和85%的珊瑚砂地基平板载荷模型试验破碎程度进行量化,通过计算得到两者的相对破碎率B_r分别为0.007和0.020,后者是前者的2.86倍,说明平板载荷模型试验中,相对密实度为85%的珊瑚砂地基颗粒破碎程度较相对密实度为80%的珊瑚砂地基有很大提高,颗粒破碎会使地基承载力随相对密实度增大的趋势变缓。

8.3.2.3　分层沉降监测

试验过程中对距离承压板中心10 cm和20 cm位置,深度15 cm、30 cm和45 cm处珊瑚砂的沉降进行监测。为了研究荷载对珊瑚砂地基沉降的影响范围,以相对密实度为72%的珊瑚砂地基平板载荷模型试验为例进行分析。图8.40所示为在距离承压板中心10 cm、20 cm位置不同深度处土层沉降。随着深度的增加,上部荷载对土体的影响越来越小,在30 cm深度处(3倍承压板宽),土体沉降量不及总沉降量的2%。因此,当土层深度超过3倍承载板宽时,上部荷载对珊瑚砂地基沉降几乎无影响。

8.3.2.4　土压力传递规律

在珊瑚砂地基平板载荷模型试验中,上部荷载会在下部土体中发生传递,为了研究珊瑚砂地基土压力传递规律,在承压板正下方及距离中心10 cm和20 cm位置,深度10 cm、20 cm、30 cm

和 40 cm 处埋设土压力盒,测量这些位置土体内部土压力。以相对密实度为 72% 的珊瑚砂地基平板载荷模型试验为例对土压力传递规律进行分析。图 8.41 为各级荷载下,距离中心 0 cm、10 cm 和 20 cm 位置处土压力随深度的分布。

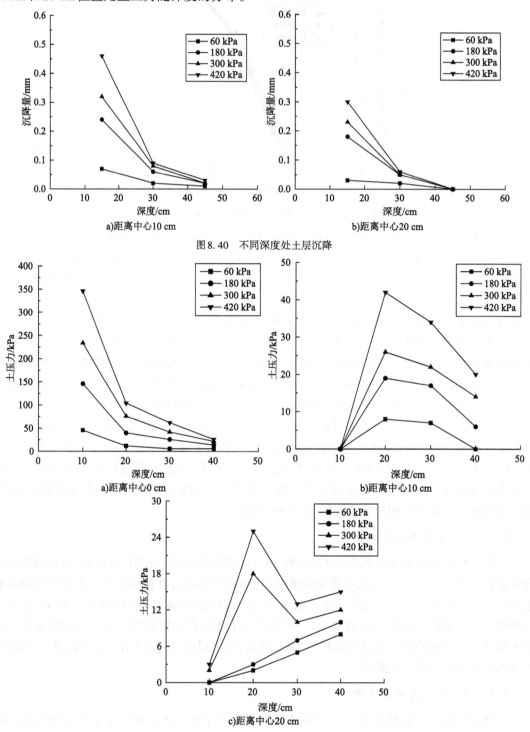

图 8.40 不同深度处土层沉降

图 8.41 各级荷载下土压力随深度分布

从图8.41中可以看出,在距离中心0 cm时,承压板正下方的土压力随着深度增加而减小,在10~20 cm深度范围内,土压力下降幅度较大,超过50%。当深度大于30 cm时,土压力衰减速度放缓;当深度大于3倍承压板宽度时,土压力小于上部荷载的20%。分析认为上部荷载在向下传递的时候,也会向四周发生传递,导致随深度方向的土压力减小。在距离中心10 cm时,在10~20 cm深度范围内土压力随深度增加而增加,在20~30 cm深度范围处达到最大值,随后土压力不断衰减。分析认为承压板受到荷载作用时,地基表面土体受到的力很小,因而土压力较小,随着深度增加,颗粒间的作用力增大导致土压力增大,故在20~30 cm深度范围处达到最大值,随后因土压力向四周扩散衰减而又发生下降。在距离中心20 cm位置,当竖向压力小于或等于180 kPa时,土压力随着深度增加而增大;当竖向压力大于或等于300 kPa时,土压力随深度的增加先增大后减小,随后缓慢增大。这是由于珊瑚砂颗粒孔隙及内部孔隙较多、表面较为粗糙,颗粒与颗粒之间的作用力要大于硅砂。当上部荷载较大时,荷载对土体产生的作用力要大于颗粒间的作用力,土压力随着深度的增大而减小。当上部荷载较小时,颗粒间的作用力大于荷载对土体产生的作用力,颗粒与颗粒之间的作用力随深度增大而增大,因而土压力随着深度的增大而呈现增大的现象。在上部各级荷载作用下,土压力传递随着与承压板中心的距离不同而呈现出不同的规律。

8.3.3 饱和状态与水位升降下试验结果与分析

目前珊瑚砂载荷模型试验研究基本以干砂为研究对象,其含水率在6%左右,而实际珊瑚岛礁会受到潮水涨退影响,岛礁上的珊瑚砂地基长期被海水淹没。在珊瑚砂处于饱和与水位升降状态下,对相对密实度为72%的珊瑚砂地基进行载荷模型试验,分析珊瑚砂地基的承载力和沉降变形特性,并与干燥状态下的珊瑚砂地基进行对比。

8.3.3.1 承载力及变形分析

图8.42所示为珊瑚砂地基在不同含水状态下的 P-S 曲线。从图中可以看出,在相同荷载下,两次水位升降后珊瑚砂地基沉降量与饱和状态下相比略有增大。干燥珊瑚砂地基加载初始阶段沉降量较小,并且随着荷载的增加稳定发展,而在相同荷载条件下饱和状态与水位升降下珊瑚砂地基沉降量明显大于干燥珊瑚砂地基沉降量,承载力也低于干燥珊瑚砂地基。饱和状态与水位升降下珊瑚砂地基在竖向压力达到约210 kPa时地基发生破坏,干燥珊瑚砂加载到竖向压力约为480 kPa时发生破坏,在210 kPa时饱和状态珊瑚砂地基沉降量约为干燥状态的2.15倍。饱和状态与水位升降下,珊瑚砂地基发生破坏后加载板下方土体的沉降量陡增,而干燥珊瑚砂地基发生破坏后加载板下方土体的沉降量发展相比之下较为缓和。根据上述试验结果分析可知,相对密实度相同条件下饱和状态珊瑚砂地基的承载力约为干燥状态的43.75%,沉降量约为干燥状态的2.15倍。

8.3.3.2 分层沉降监测

为了研究荷载对饱和状态与水位升降下珊瑚砂地基沉降的影响范围,试验过程中对承压板正下方距离中心10 cm和20 cm位置,深度15 cm、30 cm和45 cm处珊瑚砂的沉降进行了监测。相同条件下荷载对饱和状态与水位升降下珊瑚砂地基沉降规律基本相同,以饱和状态下珊瑚砂地基为例进行分层沉降分析。

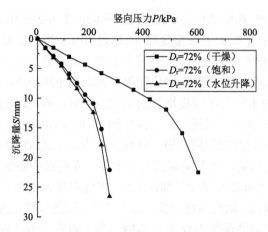

图 8.42 干燥、饱和状态与水位升降下珊瑚砂地基 P-S 曲线

图 8.43 所示为饱和状态与干燥状态下珊瑚砂地基在距离承压板中心 10 cm、20 cm 位置不同深度处土层沉降的对比。距离承压板中心 10 cm 位置处,饱和状态与干燥状态下珊瑚砂地基土体沉降均随着深度的增大而减小,饱和状态下土体的沉降大于干燥状态下土体沉降的 2 倍,且饱和状态下土体沉降随深度增大的衰减速率大于干燥状态。距离承压板中心 20 cm 位置处,随着深度的增大,饱和状态下珊瑚砂地基土体沉降先减小后增大,而干燥状态下珊瑚砂地基土体沉降一直减小。这是因为在饱和状态下水在珊瑚砂颗粒间起到了润滑的作用,颗粒之间的咬合和嵌入作用减弱,承压板正下方的土体受到荷载发生沉降的时候,珊瑚砂挤向周边导致隆起,使得深度小于 30 cm 时饱和状态下土体的沉降小于干燥状态下的沉降,随着深度增大,这种挤压隆起作用逐渐减弱,饱和状态下土体的沉降逐渐超过干燥状态下的土体沉降。

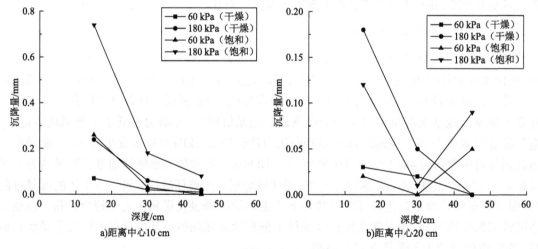

a)距离中心 10 cm   b)距离中心 20 cm

图 8.43 不同深度处土层沉降对比

8.3.3.3 土压力传递规律

在地基载荷模型试验中,上部荷载会在下部土体中发生传递,为了研究饱和状态与水位升降下珊瑚砂地基土压力传递规律,在承压板正下方及距离中心 10 cm 和 20 cm 位置,深度 10 cm、20 cm、30 cm 和 40 cm 处埋设土压力盒,测量这些位置土体内部土压力,并减去相同深度处孔隙水压力得到真实土压力。相同条件下,饱和状态与水位升降下珊瑚砂地基土压力传递规律基本相同,

以相对密实度为72%的饱和状态下珊瑚砂地基为例进行土压力传递规律分析。图8.44为各级荷载下距离中心0 cm、10 cm和20 cm位置处土压力随深度的分布。

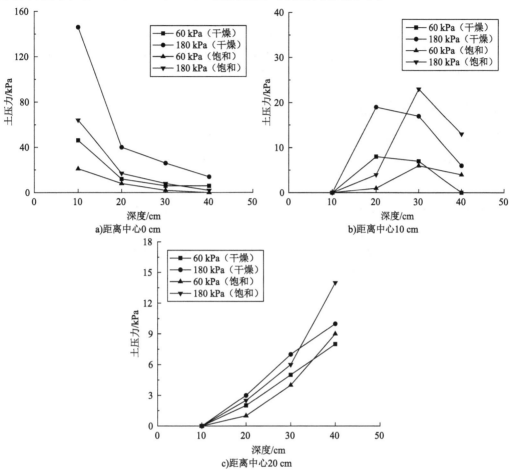

图8.44　各级荷载下土压力随深度分布

　　从图8.44中可以看出,在距离承压板中心0 cm位置处,饱和状态与干燥状态下承压板正下方的土压力都随着深度增大而减小,在相同荷载同一深度下,饱和状态下土体的土压力要小于干燥状态下的土压力。在距离承压板中心10 cm位置处,干燥状态下珊瑚砂地基在10～20 cm深度范围内土压力随着深度的增大而增大,当深度大于20 cm时,土压力随深度增大而不断减小;而饱和状态下珊瑚砂地基在10～30 cm深度范围内土压力随着深度的增大而增大,当深度大于30 cm时,土压力随深度增大而不断减小。这是因为承压板受到荷载作用时,饱和状态与干燥状态下珊瑚砂地基浅层附近的土体受到的力很小,且饱和状态下珊瑚砂地基浅层附近的土体受到的力比干燥状态下的小,故而饱和状态下珊瑚砂地基土压力达到最大值的深度要大于干燥珊瑚砂地基。在距离承压板中心20 cm位置处,饱和状态与干燥状态下承压板正下方的土压力均随着深度增大而增大。这是因为承压板受到荷载作用时,距离承压板中心20 cm位置浅层的珊瑚砂受到的力很小,故而浅层的珊瑚砂土压力较小,随着深度的增大,颗粒间作用力增大,土压力增大。在上部各级荷载作用下,饱和状态与干燥状态下珊瑚砂地基土压力传递随着与承压板中心距离的不同呈现出不同的规律。

8.4　珊瑚砂地基载荷试验数值仿真

本节基于8.2节珊瑚砂地基浅层平板载荷试验的研究,运用离散元法,通过离散元软件模拟珊瑚砂平板载荷试验,考虑不同相对密实度对珊瑚砂地基在荷载作用下的颗粒破碎行为及压缩变形特性的影响。

8.4.1　地基载荷试验数值模型

初步建立珊瑚砂地基模型,选取合适的颗粒破碎方法和颗粒破碎准则,利用珊瑚砂地基平板载荷试验标定微细观参数,实现对珊瑚砂地基的精确模拟。

8.4.1.1　珊瑚砂地基建模

珊瑚砂颗粒多为非圆形颗粒,对于一般土力学和工程问题,在数值模拟中,为提高计算效率,常见做法是将颗粒视为圆形并考虑完整的接触模型,并对颗粒进行放大。本节借助离散元软件对珊瑚砂试样进行数值建模,将颗粒粒径放大10倍,粒径级配分布曲线如图8.45所示。该级配下最大孔隙比为1.12,最小孔隙比为0.6,不均匀系数C_u=2.15,曲率系数C_c=0.99,属于不良级配。

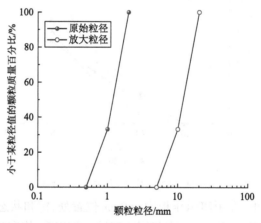

图8.45　粒径级配分布曲线

珊瑚砂地基平板载荷试验建模流程如下:

(1)根据颗粒级配在模型箱内生成高0.8 m、长和宽均为0.6 m的地基模型,颗粒生成后施加10倍重力加速度,如图8.46所示。

(2)试验过程中颗粒相对密实度设定为40%、50%、60%、70%和80%,平板采用宽0.1 m及厚0.012 m的方形平板。

(3)通过应变控制加载速率,设置加载速率为0.05 m/s,取总沉降量与基础宽度之比S/b为0.1作为地基破坏标准。

8.4.1.2　颗粒破碎准则

对于某一单个颗粒,作用在其上的应力向量可由式(7.11)计算。

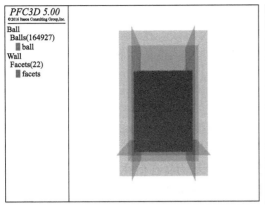
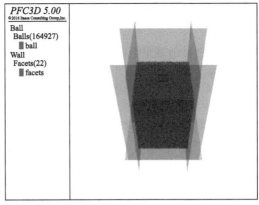

图8.46 珊瑚砂地基平板载荷试验模型

Mcdowell等[31]对颗粒破碎准则进行的系统研究表明,在考虑多点接触条件下,基于米泽斯屈服准则的八面体剪应力理论较为适用于砂颗粒的破碎模拟。根据文献[31],八面体剪应力公式为:

$$q=\frac{1}{3}\ [(\sigma_1-\sigma_2)^2+(\sigma_1-\sigma_3)^2+(\sigma_2-\sigma_3)^2]^{1/2} \tag{8.10}$$

式中,σ_1、σ_2和σ_3分别为颗粒在x轴、y轴和z轴方向上的接触正应力。

破坏强度可表示为:

$$\sigma=\frac{F}{d^2} \tag{8.11}$$

式中,F为颗粒破碎时所受的力;d为颗粒直径。

目前普遍认为,当颗粒发生破坏时,八面体剪应力q近似等于0.9σ。在数值模拟中,当作用于某一颗粒的八面体剪应力大于0.9σ时,颗粒破碎。颗粒破碎形式主要为一个颗粒破碎成8个直径为原颗粒直径一半的子颗粒,如图8.47所示,在此过程中无体积和质量损耗。

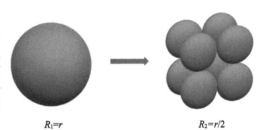

$R_1=r$ $R_2=r/2$

图8.47 颗粒破碎模型

8.4.1.3 接触模型与微细观参数

由于实际珊瑚砂接触均为点接触,珊瑚砂颗粒间接触模型采用线弹性模型,颗粒刚度比在$1.0\sim1.5$范围内取$k_s/k_n=1.5$。珊瑚砂密度采用实际珊瑚砂平板载荷试验中测量值,颗粒间摩擦系数μ取0.5。根据实际相对密实度为70%时珊瑚砂平板载荷试验的沉降曲线标定其他微细观参数,具体数值见表8.11。

模型微细观参数   表8.11

微细观参数	珊瑚砂	墙体
$\rho_s/(\mathrm{kg/m^3})$	2760	—
μ	0.5	0
$k_n/(\mathrm{N/m})$	1×10^6	1×10^8
k_s/k_n	1.5	1.5

8.4.2 仿真结果与分析

通过珊瑚砂地基平板载荷模型试验,对珊瑚砂不同相对密实度条件下的宏观、微细观力学特征进行分析。

8.4.2.1 模型验证

相对密实度为70%时珊瑚砂平板载荷试验和数值模拟地基P-S曲线如图8.48所示。从图中可以看出,相对密实度为70%时珊瑚砂平板载荷试验的P-S曲线与数值模拟试验基本一致。另外通过8.4.2.2小节地基沉降分析可知,珊瑚砂地基承载力特征值在相对密实度为70%时,试验结果与模拟结果基本一致,可见接触模型与细观参数标定达到预期效果。

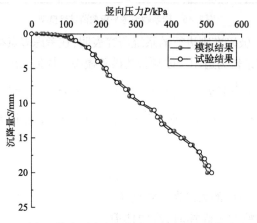

图8.48 相对密实度为70%时地基P-S曲线

8.4.2.2 地基沉降分析

不同相对密实度的珊瑚砂地基P-S曲线如图8.49所示。珊瑚砂地基受压过程经历了三个阶段,其规律与8.2节现场试验结果相似。第一阶段为压实阶段,此阶段P-S曲线近似为直线;第二阶段为剪切变形阶段,数值计算模型如图8.50a)所示,P-S曲线由直线变为曲线,斜率随施加荷载增大而增大;第三阶段为破坏阶段,数值计算模型如图8.50b)所示,此阶段施加的荷载大于极限荷载,地基沉降急剧增大,珊瑚砂地基中生成连续滑动面,承压板周围出现隆起和放射状裂缝。

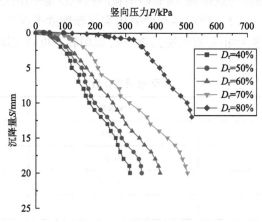

图8.49 不同相对密实度的地基P-S曲线

a)剪切变形阶段　　　　　　　　　　b)破坏阶段

图8.50　珊瑚砂地基不同加载阶段数值计算模型

为了研究不同相对密实度下珊瑚砂地基的承载变形特性,利用以下3种方法确定地基承载力特征值:①如果 P-S 曲线存在比例界限,取该比例界限所对应的压力值;②如果极限竖向压力小于对应比例界限值的2倍,取极限竖向压力值的1/2;③如果不能按①、②中要求确定,可取 $S/d=0.01\sim0.015$ 所对应的压力。根据以上方法确定的地基承载力特征值如表8.12所示。随着相对密实度的增大,珊瑚砂地基承载力特征值逐渐增大。

地基承载力特征值　　　　　　　　　　　　表8.12

模拟序号	1	2	3	4	5
相对密实度	40%	50%	60%	70%	80%
地基承载力特征值/kPa	157.1	176.0	206.2	251.3（模拟） 257.5（试验）	311.9

8.4.2.3　颗粒破碎情况

数值模拟珊瑚砂地基加载完成后,对颗粒破碎条件区间的颗粒破碎情况进行统计,如表8.13所示。从表中可以看出,随着地基相对密实度的增大,颗粒破碎数增大。对地基中颗粒破碎个数分层统计发现,当相对密实度小于80%时,颗粒破碎较少,颗粒破碎基本发生在承压板下方深0.2 m 以内的地基层。当相对密实度为80%时,颗粒破碎数相对较多,颗粒破碎开始出现在承压板下方深0.4 m 以内的地基层。颗粒破碎情况与地基平板载荷试验的受力特征吻合。

颗粒破碎情况　　　　　　　　　　　　表8.13

模拟序号	1	2	3	4	5
相对密实度	40%	50%	60%	70%	80%
相对破碎率	0.00102	0.00402	0.00633	0.01036（模拟） 0.01123（试验）	0.02414

利用测量圆对颗粒粒径分布进行统计,得到地基模型加载前后粒径分布曲线,如图8.51所示。从粒径分布可以看出,相对密实度小于80%时,粒径分布曲线基本与原始曲线重合,只发生少量偏移;相对密实度为80%时,可观测到粒径小于10 mm（原粒径1 mm）的颗粒含量增多。根据前文 Hardin[23]公式计算相对破碎率,结果如图8.52所示。相对密实度超过70%后,相对破碎率急剧增大,说明珊瑚砂颗粒相对破碎率的增长趋势随相对密实度增大而逐渐变陡。

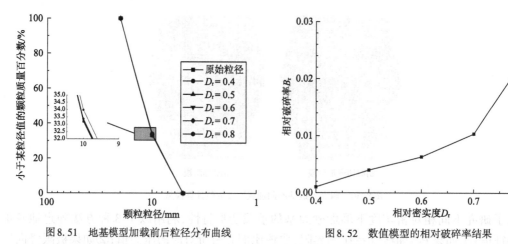

<table>
<tr><td>图 8.51　地基模型加载前后粒径分布曲线</td><td>图 8.52　数值模型的相对破碎率结果</td></tr>
</table>

8.4.2.4　接触力

不同相对密实度的地基生成的颗粒数量不同,接触力的数量也不同,但在加载之前颗粒间的接触都是由自重引起的。为了更好地表征不同相对密实度的珊瑚砂地基中颗粒变化微细观机理,对加载完成后的地基数值模型接触力进行分析,结果如图8.53a)～e)所示。从图8.53a)～e)可以观察到,加载后数值模型发生了明显的变形,颗粒间接触数量增加,最大接触力增大。另外,根据地基平板载荷试验的受力范围,随着相对密实度增大,承压板附近加载后的地基模型颗粒的接触力在数量和数值上明显增大,尤其是在相对密实度较大(80%)的情况下。

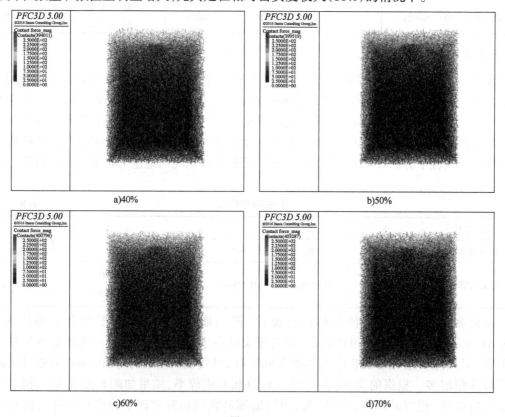

图　8.53

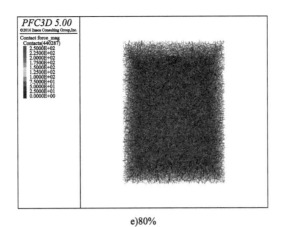

e)80%

图8.53　不同相对密实度的地基模型接触力

对不同相对密实度下沉降量在6 mm时的颗粒接触情况(接触力和配位数)进行统计,如表8.14所示。从表中可以看出,无论是接触力数、接触力平均值还是配位数平均值都随着相对密实度增大而增大,同时其增长率在相对密实度70%和80%间急剧增大,与颗粒破碎情况相对应。

颗粒接触情况

表8.14

模拟序号	1	2	3	4	5
相对密实度	40%	50%	60%	70%	80%
接触力数	382310	385803	388203	390936	426350
接触力平均值	9.91	10.71	10.91	11.69	34.23
配位数平均值	9.41	9.42	9.44	9.47	9.87

对接触力及平均接触力进行概率分布统计,如图8.54a)和b)所示。由图可得,相对密实度对PDF有显著影响。对于地基数值模型,接触力PDF随接触力增大逐渐减小。当接触力低于平均值时,随相对密实度增大,PDF减小,说明低于平均值的接触力概率分布随相对密实度增大而减小。反之,当接触力高于平均值时,高于平均值的接触力概率分布随相对密实度增大而增大。这也解释了相对密实度增大造成颗粒间接触力值增高,引起颗粒破碎增多。图8.55展示了不同相对密实度条件下地基数值模型配位数随位移的变化。从图中可以看出配位数随相对密实度的增大而增大,且相对密实度越高,颗粒破碎数越大,配位数波动的幅度越大。

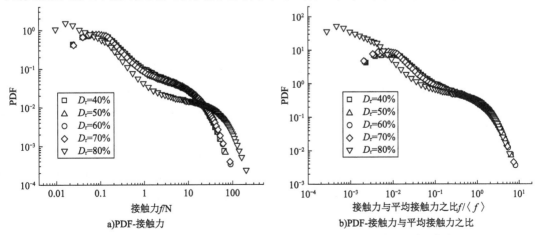

a)PDF-接触力　　　　　　　　　　　　b)PDF-接触力与平均接触力之比

图8.54　地基数值模型接触力PDF与接触力及接触力与平均接触力之比关系曲线

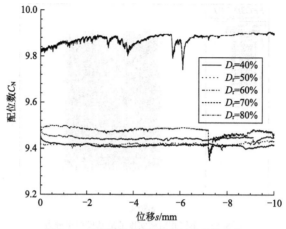

图 8.55　地基数值模型配位数随位移的变化

8.5　本章小结

本章通过开展浅层平板载荷试验和不同含水状态下的珊瑚砂地基平板载荷模型试验,研究了珊瑚砂地基的承载特性、颗粒破碎、分层沉降和土压力传递规律。同时利用离散元软件模拟珊瑚砂地基平板载荷模型试验,研究不同相对密实度对珊瑚砂地基在荷载作用下的颗粒破碎行为及压缩变形特性的影响。研究结果如下:

(1)通过振动碾压和冲击碾压可知,经 20 遍振动碾压,珊瑚砂地基 CBR 值为 38%,而经过 30 遍冲击碾压,CBR 值仅为 28%。随着碾压遍数的增加,地基的密实度提高明显,但加固深度有限,仅在地表以下 2 m 内效果显著。30 遍碾压处理后,振动碾压区和冲击碾压区的地基均可满足承载力的要求,振动碾压后未修正的地基承载力特征值为 270 kPa,平均土基反应模量达 106.68 MN/m³,处理效果优于冲击碾压,经振动碾压后地基的受力抗变形能力高于冲击碾压区。分别在地基碾压 20 遍、25 遍和 30 遍时进行地基沉降监测,数据表明地基的变形逐渐稳定。浸水试验沉降监测结果显示珊瑚砂地基不易受地表浸水的影响,水理性质稳定,是一种较好的地基填充材料。

(2)室内平板载荷试验结果显示方形承压板地基的沉降量小于圆形承压板地基,承载能力和变形模量大于圆形承压板地基。珊瑚砂地基的实际沉降值为经验公式计算值的 50% ~ 70%,考虑珊瑚砂颗粒的易破碎性和易胶结性等,提出地基沉降计算需要乘一个修正系数 ψ_s,其取值与砂土相对密实度和承压板形状有关,研究给出了圆形和方形承压板珊瑚砂地基沉降计算修正系数。室内平板载荷试验中的各级荷载作用下,土压力随与中心荷载距离增大而减小,荷载在珊瑚砂中水平传递距离为承压板宽度或直径的 1 ~ 2 倍。各级荷载下的土压力随深度增大而减小,荷载传递深度为承压板宽度或直径的 2 ~ 3 倍。

(3)干燥状态下珊瑚砂地基的承载力随相对密实度增大而增大,沉降变形随相对密实度增大而减小;相对密实度 80% 以下地基加载后颗粒破碎不明显,相对密实度 80% 和 85% 的珊瑚砂地基的相对破碎率 B_r 分别为 0.007 和 0.020,后者是前者的 2.86 倍;颗粒破碎使地基承载力增大趋势变缓。干燥状态下,承压板正下方的土压力随着深度增大而减小,在到承压板中心的距离大于或等于 10 cm 时,浅层附近的土体土压力较小。当土层深度超过 30 cm 时,上部荷载对珊瑚砂地基沉降几乎无影响。

(4)饱和状态下相对密实度相同的珊瑚砂地基承载力约为干燥状态的43.75%,沉降量约为干燥状态的2.15倍;两次水位升降后珊瑚砂地基沉降比饱和状态略有增加,对地基承载力影响较小。距离承压板中心10 cm位置处,饱和状态(含水位升降)与干燥状态下珊瑚砂地基土体沉降量均随深度的增大而减小;距离承压板中心20 cm位置处,随着深度增大,饱和状态(含水位升降)下珊瑚砂地基土体沉降量先减小后增大,而干燥状态下珊瑚砂地基土体沉降量一直减小。饱和状态(含水位升降)与干燥状态下珊瑚砂地基土压力传递规律相似,但在距离承压板中心10 cm时,饱和状态(含水位升降)下珊瑚砂地基附近浅层的土体受到的力比干燥状态下小,饱和状态(含水位升降)下珊瑚砂地基土压力达到最大值的深度要大于干燥状态下珊瑚砂地基。

(5)从离散元数值仿真计算结果可知,珊瑚砂地基受压过程经历三个阶段,分别为压实阶段、剪切变形阶段和破坏阶段。相对密实度对珊瑚砂地基沉降影响较大,随着相对密实度增大,地基承载力特征值增大。从地基数值模型颗粒破碎数量区间统计和粒径变化分析可知,随着相对密实度增大,颗粒破碎数增大,相对破碎率增大。在本章模拟的地基相对密实度范围内,珊瑚砂相对破碎率随相对密实度增大的趋势逐渐升高。从地基数值模型整体接触情况分析可知,珊瑚砂地基的颗粒接触力和配位数随相对密实度增大而增大。从接触力概率分布函数PDF中可以分析出,相对密实度增大造成颗粒间接触力值增大,从而引起颗粒破碎增多。

第9章 结论与展望

9.1 结 论

珊瑚砂是海洋工程建设中重要的基础原料,但由于其独特的矿物组成以及荷载作用下的颗粒破碎特性,其基本力学行为与陆源硅质砂差异较大,本书着眼于珊瑚砂力学变形特性及颗粒破碎特征的控制机制,采用试验研究、理论分析和数值计算等手段,通过一系列理化试验、剪切试验、压缩试验、CT扫描试验和颗粒流仿真,对珊瑚砂的力学特征及颗粒破碎进行了机理揭示和理论计算,主要成果包括:

(1)揭示吹填珊瑚砂的基本理化性质和微细观结构特征。

获得了南海吹填珊瑚砂的颗粒级配、最大/最小干密度、颗粒相对密度、最大/最小孔隙比等物理特性指标。试验用珊瑚砂颗粒级配不良,标准砂级配良好,其颗粒相对密度 G_s 分别为 2.739 和 2.658,珊瑚砂最大、最小孔隙比分别为 1.41 和 0.77,标准砂的最大、最小孔隙比分别为 0.73 和 0.46。

通过扫描电子显微镜和高分辨率工业CT扫描,发现珊瑚砂颗粒形状多不规则,表面粗糙,内部孔隙发育,颗粒整体结构疏松,其平均面孔隙率为 18.73%,孔隙体积占比为 16.55%。XRD检测表明,珊瑚砂的矿物组成以文石和高镁方解石为主。

(2)探究珊瑚砂及混合料在直剪和三轴压缩中的力学特性及颗粒破碎特征。

直剪试验结果表明,珊瑚砂及混合料的剪应力-剪切位移曲线在荷载较低时表现出应变软化特征。随着竖向压力的增加,曲线向应变硬化型过渡。标准砂的置换降低了混合料整体的抗剪强度,且粒径 0.3~0.5 mm 粒组的置换对抗剪强度的影响更大。含水率对珊瑚砂试样的强度指标具有重要影响,其黏聚力随含水率的增加呈降低趋势,而内摩擦角先增大后减小。

三轴压缩试验结果表明,珊瑚砂的应力应变特性变化规律与直剪试验时一致,而标准砂的不断掺入使得混合料刚度整体呈增强的趋势。随着掺入标准砂质量的增加,黏聚力及内摩擦角均呈减小趋势,具有较强的线性相关性。三轴压缩试验过程中,珊瑚砂及混合料的体积变形特征受围压与掺砂率的双重影响。珊瑚砂含量高时,表现为体积剪缩;标准砂含量高时,在低围压下呈剪胀性,高围压下呈剪缩性。珊瑚砂混合料的极限体应变与围压呈正相关,另外,随着掺砂率的增加,极限体应变逐步降低。标准砂的掺入对体积变形的发展过程及极限体应变具有重要影响。

(3)展现珊瑚砂-钢界面环向剪切力学特性及颗粒破碎特征。

珊瑚砂-钢界面环向剪切试验结果表明,相对密实度较高的珊瑚砂,其界面剪切力-剪切位移曲线呈软化型,且在较低竖向压力下出现一定的剪胀性。相对密实度、竖向压力越大的试样,其颗粒破碎程度越严重,界面剪切残余强度越大。

剪切速率对珊瑚砂-钢界面的剪切峰值强度和残余强度有一定的影响,但随着剪切速率的继续增大,剪切速率不再对强度和破碎造成重大影响。随着标准砂掺量的增加,珊瑚砂混合料的抗剪强度和颗粒破碎逐渐减小。掺砂率阈值初步判定为65%,掺砂率大于该值后,混合料的力学变形特征主要由标准砂控制。

(4)研究珊瑚砂一维侧限压缩变形特性及颗粒破碎规律。

随着掺砂率的提高,珊瑚砂混合料压缩性逐渐降低,但掺砂率未对压缩曲线走势产生明显影响。相同条件下,珊瑚砂的压缩变形大于标准砂,压缩模量约为标准砂的0.56倍。在加载过程中珊瑚砂的竖向变形以塑性变形为主。

由压缩曲线得到的珊瑚砂混合料屈服应力与颗粒破碎曲线的拐点存在较好的对应关系。珊瑚砂混合料的屈服应力约为1.9 MPa,而标准砂在0~4 MPa范围内未出现明显屈服应力点,标准砂的引入使得混合料试样屈服应力呈上升趋势,增大密实度同样对提升屈服应力具有重要作用。

相对破碎率随竖向压力的上升而增大,最高可至3.55%,破碎呈不收敛趋势。标准砂的掺入在一定程度上降低了颗粒破碎的发生,且随掺砂率的提高而降低。而相对密实度对颗粒破碎的影响亦不可忽视,相对密实度较低时引起的颗粒破碎较相对密实度高条件下更明显。

(5)阐明珊瑚砂三轴压缩中的细观结构动态演化特征。

研制了两种新型CT-三轴仪,分别使用这两种仪器对珊瑚砂进行了CT-三轴试验,对应力-应变曲线和CT数据及图像进行了分析。试验结果验证了这两种仪器的合理性,利用这两种仪器可研究土体的内部结构演化规律,为解释珊瑚砂的宏观力学行为提供微细观力学依据。

三轴压缩过程中,CT值的变化能对珊瑚砂及其混合料试样的剪切带产生及扩展进行定量描述。ME值-轴向应变曲线、SD值-轴向应变曲线的峰值点所对应的横坐标为剪切带启动时对应的轴向应变。相对于肉眼观测,通过CT值的变化能更早检测到试样内部微裂纹的产生。

结合宏观应力-应变曲线、CT图像及三维重构、CT数据等对加载过程中的内部细观结构演化进行分析,发现应变硬化过程中,颗粒破碎和重新排列增强了试样结构性,应变软化过程中,颗粒的滑移和破碎减弱了试样结构性;固结过程中的颗粒破碎数超过剪切过程,试样的颗粒破碎多发生在两端和剪切带附近。

(6)模拟不同工况条件下的珊瑚砂颗粒力学变形特征以及破碎规律。

对珊瑚砂三轴固结排水剪切试验开展数值仿真,结果表明模型粒径大于10.725 mm(原1.43 mm)的颗粒基本发生了破碎,模型粒径小于2.25 mm(原0.3 mm)的颗粒基本没有发生破碎。单一颗粒破碎的形式与粒径和颗粒所受应力相关。配位数和整体接触力随围压的增大而增大,且颗粒逐渐从不稳定的棱角破碎过渡到稳定的整体破碎,进一步解释了颗粒相对破碎率随围压增大而增大的原因。

对珊瑚砂-标准砂混合料的三轴压缩过程进行了数值仿真,将剪切过程中颗粒的运动参数、力链演化规律等进行记录保存和对比分析,从微细观角度对混合料的宏观力学行为如鼓胀破坏、体变特征等进行了合理的解释。选取典型区域布置测量球,对混合料内部的孔隙率和配位数进行监测,结果显示混合料的孔隙率呈先降低后升高的趋势,而配位数变化规律为先增加后减小。速度场的调整与微细观参数的变化是对混合料宏观体变特征的有力解释。

对CT-三轴压缩中的珊瑚砂力学变形特征开展数值仿真,可视化模拟结果与CT-三轴压缩中纵向断面发展呈现较好的发展规律一致性。将剪切过程中颗粒的破碎数量、运动轨迹、旋转、裂隙的扩展及力链演化规律进行记录并对比分析,研究其微细观颗粒破碎的规律,对宏观力学行为进行解释。

(7)开展珊瑚砂吹填地基现场检测及地基承载力模型试验,可视化分析珊瑚砂地基力学变形特性及颗粒运动规律。

开展珊瑚砂吹填地基各种现场检测及监测。对吹填珊瑚砂场地进行30遍碾压处理后,振动碾压区和冲击碾压区的地基均可满足承载力的要求,振动碾压后未修正的地基承载力特征值为270 kPa,其处理效果优于冲击碾压。分别在地基碾压20遍、25遍和30遍时进行地基沉降监测,沉降数据表明地基的变形逐渐稳定,可为岛礁工程建设提供参数数据。

通过室内地基承载力模型试验可知,相同相对密实度条件下,方形承压板获得的地基承载力及变形模量均大于圆形承压板地基所得数值,而方形承压板地基的沉降量小于圆形承压板地基。考虑珊瑚砂颗粒的易破碎性和易胶结性等,提出地基沉降计算修正系数,其取值与砂土相对密实度和承压板形状有关。

干燥状态下的珊瑚砂地基,随相对密实度增大,其地基承载力增大、沉降减小,颗粒破碎使地基承载力增大趋势变缓;承压板正下方的土压力随深度增大而减小,在距离承压板中心大于10 cm及土层深度超过30 cm时,上部荷载对珊瑚砂地基沉降几乎无影响。饱和状态下珊瑚砂地基,相对密实度相同条件下,其地基承载力约为干燥状态下的43.75%,沉降约为干燥状态的2.15倍;两次水位升降后珊瑚砂地基沉降比饱和状态略有增加,对地基承载力影响较小。

仿真计算结果表明珊瑚砂地基受压过程经历了三个阶段,分别为压实阶段、剪切变形阶段和破坏阶段。相对密实度对珊瑚砂地基沉降影响较大,随着相对密实度增大,地基承载力特征值增大。珊瑚砂相对破碎率随相对密实度增大的趋势逐渐升高,珊瑚砂地基的颗粒接触力和配位数随相对密实度增大而增大。从接触力概率分布函数PDF中可以分析出,相对密实度增大造成颗粒间接触力值增高,从而引起颗粒破碎增多。

9.2 展　望

本书采用试验研究、理论分析和数值计算等手段,主要研究了岛礁珊瑚砂工程力学特征和颗粒破碎规律。珊瑚砂是一种特殊岩土介质类型,虽然本书通过系统的研究取得了一定的成果,但关于珊瑚砂强度和变形以及破碎等诸多问题有待更深入的研究。

(1)珊瑚砂作为一种特殊岩土介质类型,应更系统深入地研究其特殊的物理性能对工程建设的影响。

(2)在开展CT-三轴试验时,由于仪器的限制,纵向扫描时只能观测一个断面,当剪切带与拍摄断面垂直时,将无法观察剪切带,故试验设备有必要进一步改进。后续如果进行颗粒层面的分析,CT机精度需要进一步提升。

(3)本书将试验和模拟相互结合,应加强机理和理论分析,提出相应的理论公式,所建立的本构模型需要更多的试验数据验证和改进。建立的考虑颗粒破碎的珊瑚砂三轴压缩和地基数值试验模型需要更多工程加以验证与完善。

参 考 文 献

[1] 钱炜,张早辉. 钙质砂莫尔-库仑强度特性三轴试验测试[J]. 土工基础,2017,31(2):231-232.

[2] 张家铭,汪稔,石祥锋,等. 侧限条件下钙质砂压缩和破碎特性试验研究[J]. 岩石力学与工程学报,2005,24(18):3327-3331.

[3] 陈海洋,汪稔,李建国,等. 钙质砂颗粒的形状分析[J]. 岩土力学,2005,26(9):1389-1392.

[4] 汪稔,宋朝景,赵焕庭,等. 南沙群岛珊瑚礁工程地质[M]. 北京:科学出版社,1997.

[5] WANG X Z,JIAO Y Y,WANG R,et al. Engineering characteristics of the calcareous sand in Nansha Islands,South China Sea[J]. Engineering Geology,2011,120(1-4):40-47.

[6] 张家铭,张凌,刘慧,等. 钙质砂剪切特性试验研究[J]. 岩石力学与工程学报,2008,27(S1):3010-3015.

[7] 张家铭,张凌,蒋国盛,等. 剪切作用下钙质砂颗粒破碎试验研究[J]. 岩土力学,2008,29(10):2789-2793.

[8] HAGERTY M M,HITE D R,ULLRICH C R,et al. One-dimensional high-pressure compression of granular media[J]. Journal of Geotechnical Engineering,1993,119(1):1-18.

[9] 张家铭. 钙质砂基本力学性质及颗粒破碎影响研究[D]. 武汉:中国科学院武汉岩土力学研究所,2004.

[10] 刘崇权,汪稔. 钙质砂物理力学性质初探[J]. 岩土力学,1998,19(1):32-37,44.

[11] 刘崇权,汪稔,吴新生. 钙质砂物理力学性质试验中的几个问题[J]. 岩石力学与工程学报,1999,18(2):209-212.

[12] 单华刚,汪稔. 钙质砂中的桩基工程研究进展述评[J]. 岩土力学,2000,21(3):299-304,308.

[13] TERZAGHI K,PECK R B,MESRI G. Soil mechanics in engineering practice[M]. New York:John Wiley and Sons,Inc.,1948.

[14] IGWE O,SASSA K,WANG F W,et al. The influence of grading on the shear strength of loose sands in stress-controlled ring shear tests[J]. Landslides,2007,4(1):43-51.

[15] XIAO Y,LIU H L,DING X M,et al. Influence of particle breakage on critical state line of rock-fill material[J]. International Journal of Geomechanics,2016,16(1):04015031.

[16] XIAO Y,LIU H L. Elastoplastic constitutive model for rockfill materials considering particle breakage[J]. International Journal of Geomechanics,2017,17(1):04016041.

[17] MAO W W,TOWHATA I. Monitoring of single-particle fragmentation process under static loading using acoustic emission[J]. Applied Acoustics,2015,94:39-45.

[18] MAO W W,YANG Y,LIN W L,et al. High frequency acoustic emissions observed during

model pile penetration in sand and implications for particle breakage behavior[J]. International Journal of Geomechanics,2018,18(11):4018143.

[19] YU F W. Particle breakage in granular soils:a review[J]. Particulate Science and Technology, 2019,39(1):91-100.

[20] MCDOWELL G R, BOLTON M D. On the micromechanics of crushable aggregates [J]. Géotechnique,1998,48(5):667-679.

[21] LEE K L, FARHOOMAND I. Compressibility and crushing of granular soil in anisotropic triaxial compression[J]. Canadian Geotechnical Journal,1967,4(1):68-86.

[22] LADE P V,YAMAMURO J A,BOPP P A. Significance of particle crushing in granular materials[J]. Journal of Geotechnical Engineeing,1996,122 (4):309-316.

[23] HARDIN B O. Crushing of soil particles[J]. Journal of Geotechnical Engineering, 1985, 111 (10):1177-1192.

[24] MANDELBROT B B. How long is the coast of Britain? Statistical self-similarity and fractional dimension[J]. Science,1967,156(3775):636-638.

[25] 张斌,柴寿喜,魏厚振,等. 珊瑚颗粒形状对钙质粗粒土的压缩性能影响[J]. 工程地质学报,2020,28(1):85-93.

[26] 冯兴波,奚悦,宋丹青,等. 基于PFC^{2D}岩石颗粒破碎强度和能量的分形模型[J]. 工程地质学报,2016,24(4):629-634.

[27] TURCOTTE D L. Fractals and fragmentation[J]. Journal of Geophysical Research, 1986, 91 (B2):1921-1926.

[28] TYLER S W, WHEATCRAFT S W. Fractal scaling of soil particle-size distributions:analysis and limitations[J]. Soil Science Society of America Journal,1992,56(2):362-369.

[29] YU F W. Particle breakage in triaxial shear of a coral sand[J]. Soils and Foundations,2018,58 (4):866-880.

[30] XIAO Y, LIU H L, DESAI C S, et al. Effect of intermediate principal-stress ratio on particle breakage of rockfill material[J]. Journal of Geotechnical and Geoenvironmental Engineering, 2016,142(4):06015017.

[31] MCDOWELL G R, BOLTON M D, ROBERTSON D, et al. The fractal crushing of granular materials[J]. Journal of the Mechanics and Physics of Solids,1996,44(12):2079-2101.

[32] YU F W. Characteristics of particle breakage of sand in triaxial shear[J]. Powder Technology, 2017,320:656-667.

[33] DONOHUE S,O'SULLIVAN C,LONG M. Particle breakage during cyclic triaxial loading of a carbonate sand[J]. Géotechnique,2009,59(5):477-482.

[34] 王刚,查京京,魏星. 循环三轴应力路径下钙质砂颗粒破碎演化规律[J]. 岩土工程学报,2018,41(4):755-760.

[35] YU F W,SU L J. Particle breakage and the mobilized drained shear strengths of sand[J]. Journal of Mountain Science,2016,13(8):1481-1488.

[36] MIAO G, AIREY D. Breakage and ultimate states for a carbonate sand [J]. Géotechnique,

2013,63(14):1221-1229.

[37] WU Y,YAMAMOTO H,CUI J,et al. Influence of load mode on particle crushing characteristics of silica sand at high stresses[J]. International Journal of Geomechanics,2020,20(3):04019194.

[38] LIU H,ZOU D. Associated generalized plasticity framework for modeling gravelly soils considering particle breakage[J]. Journal of Engineering Mechanics,2013,139(5):606-615.

[39] TAKEI M,KUSAKABE O,HAYASHI T,et al. Time-dependent behavior of crushable materials in one-dimensional compression tests [J]. Soils and Foundations,2001,41(1):97-121.

[40] MCDOWELL G R,KHAN J J. Creep of granular materials[J]. Granular Matter,2003,5(3):115-120.

[41] HU W,YIN Z Y,DANO C,et al. A constitutive model for granular materials considering grain breakage[J]. Science China Technological Sciences,2011,54(8):2188-2196.

[42] MIURA N,O-HARA S. Particle-crushing of a decomposed granite soil under shear stresses [J]. Soils and Foundations,1979,19(3):1-14.

[43] KONG X J,LIU J M,ZOU D G,et al. Stress-dilatancy relationship of Zipingpu gravel under cyclic loading in triaxial stress states[J]. International Journal of Geomechanics,2016,16(4):04016001.

[44] LIU H F,ZENG K F,ZOU Y. Particle breakage of calcareous sand and its correlation with input energy[J]. International Journal of Geomechanics,2020,20(2):04019151.

[45] XIAO Y,LIU H,CHEN Q S,et al. Particle breakage and deformation of carbonate sands with wide range of densities during compression loading process[J]. Acta Geotechnica,2017,12(5):1177-1184.

[46] LAPIERRE C,LEROUEIL S,LOCAT J. Mercury intrusion and permeability of Louiseville clay [J]. Canadian Geotechnical Journal,1990,27(6):761-773.

[47] 唐益群,赵书凯,杨坪,等. 饱和软黏土在地铁荷载作用下微结构定量化研究[J]. 土木工程学报,2009,42(8):98-103.

[48] 张先伟,孔令伟,郭爱国,等. 不同固结压力下强结构性黏土孔隙分布试验研究[J]. 岩土力学,2014,35(10):2794-2800.

[49] DAL FERRO N,DELMAS P,DUWIG C,et al. Coupling X-ray microtomography and mercury intrusion porosimetry to quantify aggregate structures of a cambisol under different fertilisation treatments[J]. Soil and Tillage Research,2012,119:13-21.

[50] YANG B H,WU A X,NARSILIO G A,et al. Use of high-resolution X-ray computed tomography and 3D image analysis to quantify mineral dissemination and pore space in oxide copper ore particles[J]. International Journal of Minerals,Metallurgy,and Materials,2017,24(9):965-973.

[51] 王旭东,田威,王昕. 基于CT技术的混凝土细观三维重建研究[J]. 水利与建筑工程学报,2014,12(3):94-97.

[52] 蒋明镜,吴迪,曹培,等. 基于SEM图片的钙质砂连通孔隙分析[J]. 岩土工程学报,2017,39(S1):1-5.

[53] 汪轶群,洪义,国振,等. 南海钙质砂宏细观破碎力学特性[J]. 岩土力学,2018,39(1):199-206,215.

[54] 朱长歧,陈海洋,孟庆山,等. 钙质砂颗粒内孔隙的结构特征分析[J]. 岩土力学,2014,35

（7）：1831-1836.

［55］曹培,丁志军. 基于 MIP 和 CT 试验的钙质砂孔隙分布特征研究［J］. 水利与建筑工程学报,2019,17(3):55-59.

［56］周博,库泉,吕珂臻,等. 钙质砂颗粒内孔隙三维表征［J］. 天津大学学报(自然科学与工程技术版),2019,52(S1):41-48.

［57］蒋明镜,杨开新,陈有亮,等. 南海钙质砂单颗粒破碎试验研究［J］. 湖南大学学报(自然科学版),2018,45(S1):150-155.

［58］MA L J,LI Z,WANG M Y,et al. Effects of size and loading rate on the mechanical properties of single coral particles［J］. Powder Technology,2019,342:961-971.

［59］吕海波,汪稔. 钙质土破碎原因的细观分析初探［J］. 岩石力学与工程学报,2001,20(S1):890-892.

［60］朱国平,陈正汉,韦昌富,等. 浅层红黏土的细观结构演化规律研究［J］. 水利与建筑工程学报,2016,14(4):42-49.

［61］李海洋. 基于原位 CT 的钙质砂微结构与破碎机理研究［D］. 成都:西南交通大学,2019.

［62］KONG D,FONSECA J. Quantification of the morphology of shelly carbonate sands using 3D images［J］. Géotechnique,2018,68(3):249-261.

［63］FONSECA J,REYES-ALDASORO C C,WILS L. Three-dimensional quantification of the morphology and intragranular void ratio of a shelly carbonate sand［C］//6th International Symposium on Deformation Characteristics of Geomaterials. 2015,6:551-558.

［64］马林. 钙质土的剪切特性试验研究［J］. 岩土力学,2016,37(S1):309-316.

［65］WANG X Z,WANG X,JIN Z C,et al. Shear characteristics of calcareous gravelly soil［J］. Bulletin of Engineering Geology and the Environment,2017,76(2):561-573.

［66］WANG X Z,WANG X,JIN Z C,et al. Investigation of engineering characteristics of calcareous soils from fringing reef［J］. Ocean Engineering,2017,134:77-86.

［67］WEI H Z,ZHAO T,HE J Q,et al. Evolution of particle breakage for calcareous sands during ring shear tests［J］. International Journal of Geomechanics,2018,18(2):04017153.

［68］LYU Y R,LIU J G,XIONG Z M. One-dimensional dynamic compressive behavior of dry calcareous sand at high strain rates［J］. Journal of Rock Mechanics and Geotechnical Engineering,2019,11(1):192-201.

［69］JAVDANIAN H,JAFARIAN Y. Dynamic shear stiffness and damping ratio of marine calcareous and siliceous sands［J］. Geo-Marine Letters,2018,38(4):315-322.

［70］黄宏翔,陈育民,王建平,等. 钙质砂抗剪强度特性的环剪试验［J］. 岩土力学,2018,39(6):2082-2088.

［71］陈火东,魏厚振,孟庆山,等. 颗粒破碎对钙质砂的应力-应变及强度影响研究［J］. 工程地质学报,2018,26(6):1490-1498.

［72］柴维,龙志林,旷杜敏,等. 直剪剪切速率对钙质砂强度及变形特征的影响［J］. 岩土力学,2019,40(S1):359-366.

［73］LADE P V,LIGGIO C D,NAM J. Strain rate,creep,and stress drop-creep experiments on crushed coral sand[J]. Journal of Geotechnical and Geoenvironmental Engineering, 2009, 135 (7):941-953.

[74] DEHNAVI Y, SHAHNAZARI H, SALEHZADEH H, et al. Compressibility and undrained behavior of Hormuz calcareous sand[J]. The Electronic Journal of Geotechnical Engineering, 2010, 15(1): 1684-1702.

[75] 张弼文. 侧限条件下钙质砂的颗粒破碎特性研究[D]. 武汉:武汉理工大学, 2014.

[76] 廖先航. 高应力下钙质砂的侧限压缩与颗粒破碎特性[D]. 武汉:武汉理工大学, 2015.

[77] 马启锋, 刘汉龙, 肖杨, 等. 高应力作用下钙质砂压缩及颗粒破碎特性试验研究[J]. 防灾减灾工程学报, 2018, 38(6):1020-1025.

[78] 乐天呈, 顾颖凡, 刘春, 等. 级配与颗粒形态对砂土压缩性影响的试验和离散元数值模拟[J]. 工程地质学报, 2018, 26(s1):539-546.

[79] COOP M R. The mechanics of uncemented carbonate sands[J]. Géotechnique, 1990, 40(4): 607-626.

[80] AL-DOURI R H, POULOS H G. Static and cyclic direct shear tests on carbonate sands[J]. Geotechnical Testing Journal, 1992, 15(2):138-157.

[81] FAHEY M. The response of calcareous soil in static and cyclic triaxial tests[M]//Engineering for Calcareous Sediments Volume 1. CRC Press, 2021:61-68.

[82] ZHANG J R, LUO M M. Dilatancy and critical state of calcareous sand incorporating particle breakage[J]. International Journal of Geomechanics, 2020, 20(4):04020030.

[83] YU F W. Influence of particle breakage on behavior of coral sands in triaxial tests[J]. International Journal of Geomechanics, 2019, 19(12):04019131.

[84] WANG X, ZHU C Q, WANG X Z, et al. Study of dilatancy behaviors of calcareous soils in a triaxial test[J]. Marine Georesources & Geotechnology, 2019, 37(9):1057-1070.

[85] 翁贻令. 钙质土的抗剪强度及其影响机制研究[D]. 南宁:广西大学, 2017.

[86] 佘殷鹏, 吕亚茹, 李峰, 等. 珊瑚砂剪切特性试验分析[J]. 解放军理工大学学报(自然科学版), 2017, 18(1):29-35.

[87] 李捷, 方祥位, 申春妮, 等. 含水率对珊瑚砂微生物固化体力学特性影响研究[J]. 工业建筑, 2016, 46(12):93-97.

[88] 崔永圣. 珊瑚砂岩土力学特性分析[J]. 岩土工程技术, 2014, 28(5):232-236.

[89] CUNDALL P A, STRACK O D L. A discrete numerical model for granular assemblies[J]. Géotechnique, 1979, 29(1):47-65.

[90] CHENG Y P, NAKATA Y, BOLTON M D. Discrete element simulation of crushable soil[J]. Géotechnique, 2003, 53(7):633-641.

[91] LOBO-GUERRERO S, VALLEJO L E. Discrete element method analysis of railtrack Ballast degradation during cyclic loading[J]. Granular Matter, 2006, 8(3):195-204.

[92] WANG J, GUTIERREZ M. Discrete element simulations of direct shear specimen scale effects [J]. Géotechnique, 2010, 60(5):395-409.

[93] BOLTON M D, NAKATA Y, CHENG Y P. Micro-and macro-mechanical behaviour of DEM

crushable materials[J]. Géotechnique,2008,58(6):471-480.

[94] HARIRECHE O,MCDOWELL G R. Discrete element modelling of cyclic loading of crushable aggreates[J]. Granular Matter,2003,5(3):147-151.

[95] MCDOWELL G R,DE BONO J P. On the micro mechanics of one-dimensional normal compression[J]. Géotechnique,2013,63(11):895-908.

[96] THORNTON C,YIN K K,ADAMS M J. Numerical simulation of the impact fracture and fragmentation of agglomerates[J]. Journal of Physics D Applied Physics,1996,29(2):424.

[97] ROBERTSON D. Computer simulations of crushable aggregates[D]. Cambridge: University of Cambridge,2000.

[98] CHENG Y P,BOLTON M D,NAKATA Y. Crushing and plastic deformation of soils simulated using DEM[J]. Géotechnique,2004,54(2):131-141.

[99] 王泳嘉,邢纪波. 离散单元法及其在岩土力学中的应用[M]. 沈阳:东北工学院出版社,1991.

[100] 王泳嘉,邢纪波. 离散单元法同拉格朗日元法及其在岩土力学中的应用[J]. 岩土力学,1995,16(2):1-14.

[101] 刘君,刘福海,孔宪京. 考虑破碎的堆石料颗粒流数值模拟[J]. 岩土力学,2008,29(S1):107-112.

[102] 何咏睿. 考虑颗粒破碎的粗粒料数值试验研究[J]. 土工基础,2016,30(6):682-687.

[103] 蒋明镜,王富周,朱合华. 单粒组密砂剪切带的直剪试验离散元数值分析[J]. 岩土力学,2010,31(1):253-257,298.

[104] 张科芬,张升,滕继东,等. 颗粒破碎的三维离散元模拟研究[J]. 岩土力学,2017,38(7):2119-2127.

[105] 张家铭,邵晓泉,王霄龙,等. 沉桩过程中钙质砂颗粒破碎特性模拟研究[J]. 岩土力学,2015,36(1):272-278.

[106] 李灿,邱红胜,张志华. 基于PFC3D的粗粒土三轴试验细观参数敏感性分析[J]. 武汉理工大学学报(交通科学与工程版),2016,40(5):864-869.

[107] 杨升,李晓庆. 基于PFC^{3D}的砂土直剪模拟及宏细观分析[J]. 计算力学学报,2019,36(6):777-783.

[108] 李爽,刘洋,吴可嘉. 砂土直剪试验离散元数值模拟与细观变形机理研究[J]. 长江科学院院报,2017,34(4):104-110,116.

[109] 中华人民共和国住房和城乡建设部,国家市场监督管理总局. 土工试验方法标准:GB/T 50123—2019[S]. 北京:中国计划出版社,2019.

[110] 胡波. 三轴条件下钙质砂颗粒破碎力学性质与本构模型研究[D]. 武汉:中国科学院研究生院(武汉岩土力学研究所),2008.

[111] 刘杰,姚志华,翁兴中,等. 三轴剪切下珊瑚砂颗粒破碎规律及强度特征[J]. 地下空间与工程学报,2021,17(5):1463-1471.

[112] 王伟光. 钙质砂及混合料工程力学变形特性和颗粒破碎规律研究[D]. 西安:空军工程大学,2020.

[113] 吴旭阳,梁庆国,牛富俊,等. 黄土剪切应变硬化-软化分类试验研究[J]. 地下空间与工程学报,2017,13(6):1457-1466.

[114] DUSSEAULT M B,MORGENSTERN N R. Locked sands[J]. Quarterly Journal of Engineering Geology and Hydrogeology,1979,12(2):117-131.

[115] WONG R CK. Mobilized strength components of Athabasca oil sand in triaxial compression [J]. Canadian Geotechnical Journal,1999,36(4):718-735.

[116] TERZAGHI K. Theoretical soil mechanics[M]. New York:Wiley,1943.

[117] 李广信. 高等土力学[M]. 2版. 北京:清华大学出版社,2016.

[118] 徐日庆,王兴陈,朱剑锋,等. 初始相对密实度对砂土强度特性影响的试验[J]. 江苏大学学报(自然科学版),2012,33(3):345-349.

[119] 傅华,凌华,蔡正银. 粗颗粒土颗粒破碎影响因素试验研究[J]. 河海大学学报(自然科学版),2009,37(1):75-79.

[120] 范智杰,屈建军,周焕. 沙土内摩擦角与粒径、含水率及天然坡角的关系[J]. 中国沙漠,2015,35(2):301-305.

[121] 蒋礼. 南海钙质砂破碎力学特性研究[D]. 成都:成都理工大学,2014.

[122] 闫超萍,龙志林,周益春,等. 钙质砂剪切特性的围压效应和粒径效应研究[J]. 岩土力学,2020,41(2):581-591,634.

[123] 王伟,池旭超,张芳,等. 冻融循环对滨海软土三轴应力应变曲线软化特性的影响[J]. 岩土工程学报,2013,35(S2):140-144.

[124] BISHOP A W. Progressive failure with special reference to the mechanism causing it [C]// Proceedings of the Geotechnical Conference on Shear Strength Properties of Natural Soils and Rocks. Oslo:Norwegian Geotechnical Institute,1967:142-150.

[125] 李广信,张丙印,于玉贞. 土力学[M]. 3版. 北京:清华大学出版社,2022.

[126] TAYLOR D W. Fundamentals of soil mechanics[M]. New York:John Wiley and Sons Inc.,1948.

[127] ROWE P W,BARDEN L,LEE I K. Energy components during the triaxial cell and direct shear tests[J]. Géotechnique,1964,14(3):247-261.

[128] 陈火东. 钙质砂强度及其颗粒破碎与形状变化试验研究[D]. 桂林:桂林理工大学,2018.

[129] SCHOFIELD A N. Mohr Coulomb error correction[J]. Ground Engineering,1998,31(8):30-32.

[130] CHANEY R C,DEMARS K R,LADE P V,et al. Effects of Non-plastic fines on minimum and maximum void ratios of sand[J]. Geotechnical Testing Journal,1998,21(4):336-347.

[131] TAHA A,FALL M. Shear behavior of sensitive marine clay-concrete interfaces[J]. Journal of Geotechnical and Geoenvironmental Engineering,2013,139(4):644-650.

[132] WANG X,WANG X Z,ZHU C Q,et al. Shear tests of interfaces between calcareous sand and steel[J]. Marine Georesources & Geotechnology,2019,37(9):1095-1104.

[133] HUNGER O,MORGENSTERN N R. High velocity ring shear tests on sand[J]. Géotechnique,1984,34(3):415-421.

[134] DEJONG J T,WESTGATE Z J. Role of initial state,material properties,and confinement condition on local and global soil-structure interface behavior[J]. Journal of Geotechnical and

Geoenvironmental Engineering,2009,135(11):1646-1660.

[135] 黄文熙. 土的工程性质[M]. 北京:水利电力出版社,1983.

[136] VALLEJO L E,MAWBY R. Porosity influence on the shear strength of granular material-clay mixtures[J]. Engineering Geology,2000,58(2):125-136.

[137] 汪稔,孙吉主. 钙质砂不排水性状的损伤-滑移耦合作用分析[J]. 水利学报,2002,33(7):75-78.

[138] 袁泉,李文龙,高燕,等. 钙质砂颗粒特征及其对压缩性影响的试验研究[J]. 水力发电学报,2020,39(2):32-43.

[139] WANG S,LEI X W,MENG Q S,et al. Influence of particle shape on the density and compressive performance of calcareous sand[J]. KSCE Journal of Civil Engineering,2020,24(9):49-62.

[140] 沈扬,沈雪,俞演名,等. 粒组含量对钙质砂压缩变形特性影响的宏细观研究[J]. 岩土力学,2019,40(10),3733-3740.

[141] 吕亚茹,李治中,李浪. 高应力状态下钙质砂的一维压缩特性及试验影响因素分析[J]. 岩石力学与工程学报,2019,38(S1):3142-3150.

[142] 蔡正银,侯贺营,张晋勋,等. 密度与应力水平对珊瑚砂颗粒破碎影响试验研究[J]. 水利学报,2019,50(2):184-192.

[143] 刘杰. 珊瑚砂混合料力学特性及细观结构演化特征研究[D]. 西安:空军工程大学,2021.

[144] FANG X W,HU F H,YAO Z H,et al. Development and application of triaxial apparatus for soil with high bearing pressure by computed tomography[J]. Journal of Testing and Evaluation,2023,51(6):20220584.

[145] 程展林,丁红顺,张继勋. 全方位扫描岩土 CT 三轴仪:CN200620096213. X[P]. 2007-07-18.

[146] 韦雅之,姚志华,种小雷. 微型CT扫描三轴试验机:CN214251844. U[P]. 2021-09-21.

[147] 王朝阳,许强,倪万魁. 原状黄土 CT 试验中应力-应变关系的研究[J]. 岩土力学,2010,31(2):387-391,396.

[148] 姚志华,陈正汉,李加贵,等. 基于CT技术的原状黄土细观结构动态演化特征[J]. 农业工程学报,2017,33(13):134-142.

[149] 陈庆,高燕,袁泉. 密实砂土剪切过程中的颗粒运动与微观力学特征[J]. 水利水电技术(中英文),2021,52(1):212-224.

[150] HU F H,FANG X W,SHEN C N,et al. Discrete element numerical analysis for bearing characteristics of coral sand foundation considering particle breakage[J]. Marine Georesources & Geotechnology,2023,42(7):856-867.

[151] HU F H,FANG X W,YAO Z H,et al. Experiment and discrete element modeling of particle breakage in coral sand under triaxial compression conditions[J]. Marine Georesources & Geotechnology,2023,41(2):142-151.

[152] 郭毓熙,章懿涛,方祥位,等. 不同含水和密实状态下珊瑚砂地基承载特性试验研究[J]. 土木与环境工程学报(中英文),2023,45(5):49-57.

[153] 骆旭锋. 砂土和粘土直剪试验的颗粒流数值模拟与湿颗粒吸力研究[D]. 南宁:广西大

学,2019.

[154] 李运. 颗粒的相互作用与宏观力学性质的关系研究[D]. 西安:西安理工大学,2017.

[155] 汪永雄. 砂土颗粒破碎机理及力学特性的宏-微观研究[D]. 重庆:重庆交通大学,2017.

[156] JIANG M J, KONRAD J M, LEROUEIL S. An efficient technique for generating homogeneous specimens for DEM studies[J]. Computers and Geotechnics,2003,30(7):579-597.

[157] 刘小清. 颗粒级配对路基粗粒土填料力学特性影响的离散元模拟研究[D]. 湘潭:湘潭大学,2016.

[158] 孙彦迪. 珊瑚碎屑物颗粒破碎机制研究[D]. 南京:东南大学,2019.

[159] 赵学亮. 砂性土宏细观特性数值分析研究[M]. 南京:东南大学出版社,2017.

[160] FU R, HU X L, ZHOU B. Discrete element modeling of crushable sands considering realistic particle shape effect[J]. Computers and Geotechnics,2017,91:179-191.

[161] 李洋洋,方祥位,黄雪峰,等. 珊瑚砂地基平板载荷模型试验研究[J]. 重庆理工大学学报(自然科学版),2017,31(10):114-121.

[162] 师涛. 冲击碾压技术在黄土路基施工中的应用研究[D]. 西安:长安大学,2017.

[163] 轩向阳,陈海洋,沈超,等. 强夯法和冲击碾压法在地基处理中的试验性研究[J]. 工程勘察,2016,44(1):17-21,78.

[164] 王伟光,郝秀文,李婉,等. 碾压方式对珊瑚砂地基工程特性的影响[J]. 长江科学院院报,2020,37(8):113-119.

[165] YANG G Q, XIONG B L, ZHANG B J. Study on the engineering characteristic of california bearing ratio (CBR) of expressway subgrade material[J]. Advanced Materials Research,2011,250-253:3759-3762.

[166] 中国民用航空局. 民用机场水泥混凝土道面设计规范:MH/T 5004—2010[S]. 北京:中国民航出版社,2010.

[167] 国家铁道局. 铁路工程地质原位测试规程:TB 10018—2018[S]. 北京:中国铁道出版社,2018.

[168] 中国民用航空局. 民用机场道面现场测试规程:MH/T 5110—2015[S]. 北京:中国民航出版社,2015.

[169] 王刚,叶沁果,查京京. 珊瑚礁砂砾料力学行为与颗粒破碎的试验研究[J]. 岩土工程学报,2018,40(5):802-810.

[170] 张小燕,蔡燕燕,周浩燃,等. 珊瑚砂大剪切应变下的剪切特性和分形维数[J]. 岩土力学2019,40(2):610-615,623.

[171] 张家铭,蒋国盛,汪稔. 颗粒破碎及剪胀对钙质砂抗剪强度影响研究[J]. 岩土力学,2009,30(7):2043-2048.

[172] COOKE R W, PRICE G, TARR K. Jacked piles in London Clay:a study of load transfer and settlement under working conditions[J]. Géotechnique,1979,29(2):113-147.

[173] OVESEN N K. The use of physical models in design:the scaling law relationships[C]// Proc. of 7th European Conference on Soil Mechanics and Foundation Engineering. Brighton,1979,4:318-323.

［174］CRAIG W H. Installation studies for model piles［C］//Proc. of Symposium on the Application of Centrifuge Modeling to Geotechnical Design. Manchester,1984:441-456.

［175］徐光明,章为民. 离心模型中的粒径效应和边界效应研究［J］. 岩土工程学报,1996,18 (3):80-86.

［176］GARNIER J,KONIG D. Scale effects in piles and nails loading tests in sand［C］//Centrifuge 98. 1998:205-210.

［177］叶书麟,叶观宝. 地基处理［M］. 北京:中国建筑工业出版社,1997.